徐复观全集

徐复观全集

中国人之思维方法

诗的原理

九州出版社

图书在版编目（CIP）数据

中国人之思维方法 /（日）中村元氏著 ；徐复观译.
诗的原理 /（日）萩原朔太郎著 ；徐复观译. -- 北京 ：
九州出版社，2013.12（2019.1重印）
（徐复观全集）
ISBN 978-7-5108-2558-3

Ⅰ．①中… ②诗… Ⅱ．①中… ②萩… ③徐… Ⅲ.
①思维方法－研究－中国②诗歌创作－研究 Ⅳ．①B80
②I052

中国版本图书馆CIP数据核字(2013)第304331号

中国人之思维方法　诗的原理

作　　者　（日）中村元氏　著　（日）萩原朔太郎　著　徐复观　译
出版发行　九州出版社
地　　址　北京市西城区阜外大街甲 35 号（100037）
发行电话　(010)68992190/3/5/6
网　　址　www.jiuzhoupress.com
电子信箱　jiuzhou@jiuzhoupress.com
印　　刷　三河市九洲财鑫印刷有限公司
开　　本　650 毫米 ×950 毫米　16 开
插页印张　0.5
印　　张　21
字　　数　240 千字
版　　次　2014 年 3 月第 1 版
印　　次　2019 年 1 月第 3 次印刷
书　　号　ISBN 978-7-5108-2558-3
定　　价　48.00 元

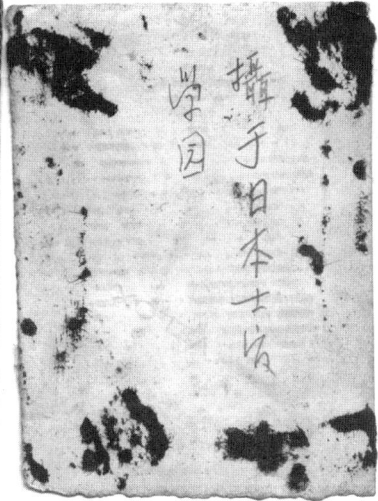

徐复观先生

挚友观东陵纪别沉

徐复观先生（右）

出版前言

徐复观先生的著作散见于海内外多家出版社，选录文章、编辑体例不尽相同。现将他的著作重新编辑校订整理，名为《徐复观全集》出版。

《全集》共二十六册，书目如下：

一至十二册为徐复观先生译著、专著，过去已出版单行本，《全集》基本按原定稿成书时间顺序排列如下：

一、《中国人之思维方法》与《诗的原理》

二、《学术与政治之间》

三、《中国思想史论集》

四、《中国人性论史·先秦篇》

五、《中国艺术精神》与《石涛之一研究》

六、《中国文学论集》

七、《两汉思想史》（一）

八、《两汉思想史》（二）

九、《两汉思想史》（三）

十、《中国文学论集续篇》

十一、《中国经学史的基础》与《周官成立之时代及其思想性格》

十二、《中国思想史论集续篇》。编辑《全集》时，编者补入若干文章，并将原单行本《公孙龙子讲疏》一书收入其中。

十三至二十五册，将徐复观先生散篇文章分类拟题编辑成书：

十三、《儒家思想与现代社会》

十四、《论智识分子》

十五、《论文化》（一）

十六、《论文化》（二）

十七、《青年与教育》

十八、《论文学》

十九、《论艺术》。并将原单行本《黄大痴两山水长卷的真伪问题》一书收入其中。

二十、《偶思与随笔》

二十一、《学术与政治之间续篇》（一）

二十二、《学术与政治之间续篇》（二）

二十三、《学术与政治之间续篇》（三）

（二十一至二十三册是按《学术与政治之间》的题意，将作者关于中外时政的文论汇编成册，拟名为《学术与政治之间续篇》。）

二十四、《无惭尺布裹头归·生平》。并将原单行本《无惭尺布裹头归——徐复观最后日记》收入其中。

二十五、《无惭尺布裹头归·交往集》

二十六、《追怀》。编入亲友学生及各界对徐复观先生的追思怀念以及后学私淑对他治学理念、人格精神的阐明与发挥。

徐复观先生的著作，以前有各种编辑版本，其中原编者加入的注释，在《全集》中依然保留的，以"原编者注"标明；编辑《全集》时，编者另外加入注释的，以"编者注"标明。

为更完整体现徐复观先生的思想脉络，编者将个别文章，在不同分类的卷中，酌情少量选取重复收入。

《全集》的编辑由徐复观先生哲嗣、台湾东海大学徐武军教授，台湾大学王晓波教授，武汉大学郭齐勇教授，台湾东海大学薛顺雄教授协力完成。

九州出版社

二〇一三年十二月

编者前言

　　徐复观教授，始名秉常，字佛观，于一九○三年元月卅一日出生于湖北省浠水县徐家坳凤形垮。八岁从父执中公启蒙，续在武昌高等师范及国学馆接受中国传统经典训练。一九二八年赴日，大量接触社会主义思潮，后入日本士官学校，因九一八事件返国。授身军职，参与娘子关战役及武汉保卫战。一九四三年任军令部派驻延安联络参谋，与共产党高层多次直接接触。返重庆后，参与决策内层，同时拜入熊十力先生门下。在熊先生的开导下，重启对中国传统文化的信心，并从自身的实际经验中，体会出结合中国儒家思想及民主政治以救中国的理念。年近五十而志不遂，一九五一年转而致力于教育，择菁去芜地阐扬中国文化，并秉持理念评论时事。一九七○年后迁居香港，诲人笔耕不辍。徐教授于一九八二年四月一日辞世。他是新儒学的大家之一，亦是台、港最具社会影响力的政论家，是二十世纪中国智识分子的典范。

　　我们参与《徐复观全集》的选编工作，是以诚敬的态度，完整地呈现徐复观教授对中华民族的热爱和执著，对理念的坚持，以及独特的人生轨迹。

　　九州出版社出版《徐复观全集》，使得徐复观教授累积的智慧，能完整地呈现给世人，我们相信徐复观教授是会感到非常欣慰的。

王晓波　郭齐勇
　　　　　　谨志
薛顺雄　徐武军

《中国人之思维方法》系徐复观先生翻译日本中村元氏所著《东洋人之思维方法》中"中国人之思维方法"之一部分。由台北中国文化出版事业委员会一九五三年五月初版，台北学生书局一九九〇年再版。

　　《诗的原理》原著出版于一九二八年，作者为日本萩原朔太郎。经徐复观先生翻译，由台中中央书局一九五六年四月初版，台北学生书局一九八八年再版，一九八九年一月修订三版。

目 录

中国人之思维方法

中国人之思维方法

译　序

　　这里译出的，是日本文学博士中村元氏所著的《东洋人之思维方法》中"中国人之思维方法"的这一部分。但为明了著者之基本论点及其归结，所以把著者本是为了全书（包括中国之思维方法在内，但非仅指中国之思维方法）所作的序论与结论，也一并翻译出来，使读者能了解著者研究此一课题之大概轮廓。因字数太多，稍有删节。然译者基于介绍此一著作之责任心，删节之处，均经细心较量，务使原作因此所受之损失，减至最少限度。

　　日本文部省的"日本诸学振兴委员会"，于一九四〇年（日本昭和十五年）至一九四六年间，委托伊藤吉之助氏，从事于"诸民族思维方法之比较研究"。伊藤氏因此书之著者对印度文化钻研有素，故请其研究"特别表现于语言形式及论理学上的印度人之思维方法"和"通过佛教思想的容受形态来看中国民族及日本民族之思维方法"。著者认为在东洋民族中，仅印度、中国、日本、西藏 ① 四民族，有论理的自觉，且皆受有佛教之共同影响，故即以此四民族为东洋诸民族思维方法之代表，作个别之研究。研究之结果，分为六编：第一编，序论；第二编，印度人之思维方法；

---

① 编者注：文中"中国"应为"中国汉族"；"西藏"应为"中国西藏"。

第三编，中国人之思维方法；第四编，日本人之思维方法；第五编，（附论）西藏人之思维方法；第六编，结论。前三编为第一部，出版于一九四八年。其余为第二部，出版于一九四九年。此处所译之有关第一部者，系根据一九四九年之再版本。

著者之基本观点，是认为东洋文化，也和西洋文化一样，有其学问的普遍性。所以今日在以西洋文化即是世界文化的大气压下，努力"知道东洋，发展东洋文化，依然有极大的意义"。"仅此时所应注意者，各民族对于外来文化，应常常是批判的；同时，对于自己固有文化，也不能不是批判的。"著者认为站在这种立场来研究东洋文化，"也能对于世界新文化的形成，有积极的贡献"。此著即系他站在此一观点上所作的研究的结晶。我们今日正处在一个创巨痛深的时代。我们自己，正受到非常的考验；我们的历史文化，也正受到非常的考验。我觉得我们应根据文化本身的自律性，亦即文化本身的论理性，使我们的历史文化，在此一考验反省中重新发现其真价与光辉，以增加我们在艰难中的生命力，并贡献于在歧路彷徨中的世界人类。若没有经过此一真实努力，而仅从感情上抹煞自己的文化，或颂扬自己的文化，这不是仰面唾云，即是痴人说梦。所以中村氏的观点，应该值得我们同情；基于此一观点所得出的研究结论，应该值得加以介绍——最低限度是关于中国的这一部分。

不过，我并不以中村氏所得的结论，便是完全可以接受的结论。第一，语言与论理的关系，已如著者所述，至今还是争论不决的问题；换言之，由一个民族的"自然语言"以推断其论理中的概念判断等等，多少要带点理论的冒险性。第二，著者从判断及推理之表现形式上以考察思维方法之特征；更将此特征证验之于文化现象，这是认为文化现象是由思维方法所制约的，我承认这不失为一条探索的途径。但我怀疑思维方法可以制约思维对象，以形成有特征的文化现象；但思维对象，是不是也可以制约思维方法，以形成有特征的思维方法呢？具体地说，以自然为思维对象，和以宗教、艺术、生命道德等为思维对象时，会不会影响到思维方法之不同呢？假定二者——思维方法与思维对象——是互相制约的，则著者所采取的途径，不能算是一个完全的途径，仅由此途径以评价中国乃至东洋的思维方法，恐怕不易作真切的评价。

还有，著者认为佛教在东方是普遍性的宗教，于是主要通过各民族对佛教之容受形态以考验各民族的思维方法特征，我想，这对于日本或西藏而论，大概没有多大问题；因为他们当容受佛教时，在文化上是处于裸体状态；所以他们对佛教的容受形态，是他们唯一的或者是主要的文化现象。但在中国，正如著者所承认，自己早有高度的文化。佛教因中国的思维方法而变貌，固然可以特别凸现出中国思维方法的特征。但佛教既不会因此而完全失掉其特性；而中国的文化，也不会全部通过佛教的容受形态以自见。两个文化由接触所发生的影响，是相互的影响；即是彼此的特性，都互相打了一个折扣。尤其是，中国自有其文化的主流。此文化的主流，固然亦受到佛教的影响，但此主流必有其自己贯彻自己的中心不动之点。所以"中国化"了以后的佛教，依然是佛教，而不能称之为儒教。而受了佛教的影响以后的儒教，近人综称之为新儒教，但绝不能称之为新佛教。于是仅由佛教的容受形态以把握中国文化现象的特征，只是一个打了折扣的侧面性的把握。正因为这样，所以著者一牵涉到儒教问题时，便表现非常的浅薄。例如他说："孔子的教说，是以支配阶级社会身份的优越性为前提，仅强调在下位者对在上位者片面的服务。"（原著第一部，页五〇七）孔子分明主张"君君，臣臣，父父，子子"，"君使臣以礼，臣事君以忠"的。"忠恕"之道，固然是强调义务而不强调权利；但忠恕是双方的平等的义务，绝不应解释为片面的服从。西汉"三纲"之说出而儒家的平等义务观虽有改变，但怎样也不能以阶级观点来解释儒家的道德基础。又如他说中国"规定家族成员间的人伦关系的道德，是道德的全体。家族关系之外，几乎不承认有道德"（原著第一部，页五一〇，译删）。但孔孟分明说："己欲立，而立人；己欲达，而达人。""老吾老，以及人之老；幼吾幼，以及人之幼。""故推恩，足以保四海；不推恩，不足以保妻子。"可见道德与不道德，全在人之能"推"不能"推"，能"及"不能"及"。儒家只认为家庭是各人所不能自外的道德实践的最现成的对象，何能说中国在家庭以外无道德。又如他提到中国人的民族自尊心的这一点说："忽视人本身之尊严性的思维方法，必然仅仅主张自己所属的民族之优越性、伟大性。"（原著第一部，页五二一，译删）著者已经了解中国是"个人面对绝对者"，而不需要在个人与绝对者间的媒介体的存在，即不需要教会，或神的存在。可见中国是最重视人性尊严的民族。由对人性之尊严而自然凝结为民族的尊严，于是才能坚持对日的八年抗战。著者的这一说法，反映出日本的学人，对于日本由侵华所招致的痛苦并没有真正的反省。且著者在结论中引太宰春台氏所说"日本人之所以免于禽兽之行，皆中国圣人之教之所及"的话，以证明中国文化之有普遍性；但如著者对儒家浅薄的了解，则太宰春台氏的话会完全落空了。这分明是一个大矛盾。

本书虽有上述的若干缺点，但著者关于此一问题，是采取一个确实的——纵然不是完全的——途径，搜罗了许多学者的意见，经过了长期学术性的努力，把我们平日没有明确意识到的问题，一一凸现于我们之前，不论他的结论对与不对，——当然我觉得大部分是对的——总会引起我们深切的反省。例如，据著者的研究，我们思维方法的特征，许多地方可以说是远于印度而近于西洋的。但我们不仅过去能大量吸收了印度文化，而且也发扬了印度文化；中印文化，虽有时发生争论，而大体上则归于融和；彼此都从对方得到了营养。而中国近百年来对于西方文化的吸收，迄今尚无成效；有的人既未吸收西洋文化，觉得先要根绝中国文化；即此一端，已经值得我们深切地反省了。我们不能在一知半解，意识朦胧的状态下来谈中国文化。所以倘因此著作之介绍而能引起我们的反省，在反省中，把自己推进一大步，同时也把日本有关这一方面的学者推进一大步，以贡献于中日文化的交流，这才是译者真正的愿望。

一九五三年三月十四日徐复观译于台中

译　例

一、本目次内之第二、第三两章，为原著第三编"中国人之思维方法"正文。第一章为原著之第一编；第四章为原著之第六编。权宜上改为现时之章次。

二、及文中所加之括弧夹注，均系原著所有。其括弧内加一"按"字者，则为译者所加。

三、附注均就原有者择要译录，以供参考。其称为"补注"者，乃选录著者印行第二部时所加入之补充材料。

四、附注中称为"大正"者乃指日本大正时所印之汉译藏经。

五、原著中引用材料不加引号而用破折号者，乃表示仅引用其原文之大意，故不复就原文对照。余则由译者尽量就引用汉典原文加以对照，以求无讹。其无法寻觅原典对照者，则于附注末注明"原文待查"，以期他日补校。

第一章　序论

第一节　东洋人的思维方法问题

像我们今日这样痛切感到世界是一整个的，在以前不曾有过。今日任何个人，都片刻不停地投身于世界激动之中。没有能离开民族或国家而孤立的个人，同样也没有能离开世界而孤立的个人。不言自明的事实，今日所以还要加以强调的缘故，是因为各个人虽一面痛切感受到世界的波动；而同时各民族固有的生活样式及其思维方法，依然规律着各个人，而作有力的活动。日本明治维新以后，短时间迅速而且巧妙地摄取消化了西洋文化。但在战败后的今日，重加反省，则正如屡所指摘的一样，其容受西洋文明的方法，不过是片面的而且是皮相的。今日正要求对西洋文化作重新的估价。但果真说业已全面地加以容受了吗？何况东洋大民族的印度与中国，虽数百年前已与西洋人接触，但机械生产与资本主义，尚未能充分生根。各民族的生活样式，在今日依然有不少的侧面，是保持着古来的旧习。何况像语言表现、信仰、礼仪等，更有显示不容易改变的趋势。西洋思想被移入以来，虽在一般智识阶级中，能作为一种教养，在观念上相当地理解；但并不能说这已经全面地规制了各民族成员的实践的具体的行为。我们到底怎样来理解这些事实呢？我们是否可以单只贴上"后进的"、"亚细亚的"这种标语，应付了事了呢？在这里，无论如何，不能不以各民族传统的思维方法的特征，来作为一个问题。

从来，在日本有将东洋与西洋作对立考察的倾向，把互相对立的两个价值概念中的某一方面，配置为东洋；另一方面，则配置为西洋；这种图式的解决方法，流行颇广。例如对于东洋则配置以精神的、内面的、综合的、主体的等观念；而对西洋则配置以物质的、外在的、分析的、客观的等观念。在西洋，也常作这种对比的解释。然而东洋或西洋这种观念，其意义内容，实在是很漠然的；若深入于其内容而加以检讨，则不能不面对着两者都是由更小的单位所构成的这一事实。成为西洋文明之渊源的希腊文明与以色列文明，其性格有显著的不同。即就二者之综合统一所形成的整个文明看，则古代、中式、近世，也各保持着不许代替转换的独自特性。近世的西洋文明，也各因民族而异其性格。因此，若非充分研究了这些差异，我们即不能一概地总括西洋人的思维方法。至于东洋诸民族，情形也与此相同，应先逐一解明诸民族思维方法之特征；若想得出东洋民族全般的某种结论，就得留待比较研究结果的最后阶段。假使不先作个别的准备研究，而希望马上得出总括的结论，则其结论势必成为速断的独断的东西。

因此，在以东洋人的思维方法为问题时，先不能不检讨各个民族的思维方法。但对东洋一切民族都作这种研究，实际上既不可能，也没有这种必要。我们想把当前研究之对象，限定为印度、中国、日本、西藏。因为仅有这四个民族，尽管不十分完整，论

中国人之思维方法

理学毕竟已有了独自的发达。即是，仅有这四个民族，表现出了论理的自觉。其他多数的东洋民族，都是采用与四者中的某一民族相同的思维方法。锡兰、缅甸、泰国、安南南部，可说是印度式的；中央亚细亚、蒙古，在现在可说是西藏式的。朝鲜、安南北部，可说是中国式的。所以若检讨了此四民族的思维方法，对东洋重要的民族，大体上可说是都研究了。而且，只有在这种研究之后，才能导出东洋人全般的思维方法，假定可以这样设想的话。

第二节　思维法则、思维形式、思维方法、思维形态

为了对以上的问题与以解决，应先将有相互关系的若干概念加以定义，预先规定以下论稿中的用法。

（一）所谓思维法则，是相当于 laws of thought，Iois de la pensée，Denkgesetze 的。是指一切思维作用，必以此为准据而始能成立的普遍的根本原则。这有同一律、矛盾律、排中律、充足理由等原则。这是通过一切民族，超越个人的差别而应对万人皆妥当的。

（二）思维形式（denkformen），即悟性形式（verstandes formen），有时用作范畴之同义语。但我们现在用作集团中之个人，在作具体的思维作用时，受此集团之制约所准据的形式的意味。思维法则，有对万人皆可成为规范（norm）的性质。此处所说的思维形式，则仅对于一个集团之成员有规范的意义；对于在其集团之外者没有此种意义。具体地说，一个民族的言语乃至论理学所准据的思维成立之条件等皆属之。思维为了作为具体的思

维作用成立于个人意识之中，则除规范的思维法则之外，更不能不通过这种经验意味的思维形式之制约。[1]

（三）思维方法（denkweise）指的是属于一个集团或民族的个人，附随于其集团或民族，或者被制约于其占支配地位而有特征的思维倾向，以某种有特征的方法作思维时的思维方法。这种方法不一定是自觉的。此一意味的思维方法，当然也包含着前述的思维形式的意味。但这里所说的思维方法，特别是意味着对于具体的、经验的问题的思维方法乃至倾向。诸种的思维方法合拢来成为一连串传统力量，强力地支配着一个集团、社会乃至民族的思维方法的场合，特称之为思维倾向。

（四）随着上述的思维形式或思维方法，一个集团乃至民族的成员，常继续不断地，作倾向于一方的思维的结果，便会成立一个有特征的思维的产物；其产物具备明确的形态时，便宜上称之为思维形态。而且，这在大体上成立一个统一的自觉体系时，便成为思想形态。

第三节　思维方法与语言

将一个民族的思维形式乃至思维方法作为研究问题时，提供最初的研究线索者是其语言。语言对于民族，是本质的东西。人的语言活动，当其造成了一个特殊的语言体系时，即系形成了民

---

[1] W. Wundt 将这种意味的思维形态呼为"心理的思维法则"（psychogsche denkgesetze），主张应与论理的思维法则（logische denkgesetze）相区别（*Logik*, Vierte Auflage 1, S.89j.）。

族。① 民族之形成，可说是由共同的语言而实现。即使语言活动是人普遍性的活动，但从来没有过普遍的语言；因之，也不能有共同的普遍语言。若干人想到了国际语，并且实际上也有开始被当为国际语使用的。但这仅是对于众多特殊语言的对立这一具体事实，一些想加以克服的人们所用的语言而已。就现实而言，在某种意味上，这依然是一个特殊的语言。

语言的表现形式是为使在人之意识的内部，能依一定的形式，有秩序地作心理的具体的思维作用的一种规范。因此，为使一个语言能发挥其机能的特殊形式，特别是一个语言的文法（grammar），尤其是文法中的章法（syntax），一方面是表现使用此语言的民族的具体的思维形式乃至思维方法；同时也可以说是规定其思维形式乃至思维方法的。

关于语言形式与思维形式乃至思维方法的关系，在西洋学界，一向有各种的议论。认为两者之间，存有并行乃至适应的关系者，以前由封博尔特（Humboldt）所主张。封博尔特以为语言的文法构造，是代表使用此语言的民族关于思维机构的见解。语言是随伴于思维的。② 此一见解，由斯塔因塔尔（Steinthal）所继承，近更由胡萨尔（E. Husserl）、③ 阿隆斯塔因（Ph. Aronstein）④ 等所论述。爱特曼（Benno Erdmann）强调文法与论理学之间，有密接

---

① 和辻哲郎博士：《论理学》，中卷，页三五一以下。

② Wilhelm von Humboldt: *Veber das Entstehen der grammatischen Formen und ihren Einfluss auf die Ideenentwicklung.*（Die sprachphilosophischen Werke Wilhelm von Humboldt, herausgegeben und erklärt von Dr. H. Steinthal, Berlin, 1884, S-9:f.）

③ *Logische Untersuchungen* II, 1, Teil, 302ff.

④ 是指 Das Subjekt（Zeitschr. f. granz. u. engl. Unterricht, Bd. 22 S.179）所述的。

的关系。^① 心理学者威尔特赫马（M. Wertheimer）强调为了阐明
自然民族的思维方法，作为准备阶段，应先就各个范畴的领域，
研究其语言表现的方法。^② 又论理学者纪格瓦特（Sigwart）也认为
概念与名称的形成，有密接的关系。^③ 而且他的判断论，因太注重
于语言表现，以致他的心理主义的解释，屡为其他论理学者们所
非难。

然而，对于这，也有学者们主张语言形式与思维形式乃至思
维方法之间，没有并行关系；或者纵不完全否定，但也是加以轻
视。文特（W. Wundt）^④ 曾说文法的范畴与论理的范畴，未必一致。
前者随种种心理的动机而变化；后者则没有变化而常系存续的。
马德（Anton Marty）也主张思想语言并非平行之说。

马德（Anton Marty）以为思维与语言，并非同体；思维必
先语言而存在。即是，从思维发生上说，它是在语言之先，因此，
他采取思想是居于语言表现的上位（prius）的立场。但他又说思
维与言语之间，有相关的互相推动的作用。即是，为使思考完全，
先不能不使语言完全。反之，为使语言行动有效，也不可不使思
维完全。^⑤ 芬克（O. Funke）是继承祖述马德学说的。承受此两对
立学说之述以及今日，学者之间，依然是议论纷纷，莫衷一是。

对于语言形式与思维形式乃至思维方法的关系，虽有两种不
同的看法；但两者之间，不能不承认在某种程度上存在着相应关

---

① Benno Erdmann : *Logik* I, S.33-50。还有 *Die Psychologischen Grundlagen der Bezeichnungen Zwischen Sprachen und Denken*（1896）也作同样的主张。

② M. Wertheimer: *Drei Abhandlungen zur gestalttheorie*, S.151.

③ Sigwart: *Logik* I, S.5af.

④ W. Wundt: *Logik*, 4. Aufl. I. S.155.

⑤ 小林志贺平氏：《马德的语言学》，页一四二至一四三。

系或平行关系。语言是将我们意识中作为思维作用之结果所生起的观念内容，以声音加以表现的。而且语言未必能充分表现观念内容。语言是以声音记号之思维内容的对他人的表示。因此，以语言所表示的思维内容，会依从一定的秩序。语言是预想着思维之存的。然而不能说没有语言，便没有思维。所以两者之间，不能说有完全的相即关系。可是，虽然没有思维即没有语言，但为了发表传达思维内容，语言是必需的条件。例如某一说话的人他说某东西，某一写字的人他写某文章的时候，必定有某种心理的动机。若更将此动机加以分析，则知在人的意识之中，先表现有思维作用的感情；更发生有想将此传达于他人的意欲。因此，用语言材料，即是以记忆下来的语句，依照一定之文法形式，去框住正想表达的思维与感情。于是所说的语句，所写的文章遂告成立。

语言与思维作用，既处在这种关系上，所以通过语言的表现形式研究思维形式乃至思维方法，是有充分的理由，而且也是必要的。文特承认纯论理的思维法则，是超越各种语言构造之差异的；但心理的思维法则，则能以语言事实为线索而探求出来的。[①]将各种语言在文法构造上的差异作为线索，以求明了使用这些语言的各民族之思维形式的不同，这种研究工作，已经部分地开始了。例如，封博尔特认为由对某一特定文法的构造形式，在所有语言中被如何处理，其文法的位置又如何安排，与其他的文法形式有某种的关系等等的研究，即可得出不同语言的构造性质之差

---

① W. Wundt: *Logik*, 4. Aufl. I. S.89.

别。他曾以对两数（dualis）的研究作为例子。[①] 他并且想以此为线索而深入到民族思维形式的问题。又汉学家格勒（M. Granet）说："语言研究，是可作分析语言所传的思考的结构。同样的，分析引导思考的各种原则，能够证明分析其表现手段确为有意义之事。"[②] 他站在这种立场，想以汉语之分析的研究为线索以明了中国民族一般的思维方法。

现在，我对东洋的主要民族，以同样的意图，想从更多的观点，作广范围的讨论。

第四节　思维方法与论理

作为语言表现的形式，有很多。但当我们以民族之思维方法作为问题时，应特别注重判断及推理之表现形式。因为这是思维作用之表现的基本形式。判断及推理之形式，有若干种类；这些应该如何加以区分，是论理学自身的问题，这里不加论述。就各种判断及推理而一一检讨各民族思维方法之特征，当然是很理想的。但关于分类的问题，在论理学内迄今尚无定说。所以现在省略通盘性的论述，而仅想取出其中最基本的东西或是有特征性的东西来作为研究的问题。

在判断方面，先以最基本、最单纯的同一判断，包摄（subsumtion）判断（按即关于种概念包括于类概念，特殊被包括于普遍的从属关系之判断），内属（inhrence, Inhärenz, Inhérence）

---

① 指收录于 Wilhelm von Humboldt: *Gesammelte Werke*, VI, S.562f. 的。

② M. Granet: *Quelques Particularites de la langue et de la Pensee chinoise*, Revue Philosophique, 1920, pp.101-102.

判断（按即指状态对于实体的存在关系，现象对于实在的关系，性质对于物的关系等之判断），存在判断（existentialurteil）（按谓仅意味着事物之存在的判断）等为问题。又在西洋论理学中，曾盛加议论非人称判断的问题。然在西洋作为非人称判断被当成问题的命题（例如 it rains 等），在语言形式不同的汉语与日本语自无法以此作为非人称判断而成为问题，在与西洋语言形式相等的古印度语中，同一内容，常不是非人称判断而被表现为作用判断（it rains=deuo varsati），所以到底应否认其为非人称判断，不可不先作论理学的检讨。因此，这里不想就非人称判断，以独立的项目，比较诸语言之形成，仅在必要时附带说及。又近年有许多论理学者重视关系判断（relationsurteil）。然对于关系判断之意义，学者间的见解各殊，所以此处亦不单立项目加以考察，而仅在必要时说到。

在推理的种种形式中，想特别留意单纯推理的形式。这在西洋形式论理学中，是被当作三段论法去加以考察。但在日常生活中，很多都像"因为是……所以是……"这类的，仅举一个理由命题而即表示结论。还有，由若干推论结合起来的，也应加以考察。但复合三段论法，即是，由完全的三段论法所形成的结合形式，实际上很少用。几乎在一切场合中，都是省略三段论法的结合形式。此在形式论理学中，称为连锁式（sorites，kettenschluss）。诸民族使用此连锁式推理时有何种不同，我们还应作为一研究的问题。①

---

① 在中国人、印度人、希腊人之间，连锁式的表现方法各不相同，这与其思维方法之不同有关系，P. Masson-Oursle 氏已经简单地指出来了。见其所著 *Esquisse dune theorie Comparss dusorite*（Revue de metaphysique et de Morale, 1219, pp. 810-824）。

在以上这些表现形式中，我认为民族思维方法之特征，尤其典型地被表现出来。故若对此加以检讨，应该可以得出一个大概的结论。

语言表现，可作为确知一个民族思维方法之特征的基本材料，已如上述。提供比这更好的材料的，则为该民族所产生的论理学或其所容受的论理学。论理学的原名，既是"关于说话的技术"之意，则在语言中无意识所具现的思维方法之特征，在论理学上，则以自觉的，而且是体系化组织化的姿态被明白表现出来。于此我们可以发现研究民族思维方法之特征的最重要的线索。因此，我们可借着东洋之论理学与西洋之论理学的比较研究，以得出东洋诸民族的思维方法之特征。东洋的论理学发自于印度。但因各以不同方式传入西藏、中国、日本之际，故在各地都发生了种种不同的变化。论理学应该是最普遍的学问；绝非以本来的面目原原本本地传向其他民族则是历史的事实。此一论理学的产出形态或容受形态之不同，很明显地反映出诸民族相互不同的思维方法的特征。

这里应该注意的是，学习论理学而实际加以使用者，是一个民族中的知识阶级。论理学是一个民族的一般知识阶级，以此为思考的准绳，将思考内容作有秩序的安排加以发表的规范。一般的民众，尽管日常不断使用语言，但几乎全不使用论理学的表现形式。因此，论理学很难说像语言形式一样的，是规范一个民族思维方法之全体。从考察过去的论理学所得的结论，不能断定直接妥当于学习此论理学的民族之全体。当把论理学当作考察一个民族思维方法之线索时，应有对此加以顾虑的必要。

东西论理学体系之比较，是一个很大的问题，也是一个独立研究的课题。这里无法深论。仅在与民族一般的思维方法有关连时才提到。

第五节　思维方法与诸文化现象

如上所述，我们在这里把对业经组织化的论理学体系的深入考察，大体上，置于考虑之外。同时，也不深入比较哲学的问题。[①] 其理由是，当以一个民族的思维方法为问题时，应考察其整个民族所采用并作为准据的思维方法。此时，哲学家个人的独特的思维方法，恐怕暂置之于问题之外要比较妥当些。真的，不论如何伟大的哲学家，不仅要受特定的风土、特定的时代制约；而且也免不了要受作为民族一员的社会的制约。因此，哲学家们的思维方法，不能完全脱离民族的、历史的传统。然而在另一方面，伟大的哲学家们，却往往都能依据与其民族传统不同的思维方法。正因为如此，反而由此更认定哲学家的伟大性。所以现在将各个哲学家的思维方法，也置于问题之外，仅在必要时提及。但是一个民族所产生的许多哲学家们的思维方法乃至思维形态，若有某种共同的倾向，则这当然是应作为研究的问题。

反之，为一般民众所爱好的谚语、格言、口碑等，因为是民族所共同爱好的，所以当以民族一般之思维方法为问题时，亦想列举其有特征性者。至于哲学家的话，若系脍炙人口者，亦不妨

---

① "比较哲学" 的称呼，Masson-Oursel 已经使用过（*La philosophie Comparée*, 1925）。G. Mish: *Der Weg in die philosophie, W. Ruben: Indische und griechische metaphysik*（Zeitschrift fur Indologie und Iranistik, VIII, 1931 S.147g.）也作过同样的尝试。

列入考察范围之内。只是，在民间所传的诸多语句中，应该认定哪些是一般的，即是可以算是民族的，须要相当的注意。此外，神话、宗教圣典、一般文艺作品之类，当然应作为研究资料而加以重视。此类文献，任何民族都有很多留传下来，不能不特选该民族所特别重视的东西。从近代人的观点，觉得很有意义的东西；但若该民族本身并不重视，则作为了解其全民族思维方法之特征的材料，并没有多大意义。但相反的，即使不为该民族所知，而外国人据此以批评该民族思维方法，则作为明了批评者与被批评者相互间之差异，这应是贵重的资料。

第六节　表现在外来文化之容受形态上的思维方法

诸民族思维方法之特征，是以其民族的语言形式及论理学和一般文化现象为线索，由现在的研究者作相互的比较，以导出结论。此外，一个民族，具体地在过去的历史上，时或将其自己之思维方法特征与其他民族的不同明示我们。这就是它摄取其他民族的思维方法，或思想形态的方法。一个民族，对其他民族的思维方法或思想形态，并非源源本本照样加以摄取；而是在摄取之际，会加以批评、选择、变形的。这种摄取的方法，很显著地表示其民族思维方法的特征。文化交流的问题，现在为许多学者所屡加检讨；但这都是由历史的社会的观点所作者，而没有充分由现在所说的思维方法的观点去加以研究。这是我们当前的课题。

在文化交流的诸现象中，若站在思维方法的观点，亦可透过普遍的教说，经各个民族以何种特殊的形态上，加以摄取、容受、变貌，获得掌握各民族思维方法特征的有力的线索。论及东洋的普遍的教说，当然应该是佛教（在日本，当然亦应考虑到儒教）。各民族思维方法之特征，是怎样规定了对佛教容受的形态，这是一个重要的研究问题。至今对于佛教的广布（从民族的观点说，当然是容受），已有很多的论著，但这些主要是从历史的社会的见地考察；从思维形式乃至思维方法的观点去研究的，几乎完全没有。我现在想以此作为研究的问题。

第二章　在单纯的判断与推理之表现形式
上所表现的思维方法的特征

在进入到考察汉语中的单纯的判断与推理之表现形式以前，应先考察汉语在语言上的特征。汉语与西洋及印度的语言，系统既全不相同，语言之构造亦显异其趣，所以有预先考察其特征的必要。还有，此处系以古代文言为主，仅在必要时始附带论及近代与现代的汉语。一般地说，同一民族之思维方法，也是不断地在变化，所以在古代文言中所认定的思维方法之特征，未必一直能表现或规定及至现代的中国人的思维方法。但如后所述，中国系尚古性、保守性很强的民族，故从古代文言所导出的种种结论，对于现代汉语，在某种程度上，我想也能适合的。尤其是作为语言的汉语，古代与现代之间，可以说没有本质上的差别。

第一节　汉语在语言上的特征

汉语，在语言学上，一般称为孤立语。从来，语言形态之分类，大体分为下面三种：（一）孤立语（isolating language）。如中国古代文言，是单语无语尾变化及其他变化，当写文章时，仅将单语加以连接。（二）胶着语（agglutinating language）。例如日语"蠟燭の火をともした"的这句话，是在"蠟燭"、"火"的单语后面，附加不表示独立对象的"の"、"を"，将此加以连结以构成一个文章的语言。（三）屈折语（inflectional language）。印度语、欧洲语是其代表。例如，在拉丁语，单语之内部有变化。patris（父的），并非 -is 胶着附加于 patr-，仅 patr- 不成为单语。像 pater, patris, patraem 这样，同一单语之变化，称为单语之屈折（inflection）。这虽是语尾变化，但所谓屈折者，并非仅限于语尾。英语的 sing, sang 单语之中央部变化，也是一种屈折。

西洋的语言学，从来便是分为上述的三种，这已经成为有关语言学的一般常识。但当实际考察各个语言的性格时，这是很不充分的分类。一种语言，常有不能轻易断定是属于三种中的哪一种的。例如现代英语中像 You know many people 这句话，各单语并无语尾变化乃至屈折，所以是孤立语。又如 unkind, kindly, kindness 这一群字，是在独立单语的 kind（亲切）上，附加 un-, -ly, -ness 这类的添接辞的，所以是胶着语。而像 sing, sang, take, took 这类的动词变化，却是一种屈折。在同一语言之中，亦含有种种的性格。因之，要将各种语言，使其分属于上述三种之一种，实际上是很困难，而且也不适当。但若作为语言的三种类型，我想，大概是可以的。汉语，一般认为是"孤立语"之代表；但现代汉语，也明显地出现了胶着语的性质。这里，对于汉语的具体事象，将其极可注意者试作简单的考察。

古代汉语，一字表示一语，成为一个单位。因此，汉语被称为孤立语的代表。但汉语在史前时代，并不是现在样的单音节语，而和其他许多语言同样的为多音节语；形态质作为（B）而从属于意义质的事实，是由近来的研究而渐次阐明了的。即，这曾经也是一个综合的自律语。[①] 但进入历史时代后，汉语即化为单音节语。因之，汉语的实际语言活动上之单位，不是语而是句（sentence）。印度、欧洲系的诸语言，由其语形变化，即由其文法的屈折，便能显示其语在一个文章中所扮演的作用。但汉语并无此变化或屈折。为表示语的作用，特重视语的顺序（word-order）。只好由语的顺序去了解哪个是主语，哪个是目的语。汉语，由其文章中的位置而决定相互的文法关系，此点恰与英语相同。

并且，在中国古代，仅用单词（simple word）而成文造句，且经由发音即可使其不生谬误，可使听者全无混乱之虞。试检讨周代（西元前一一二二至前二五六）文献，可知其语汇主要是由这种单词所构成的，此等古代文献，都是当时实际语言如实的再现记录。[②] 这由当时极有力的问答或哲学上的议论，也一样是使用单纯语，极短而且简洁地表现出来可资证明。

然而，汉语，一般地说，并无语言形式上的词类区别（formal "parts of speech"），因之，一个字，到底是作名词用，或是作动词用，有时难以判别。此时，若仅按一定的语词顺序将各单词加以排列，实难于充分传达其意味。为防止此种混乱，汉语便想出两种方法。一种是内屈折（internal inflection）。由此虽音节中的母音不变，但音节的声调（tone）会变。例如形容词的"好"（上声）字，将其读为去声之"好"，即成为动词。汉语在这点上，也有对应于心理的论理的各种范畴（category）的形式上区别。这正好与西洋诸语言中的"词类区别"现象相等。但这种例

---

① 新村出博士：《语言学序说》，页一二一。
② 岩村忍、鱼返善雄两氏译：*Karlgren*《中国语言学概论》，页一七七。

子比较少，所以不能推翻汉语无形式上的词类区别的通则。

比这更重要的是，在单词上附加补助词，以明示文法的变化的现象。在古代文言中，一个文章，是由主语或述语附加种种附加语（adjunct）所构成。在白话，此一倾向更为显著。白话中，作为补助词，其简单一例，有表现未来时态（tense）的"要"字。"要"字作为独立语，乃"希望"、"要求"之意。但在"他要来"的这句话中，则相当于英语之"He will come"。即是，与英语助动词之 will 相一致（古代语常以"将"字表示未来形）。[①]

另一方亦有相当于格语尾的东西存在。例如"以手扶之"，"以"字本来是动词，与英语之 using 的意义相同；但成为前置词性之不变词（particle），却与英语之 with 意义略同。同样的，"的"字也作为形态质，等于日本助动词的"の"字。"先生的话"，"几千年的书"，"说话的样子"等句皆是。因之，"A 的 B"，或者是表示属格的关系，或者是将 A 转化为形容词的意味。总之，附加"的"字时，使形容语（Attributé）得以成立（按将 A 转化为形容词时本译文皆用"的"字）。在现代官话中，"的"纯粹是文法上屈折用的附加词，此一倾向，自宋代就已明显出现。

从上述的现象看，我们可以承认汉语也有助辞的用法，至少是助辞正逐渐发展着。但于此，应指出汉语的两点特征。（一）汉语原系单音节语，一语由一音节而成，故作为形态所能指出的助词，在字面上，亦以一字充之。（二）汉语随着此种语言之法则，即使当其各个字，在扮演接尾语、接头语或附加语的机能时，依然直观地再现其原义。但印度、欧洲诸语，附加语仅扮演其为附

加语的机能，其历史的原义，从说话者之意识里已消失净尽。即是，附加语的原义已彻底消失。但在汉语中，则尚未充分完成。

汉语的特性，可论者尚多；但这在论到中国人思维方法的各个特征时再行提及，现在仅止于上述的基本问题。

第二节　包摄判断及同一判断

一、语顺

汉语具有如上述的性质，故文法上的形态论（Morphologie）全然不成问题。因此文法中心问题，当然应置于句法（Satzbau，syntax）问题之上。汉语句法的问题，非常复杂。因其无划一的规则，故须绵密地研究。据仓石武四郎教授的论证，其原则大约可概括为如下之三条：

（一）主语下面，为说明语。若需补语时，则补语在说明语之后。

（二）补语若须有指示人及指示物的两种时，例如"我送张先生一本书"这句话，则指示人的补语在先，指示物的补语在后。

（三）修饰语置于被修饰的语言之前面。[1]

不错，作为基本的原则，大体是如此。但是，关于汉语的句法，还有许多应论及问题，法国及中华民国之学者，曾发表过很精密的研究。[2] 现在不触及这些细密的问题，而仅论及单纯的判断与推理的表现形式。

---

[1] 仓石武四郎教授：《中国语教育之理论与实际》，页一六七。

[2] M. Stanislas Julien: Syntaxe nouvelle de la langue chinoise, 1869, p.61。王力氏：《中国文法学初深》（特别是页九九以下）。杨树达氏：《高等国文法》（民国十九年商务印书馆发行）。

就上述的诸规则看，汉语的主语在先，述语在后，此种顺序与西洋的诸语言及日本是相同的，似乎没有特别提到的必要。然而，印度的梵语，则正与此相反。梵语为表现"S 是 P"的这一判断，例如"anityah sabdah"（无常，声），述语放在前面。此点恰与中国人相反。因之汉译佛典的人，随着汉语的语言顺序而译为"声无常"。[1] 汉语与古印度语之顺序不同，释道安（三一二至三八五）已经有所自觉。"梵语尽与汉语颠倒，无法照着直译，故而使从秦语"（秦之语顺），认为这是翻译上必然附随的一个缺点。[2]故而中国人自觉地把主语放在前面。中国的因明学者们[3]把主张命题（宗 pratijaua）的主语称为"前陈"（又称为"前之所陈"），将述语称为"后陈"（又称为"后之所陈"）。此两者名称之不同，是因时间上的区别（先后）。因之，"前陈"也是"先陈"。[4] 即是，中国的因明学者，认为在心理上，主张命题的主语，在时间上也是先被表象的；而述语之进到意识则要较后。所以，中国因明学者们的解释，与印度论理学者们的解释，刚刚相反。而论理学者们的这种态度之不同，正说明尚未清楚自觉的两民族的思维方法之差异。

由中国人把主语先表象于意识里的这一事实，在有关中国人的思维方法上，我们可以看出如下的特征：（一）较之普遍的东西，更重视特殊的东西乃至个物。（二）较之主体的东西，更重视客体

---

① 参照《因明入正理论》等。

②《出三藏记集序》第八卷《摩诃钵罗若波罗密经抄序第一》。

③ 已见于慈恩大师窥基的《因明大疏》。

④ "今凭因明，总有三重。一者局通。局体名自性，挟故。通他名差别，宽故。二者先后。先陈名自性，前未有法可分别故。后说名差别，以前有法可分别故。三者言许。言中所带名自性，意中所许名差别。"（《因明大疏》）

的能够把握的东西。（三）与看不见的东西相对而承认看得见的东西之优越性；即是，特重视由感觉作用所知觉的东西。

二、系辞（也、是、即）

关于主语与述语之关系的这种把握方法，仅与印度人不同，与西洋人和日本人是相同的。既如此，则在什么地方可以看出中国人与西洋人或日本人之间，在思维方法的不同呢？

我们试精密检讨同一判断乃至包摄判断的表现方法时，还可以看出中国人独特的思维方法的特征。在汉语，表现肯定的同一判断或包摄判断时，就紧接着在主语之后加上述语便好了，不需要特别的系辞（copula）。即是将二语并排即可。相当于德语的sein，英语的 to be 的，在汉语中并不存在。我们日本人把汉字的"也"字读为"ナソ"，好像"也"字相当于系辞；其实这不过是加在文章的最后，仅表示一种决定，以加强文章的意味。所以"也"字也可称为语助词。[①] 亦可称为终结不变词（particule finale）。[②] 例如"日本古倭奴也"，这是一种同一判断；"君将纳民于轨物者也"及"子诚齐人也"，这都是一种包摄判断；但这些文章中的"也"字，只是加强全体文章的意味。因之，"也"字不是系辞。还有，在否定判断的场合，虽使用"非"、"不"等字，但这不过是否定词，也不能说它常含有系辞的意味。

在普通论理学中相当于系辞的字，在汉语中并不存在，这一现象是应该充分注意的。印度的诸语言，乃至西洋诸语言中如希

---

① 杨树达氏：《高等国文法》，页六〇九以下。

② Julien: op. cit, passim.

腊语、拉丁语等有时也可将系辞省略掉；但西洋的代近语，则不许省略。这在论理上是意味着什么呢？大体上，一般自然的判断，主语由自己而为述语的这种事态，是主语变成述语的意思。即是，在一切真正的判断，系辞的存在，必以生成为其真义。在中国人，则由主语之自己分割而来的生成的一面被忽视了。此点很与印度人相似。这与中国人静态地把握一切事物的思维方法之特征有密接的关系；所以留待后面再加考察。

当然，在汉语中，也用类于系辞的"是"字，置于主语与述语的中间。即是，把肯定的判断，以"A 是 B"表现出来。然这是对应于德语之 A，dies（ist）B，法语之 A，c'est B 的表现形式。因之，"是"字不是系辞。为了加上一个"是"字，而一个文章的意味更被强调，更成为决定的。所以"是"字亦可转化为"实"（wirklich，richtig，recht）的意味。

"是"字，一见好像是系辞的用法，早存在于中国古典之中，例如《老子》。[①] 据 Franz Kühnert 氏的研究，这决定用作单纯的系词，总具有"如是"so-sein 的意味。

所以"是"字不能径直看作系辞。但是，一见好像是用作系辞的这一语言现象，在论理学上，是应该充分注意并加考虑的，此一现象不仅出现在汉语中，就是马来语中亦存在的。此语言现象，我们又该如何解释呢？

首先试考察"这"字所表象的意义。黑格尔随着意识经验的确实性阶段，而将精神现象学分为六个现象学。其中，第一个是

---

① "孔德之容,惟道是从"（《老子》第二十一章）,"美之者,是乐杀人也"（第三十一章,"惟施是畏"（第五十三章）。

"意识的现象学"。在此所考察的意识的形态，真理与确信是分离的。真理在对象的侧面，而确信则存于主观的意识的侧面。在这种意识中，最初，也是直接的所与的东西，是"感觉的确信"（die sinnliche gewissheit）。在此感觉的确信中，对象不过是作为单纯的"这个东西"（dieses）。"这个东西"，在时间上，是"现在"（jetzt），在空间上，是"这里"（hier）。除了"这"以外，语言不能表现的此种感觉的确信，普通认为就是直接表现对象本身的最丰富最具体的知识。然而，据黑格尔看，事实上，这种确信，其自身却显示着最抽象而且是最贫乏的真理。感觉的确信，实在是无任何内容的空虚而散乱的知识。这不过是意识的直接态。①古代印度的哲学家们，也曾就具体的事例、自觉到黑格尔所主张的事情。例如见真珠母而说"这是银"的这种谬误认识，是如何成立的呢？对此一问题，印度的哲学家们，曾经有种种的议论。米曼差（Mimamsa）学派以为此处所谓"这"（idam）者，仅是存在于主观之前的物体的知觉（purovartid ravyamatragrahana）；因之，不是此物体之属性的正确知觉。此种误认，是由于视者之视觉机官受到某些缺点的迷惑而发生的，尚未观察到真珠母这一事实，而仅知觉到与银的共通性。这不外是直接的意识内之显现。S'ankara系统的吠檀多学派，则认为此乃"'这'这一形相的意识之变容"，故可能包含错误。

只要留意到"这"的表象是此种性质，则中国人用相当于系辞的"是"字的这一事实，不能不认为是表示把述语所提示的东西，常作为客体的对象的，而且是直接的感觉的所与，从而加以

---

① 金子武藏教授译：黑格尔《精神现象学》，页一三二以下。

把握的思维方法。"A 是 B"的表现方法，已如前述，学者间认为是对应于法语的 A，c'est B 的表现形式；然与此相反，"是"字有时也应解释为是在修饰述语。例如"S 即是 P"、"S 亦是 P"，和述语的亲近性特强，所以"是"乃关涉述语的指示形容词。因此，在这样的判断表现形式，是把述语作为客体的对象的而且是直接的感觉的东西而加以表象的。而且在述语所应表示的普遍者，也想作为个别的东西去把握，换言之，若不把普遍的东西看作具象化的个体，而只作为普遍者加以叙述，这是中国人所不喜欢的。

还有，"即"字，亦好像是相当于表示同一判断命题的系辞。例如"烦恼即菩提"的表现。然而"即"字不是单纯的系辞。"即"字的本义是就食，作为动词可训为"就"。作为接续词则与"今"的意义相同。

所以在单纯的同一判断的表现形式中，使用"即"字时，即在"A 即 B"这种场合，常识地说，尽管 A 与 B 之间，存有某种难一致的东西，然忽视这种不一致而遽作某种断定。例如"事无两全，非失败即成功耳"，"失败"与"成功"，乃相反的概念，但不是矛盾概念，所以"非失败"＝"成功"的断定，是错误的。此时"非失败"的概念，并不周延。但依然将两者等视。又如"因缘所生法，我说即是空"的判断，也是想把常识上难以一致的两个概念加以等视。更进一步，当叙述具互相矛盾特性，并且自觉其为矛盾的两概念，加以等视时，便使用"即"字。即是内含矛盾为契机的。"一即一切，一切即一"的这个命题，最能表示这种矛盾的关系。天台宗区别"即"之意义为三种。[1]

（一）"二物相合之即"。此如合金与木之关系。烦恼与菩提，原是各别的东西。烦恼是相（显现的姿态），菩提是性（本来的东西）。性与相合而不离，谓之烦恼即菩提。故不能确断烦恼，即得不到菩提。这是大乘佛教中的"通教"的解释。

（二）"背面相翻之即"。烦恼与菩提，原是一体。但有背与面之不同；从悟之背说是菩提；从迷之面说是烦恼。即是，随无明，则有由烦恼而来之生死；随法性，则得由菩提而来之涅槃。所以不破无明而顺法性，即不能得菩提。这是大乘佛教中的"别教"之所说。

（三）"当体全是之即"。菩提与烦恼之关系，犹水与波之关系。迷者见之，一切皆在生死之中；悟者见之，一切皆涅槃。故无断舍烦恼之必要。不断人生而有之恶（性恶），也能到达佛的境地。这是究极最上之教的圆教之说。

故而"即"是以矛盾为本质的契机，不是单纯的系辞。真的，黑格尔也在单纯的系辞 sein 之中，看出矛盾的契机；然汉语之"即"，一开始即以矛盾的关系为前提，而且这是为一般日常所意识到的，所以与黑氏所说的大异其趣。

三、语顺之颠倒

以上，考究了主语在先、述语在后的汉语的原则。但在汉语中也有违反这种原则的。此即语顺之颠倒（inversion）。例如：

---

[1] 三种"即"之区别，出于《十不二门指要抄》。樱木谷慈重氏：《十不二门指要抄国家疏》，页九四以下。

高者抑之，下者举之。(《老子》第七十七章)

吾斯之未能信。(《论语·公冶长》第五)

除君之恶，唯力是视。(《左传·僖公二十四年》)

率师以来，唯敌是求。(《左传·宣公十二年》)

安定国家，必大焉先。(《左传·襄公三十年》)

从这些例子看，语顺的颠倒，也有一定的原则。（一）在述语部分中，必含有他动词（及物动词）。（二）他动词之前，必放上"之"、"是"、"焉"、"或"、"来"、"斯"、"于"、"实"等助词。[1]

这是一般中国学者所揭示的规则。然用助词的第二规定"之"等助词的规则未必死守。例如：

古木鸣寒鸟，空山啼夜猿。(魏徵，《唐诗选》，第一卷)

江上巍巍万岁楼。(王昌龄)

这分明是语位颠倒，而且述语是自动或者是形容词。

我修菩萨行时，若有众生，来从我乞手足耳鼻、血肉骨髓、妻子象马，乃至王位，如是一切，悉皆能舍。

上文中，"如是一切悉皆能舍"为主文，其余皆属副文。

在这些文章中，关于语的顺序，几无任何规矩；然中国人读

---

[1] 王力氏:《中国文法学初探》，页一○四，杨树达氏:《高等国文法》，页二一六以下。

这类文章都能了解其意义。这是什么原因呢？与此现象相关连，封博尔特（Humboldt）以为：汉语一见虽无显明的文法，然为了认识语言的形式关连，依然存在着感受锐敏的东西。当发音之际，以一个音所表示的一字一字的音节（syllable），皆各个加以区别，并影响其他音节。[①] 然而，是以何种方法发生影响，以何者方法，一连的字句，可以总括地被表象着呢？对此问题还未充分地究明。对于此语顺不同的同题，我觉得或许可作如下想法，在上举的诸例中，论理学上应视为主语的字，有时随而不现于表面，也有时明显地表现出来。然而，不论在哪种情形下，作为主语的东西，都是行为的主体，即，都是人。或者，有时也作拟人的表象。

此原则，说"S 是 P"的判断时也被遵守着。即使就应视为例外的文章来看，例如：

无利无功德，是为出家。（《维摩经·弟子品》）

此文的 S 与 P，好像是颠倒的。但"为"乃"视为"之意，"是"系承接"无利无功德"，将"是"与"出家"等视。然此文章之主语，是被隐藏着的一般的人，或者系叙述此文章的说话者（乃至赞成此话的人们）。所以，这种场合，还是适合于以人的行为主体作为主语而先表象出来的原则。

并且在遵守上述原则的范围内，忽视汉文的语法，也没有关系。例如："朝辞白帝彩云间，千里江陵一日还"（李白）的诗句，

---

① *Die sprachphilosophischen Werke Wilhelm's von Humboldt*, herausgegeben und erklärt von Dr. H. Steinthal, Berlin, 1884, S.652.

"辞"与"还"的主体，是作此诗的人，即系人。

多数汉译佛典，皆尽可能使其成为上乘的汉文，但就中亦有按梵文的原文的语顺翻译者，隋朝的笈多译《金刚能断般若波罗蜜经》，则为其最佳例证。其文如下：

> 尔时命者善实起坐一肩上著作已，右膝轮地著已若世尊彼合掌向世尊边如是言……听善、善意念作、说当、如菩萨乘发行住应、如修行应、如心降伏应、如是世尊、命者善实、世尊边愿欲闻、世尊于此言、此善实、菩萨乘发行、如是心发生应、所有善实、众生、众生摄摄已、卵生、若胎生、若湿生、若化生、若色、若无色、若想若无想、若非想非无想、所有众生界施设已、彼我一切无受余涅槃界灭度应、如是无量虽、众生灭度。[①]

此大体乃依照梵文的语顺逐字而译者，是极不适当的汉文，但依然是通用的译文。

上面这类异例尚且成立，故汉语的语顺是非常自由的。"甲打乙"的这句话，"甲＋打＋乙"，这是最普通的表现形式；但"甲＋乙＋打"，或者"乙＋甲＋打"的这种表现形式，也未尝不可以。无格语尾而允许这样的自由，当然会注意到这在意义的传达上是否会发生障碍。但汉语的文章主语，是以人的行为主体为主，以此为前提，所以不会发生混乱。当然，人以外的东西，有时也

---

① 隋大业年中三藏笈多译《金刚能断般若波罗蜜经》(《大正藏》，卷八，页七六六下)，文中标点经参考南条文雄博士《梵文金刚经讲义》及其他不同译本对照梵文本所附者。

作为主语，然这种比较的少；而且在这种场合，作为主语的事物，也实系拟人地被表象着。我们于此，可以了解中国人既使客观的事物也在与人的关系上去把握，不把人分离去理解客观世界的一种思维方法的特征。

这种思维方法的特征，未必限于中国人，日本人也是如此。印度人、欧洲人也是一样。其证据为，在印度、欧洲系的诸语言中，中性单数之主格（nominative）与对象格（accusative），完全是同形的。因为以中性形所表示的字，不能作为主语。所以也从不用中性语的主格。但随时代的经过，人的思维能力进步，以中性形所表示的客观的事物，也起而成为一个文章的主语，因之，也出现了主格。但由中性语所表示的事物，在这以前，常是作为客体的东西被表象着，所以在主语的场合，依然将对象格之形，作主格去使用。这是学者们的解释。因此，印度语和欧洲语，客观的事物，在古时不能作为主语。用作主语的场合，须作为男性形，或作为女性形，即被拟人化。

所以把行为主体的东西常用作主语，未必仅是汉语的现象。但印度、欧洲语族，很早就脱离了这个阶段。而发达了高度文明的汉族，关于思维方法的这一点，却依然停止在这种原始幼稚的状态，这是值得十分注意的现象。

第三节　内属判断

一、实体与属性之无区别

内属判断的问题，在前二节也部分地说到，现更加以详细的考察。

在汉语，没有名词、动词或形容词的区别。所以"其树樱也"的包摄判断和使作用（或运动）归属于实体的内属判断之"黄鸟鸣不歇"（李白），"孟子去齐"，乃至和使属性归属于实体的内属判断之"彼山高，此山低矣"，在文法上全无任何区别。因之，在表现方法的范围内，汉语的包摄判断与内属判断并没有区别。汉语的一个文章，到底是属于这些判断中的哪一种判断，不能从文章的表现形式去知道，而只有从构成文章的语意内容上去知道。所以只要依据这种表现形式，当然对于内属的关系，不能成立充分的自觉。即是，不能明确意识到实体与作用、运动、属性等的区别。

在这些关系之中，实体与作用及运动之区别，比较不发生混杂。何以故？因为一个实体所具有的作用或运动，是一时的偶有的，所以纵在言语表现上未能区别，但在内容上，是容易理解两者之区别的。然而属性是恒常内属于实体的，于是区别两者的意识，有时甚至不明了，或是暧昧。而且此一事态，关系到中国人的思维方法之性格。是有极重大的意义。

原来，在汉语中，即使是名词，到底是表示具体的事物，抑是表示抽象的概念，有许多是不十分明了的。汉语中的附着词（affix）虽然一般是为了使意义正确而用的；但即使结合有附着词，而意味却依然是暧昧。例如把"者"字附加在"死"字之后，而成为"死者"的时候，成立了二种的动词性名词（verbal noun），即成为"死的东西"、"将死的人"、"死了的人"，可以当为任何一种意义解释。因之，在中国人之间，普遍与特殊乃个物之间的区别，及实体与内属于实体之属性的区别，没有充分地意识到。并且常有将一切都看作是个物的倾向。梵语因形容词与名词在语形上没有分别，所以一切都解释向普遍的方向，忽视个物，此正与汉语相反。忽视个物或特殊者与普遍者间的区别，忽视实体与属性的区别，致使不容易成立关于客观界的秩序的认识，在这一点上，两民族是相同的；但印度则置重点于普遍的一面，中国则置重点于个物的一面。

若照着中国人这样的思维方法乃至言语形式，则不能以充分的自觉来考虑内属判断。并且，若不区别实体与属性，则也不会考虑到两者之内属（和合 inharenz）的关系，所以在中国没有成立像世卫（Vaisesika）哲学那样的范畴论。此学派之《胜宗十句义论》虽经汉译，但在中国几全未加以研究。

二、中国诡辩之特性

只要留意到中国人这种思维方法的特征，则我们能够明确理解中国所以会成立某种特有的诡辩的原因。

中国在春秋战国时代，恰正与希腊智者团（sophist）之盛起同时代，当时所谓"名家"的学者辈出。名家的学问称为"名学"。在这种名学中，我们可以看出中国论理学的萌芽。[至今中国仍称移自西洋的论理学"名学"。正如 logic 是 logos（语言）的学问，在中国是为"名"的学问。]惠施、公孙龙说了种种的诡辩；其中有些是与他国的诡辩家相同的。例如传下来的否定运动或变化的几个诡辩，其立论的方法，是与希腊的塞龙（Zenon）相同。与此相似的议论，在西历纪元前印度的古典中也有传述。但是，在另一方面，还有中国特有的诡辩。现在试检讨其中的二三。

公孙龙的"白马非马论"及"坚白论"特别有名。"白马非马，可乎？曰可。曰何哉？曰马者所以命形也。白者所以命色也。

命色者非命形也，故曰白马非马。"（《公孙龙子·白马论》第二）
"坚白石三可乎？曰不可。曰二可乎？曰可。曰何哉？曰无坚得
白，其举也二。无白得坚，其举也二。曰得其所白，不可谓无白。
得其所坚，不可谓无坚。而之石也，之于然也，非三也。曰视不
得其所坚，而得其所白者，无坚也。拊不得其所白，而得其所坚，
得其坚也，无白也。"（《公孙龙子·坚白论》第五）即是坚乃由触
觉所知觉，白则由视觉所知觉。知坚石时不知白石，知白石时不
知坚石。所以坚白石不是一个，是两个。

这种诡辩大致理所当然地在通用，正由于中国人未能充分自
觉到实体与属性之区别及此种区别的意义。这在汉语中，是对应
于实名词（substantiv）与形容词（adjektiv）之未能区别的这一事
态而来的思维形态。

这种思维倾向，在论难惠施一派的诡辩的荀子，情况也是相
同的。荀子之说如下——名有单名，有兼名。表示一个概念时，
用单名；两个概念，同时在同处可以征知时，用兼名。单名，例
如"马"；兼名，例如"白马"。[1]（按《荀子·正名》篇第二十二
原文为："单足以喻，则单；单不足以喻，则兼。单与兼无所相避
则共，虽共不害矣。"杨倞注："若单名谓之马，虽万马同名。复
名谓之白马亦然。"此处乃日人之意译。）此时把握兼名的方法，
没有意识到实体与属性的区别，不过将"白"与"马"作为同一
资格的"名"在把握。

---

[1] 武内义雄博士：《支那思想史》，页二二。

没有自觉到实体与属性的区别的这种思维倾向，[①] 不独名家为然，在后世佛教学者议论之中也有此种倾向。例如华严宗之大学者圭峰宗密（七八〇至八四一），曾有如下的议论：[②]

　　佛法世法，一一皆有名体。且如世间称大（＝元素），不过四物。《智度论》云，地水火风，是四物名；坚湿暖动，是四物体。今日说水。设有人问："每闻，澄之即清，混之即浊；堰之即止，决之即流。而能灌溉万物，洗涤万秽。此是何物？"举功能之义用以为问，答云："是水。"（举名为答）愚者认名，即谓已解。智者应更问云："何者是水？"（征水之体）答云："湿即是水。"（克体指陈，一言便定。更无别字可以代替。若云冰波清浊凝流是水，则与其所问之词何异？）佛法亦尔，设有人问："每闻诸经云，迷之即垢，悟之即净；纵之即凡，修之即圣。能生世间出世间一切诸法。此是何物？"（举功能之义用为问）答云："是心。"（举名为答）愚者认名，便谓已识。智者应更问："何者是心？"（征心之体）答："知即是心。"（指心之体。此言最明，更无余字。若答谓非性非相，能语言运动等，此是心，则与其所问者何异？）以此而推水之名体，各惟一字，余（＝此外的）皆义用。心之名体亦然。湿之一字，贯于清浊等万用万义之中。知之一字，亦贯于

① Masson-Oursel（*La philosophie Comparée*, p.112）说，以形容词限定实名词（Substantif）或加述语等语的这种关系，汉语比之于印欧语，不甚明了。柏拉图的Participation 之说，恰克服了此种困难。
②《禅源诸诠集都序》下（宇井博士校订国译本，页九六以下）。

贪瞋慈忍差恶苦乐等万用万物之处。

在这里，将水这个概念（名），与水之属性，或作为本质（体）的粘着性（湿），看成一个东西。即在这里表现出了不区别实体与属性的中国人的传统的思维方法。并且，只有顺随此种思维方法，中国的佛教徒，始能教化中国的一般民众。

第四节　存在判断

一、有

在西洋及印度语言中，含着"有"的意味的，是 sein, to be（及相当于此的字）。相当于此意义的汉语单字为"有"，译 das sein 为"有"。然而，sein, to be 或可用作"是的"（essenta）与"有的"（existentia）两义；而"有"则仅用于后者的意义。用于前者意义的字即普通所称为系词（copula）的字，已如上所指摘，汉语中是没有的。因之，"有"字应相当于西洋语中之"There is"，"Il y a"，"Es existiert."。

然而，就中还有一个微妙的不同点。正如日本人读汉字的"有"为"あり"或"もつ"、"たもつ"一样，是含着所有的意义。"归我所有"的这一用法，最能明白表示此意。所有，是含着所有的东西，与有的东西的意味。[1] 说"有朋自远方来"的时候，不仅是 there is 的意味，而且也含着说话者所有其友人的意味。在这一点，可说更近似于法语之 Il y a。"有……"的文章，在中国人则

----

① 和辻哲郎博士：《作为人之学的伦理学》，页三五。

是含有"某人持有……"之意。在因明上，[①] 说"有火"，是"那山有火"之意。

　　具所有之意味的动词，用以表示"存在"的意味，这在其他的语言中亦可。例如法语"Il y a Dieu"（神存在）的说法。此外，与此同样的语法，在其他近代西洋语中也可以看到。这一点可谓与汉语相似。[②] 然而在这些语言中，表现所有的判断，与表现存在的判断，在某一点上，大体上是以不同的语言形式表现出来；而汉语则两者毫无区别。因之，在印、欧语，"……（主语）有"的在判断的文章中，其作为主语的东西，在汉语，则将其置于"有"字之下 [③]（关于"无"的这一否定字，也与此相同）。在印、欧语的存在判断文章中立为主语的，都是从属于主体的客体的东西；纵使是人性的东西，也大概是物的；或用数量加以计算的东西。在存在判断中，为表示所有的主体，希腊语是用所有的与格（dative），印度诸语言则用所有的属格（genitive）。虽有这种的不同，然两者以客体的东西作为存在判断之主语，在这一点上，是完全一致的。但在汉语的存在判断，则主语都是所有的主体，客体的事物，以

----

① 《因明入正理论》（宇井伯寿博士：《佛教论理学》，页三九〇）。梵文原文"有火"（Agnir vidyate），亦有改书为"那山是有火的东西"的。

② Otto Jespersen：*The Philosophy of Grammar*, 1925, 156.

③ 违反此规则的恐怕没有。以下诸例，初看好像违反了此一规则，但绝非如此：

"子曰：苗而不秀者有矣夫。"（《论语》）

"爱人得福者有矣，恶人贼人以得福者亦有矣。"（《墨子》）

"以若书之说观之，则鬼神之有，岂可疑哉。"（《墨子》）

前二者之例，若照通例，置"有"字于最初，取成为"有苗而不秀者"，"有爱人……，有恶人……"的意味，为防止此种误解，故将"有"字置于下面。又第三例与"则有鬼神，岂可疑哉"同意。但以"鬼神有的这一件事，岂可疑吗"的意味，故将有字放在下面（广池千九郎氏：《支那语文典》，页三一二以下）。

　　　　　　　　　　　　　　　　中国人之思维方法

客语表示之。在中国人的思维中，存在判断，是以人的所有为问题的。

这种性格，在西洋语言中，并不是完全没有。例如，希腊语的 Ousia，是从"有"的动词所形成的名词。但这原来是含有所有物的意味的字。此一意味，据说一直到亚里士多德还保持着。Ousia 同时是"所有的东西"。所谓所有的东西者，是在眼前可使用的东西，为使用而拿到身边的东西。[①] 然而，Ousia 是在与人的交涉的存在而为有，这一事实，系由特别留心的学者的研究，才开始明了的。西洋人，一般地把存在判断作为文章而表现出来的场合，这种与人的关连，大体被忽视掉。因为被忽视掉，所以如此地唤起注意，才被看作是很特别的。

当然，在汉语中，如"A 有 B"这类的文章，A 也可能系不是人而是物体。例如"山有火"、"庖有肥肉"之类。这种场合，"山"、"庖"，虽然不能作有的这种行为，但这是把有的这种人的关涉方法，移之于物体，作拟人的表象而加以叙述的。因之，在存在判断中所含的诸概念之意味关连，西洋人与中国人的场合，稍稍不同。把"庖有肥肉"（《孟子》）与英文的 There is some meat in the kitchen 或法文之 Il y a de la viande dans la cuisine 相比较时，[②] 在西洋人之心理中，"庖"与"肉"是无关系的，前者仅作为后者存放的场所，只是在此种意味上承认两者之关系而已。然而在中国人的心理中，则"肉"是隶属于"庖"的。于此，可以了解，西洋人的存在判断，大体是通过了分析的思维过程后所作

---

① 和辻博士：前揭书，页三五至三六。
② 此实例系王力氏：前揭书，页一八。

的，而中国人则未经过此一过程。在中国人的思维方法，"庖"之中有"肉"，是看作和桌有四脚，马有四蹄是同样的。在"庖有肥肉，原有肥马，民有饥色，野有饿殍"的四句文章中，一切的主语与客语之间，都认为是在同一意味的隶属关系。

因为这种情形，所以在汉语中，"有"字不置于文章之末尾，就此使其成为述语。因汉语一般是主语在先，述语在后，故以"有"为述语的存在判断（S ist），可说在汉语中并不存在。

从来，西洋一般论理学者，认为存在判断，是对于一个主语（例如"机"）而称述"有"的述语的（Prädikation）；换言之，即是"机"与"存在"之征表的结合。真的，仅就"S ist"这样的表现形式看，大体，这样的看法，也非勉强。然而，在西洋的言语中，Il y a, Es gibt, There is 等的文章，必定先述说"有"。接着在 Es gibt 之后，或加上 eine Uhr（时钟），或加上 eine Füllfeder（自来水笔），或成为 There is nothing 也不一定。Es gibt 等，也可认为是说话者给听话者以了解的准备表象。至于存在判断能否成立为独立判断的种类，在西洋学者间，从来也有异论。亚里士多德派（peripatetiker）的爱德姆斯（Eudmos）认为"有"（E'otl）这个动词，可以作为判断之述语，因之，存在判断，不必要系辞，仅以二项为已足。[1] 相反的，阿力克山大多罗斯（Alexander vor Aphrodisiä，198—210），则加以反驳说"有"这个动词，仅可作为系辞，不能作为述语。[2] 对印度的论理学者们来说，存在判断一点不是问题，他们认为对于一个概念而叙述另一概念的，是亦内

---

① C. Prantl: Geschichte der Logik im Abendlande I, 1855, S.355 注七。

② C. Prantl: op. cit I, S.624.

含有论证后者的存在之意。所以他们不承认存在判断这样的特别的判断。

又据近世论理学者布伦塔诺（Brentano）的说法，普通的判断，是在定立主语的存在判断中加述语判断的二重判断（doppelurteil）。例如"此木开花"（Dieser Baum blüht）的情况，此时话者先承认"此木"，所以已经作了一回存在判断的单一判断。接着再作承认"开花"的这一述语的判断作用。作为二重判断之综合，而说"此木开花"，所以这是两个判断的综合。[①]据继承他的马尔特（Marty，1847—1914）的看法，存在形式之文（existenzialsatze），例如 Es gibt、Il y a，是缺少论理上的主部而有文法的形式的主部，述部"无主部"文（subjekt'ose Satze），是表示单一判断的。[②]至少并不像一般的存在判断，先确立某一事物为主语，然后再做"存在"的述语。是异于普通的包摄判断的一种判断形式，此为其他的学者所表明的另一见解。例如，据纪格瓦尔特[③]（Christoph von Sigwart，1830—1904）的主张，认为所谓存在判断者，是关系判断之一；是先表现被表象的某种对象，及直观表象此对象之主观的相关关系。

若考虑到若干论理学者们这类主张，则不能断定印、欧语中存在判断的表现形式，是唯一正当的；汉语的这种判断很难说是不适当的。在某些场合，汉语反而可说是更能表明存在之真义。在存在判断中，存在和被述语的东西，和某物有相关的关系，西洋语言中，没有明白地表明出来，而在汉语的存在判断的表现形

---

① 小林智贺平氏：《马尔特的言语学》，页一七五以下。
② 同上，页一八〇。
③ Sigwart: Logik I, S.87f.

式中，却常在表现里使其能意识到这种关系之存在。而且所谓这种关系者，到底是对人的依存关系。若考察到这种事态，则仅就此点而论，汉语关于存在判断的表现法，恐怕不能说是非论理的。

中国人的思维中，被称为"有"的东西，是对于人的主体而为客体的对象的东西的缘故，所以是被限定的东西。因此，中国人所称为"有"的，同时即是被限定之事。如说"有人曰"亦可读为"有人，曰"，亦可读为"或人，曰"，与"或人曰"是同义。还有，在"二十有八年"、"三百有余岁"的表现中，"所存有的东西"，比之于所有的主体，常是被局限的。并且仅仅"有"字，不成为判断的述语。"有"是常作为担当个别的、特殊的性格而被表象着，不作为普通者去加以表象。

在这一点，中国人与希腊人或印度人，恰恰是相反。而且民族全般的这种思维方法之特征，也常反映于代表民族的哲学之中。老子主张一元论的哲学，一元之本体，认为是周行于万物的普遍的东西。但在他的形而上学中，[1] 也以"有"为形容现象界，即形容万物的字。现象，是我们认识的个别的东西，故呼之为"有"。相对的，道则系超越我们认识的实在，不能以我们的言语形容，所以假名之为"非有"，即，呼之为"无"。遍在于万物之原理不是有而是无。此一思维方法，规定了中国人以后的形而上学的发展。像希腊的 Eleatics 学派，印度的优婆尼沙陀或吠陀学派，规定绝对者为唯一之"有"的形而上学，在中国毕竟不曾成立。又如新柏拉图派一样，随着绝对者之"有"的渐次开展而减少实在性的这种哲学学说，这是中国人想也不曾想到的。

---

① 武内义雄博士：《支那思想史》，页五三。

二、存及在

与"有"相似的字有"存"。这是说人，自觉地保持着存于人的某种东西的。并且"存"对"亡"而言，意味着主体的行动。正因为这种缘故，所以明白地带有时间的性格。由存身、存生、存命、存录这些用法可以知道，"存"的本来意味，是"存……"，不是"……存"的。[①] 仅仅，被保存于人的东西，由此而继续保有，所以在日本语，客体的、对象的东西，称为存的这种用法，便以此而成立。因之，用"存"这个动词的场合，主语也是人的行为主体，客体的、有的东西，则作为客体被表示出来。[②] 而且"存"较之"有"，更含有人意志的努力的意味，在这点上，是极能表示中国性格的字。印度、欧洲语，没有相当于"存"的字，连近似的字也难于发展。因此，从印度语译过来的汉译佛经，虽屡屡用"在"字，但几乎没有用"存"字。使"有"的东西与人的意志的努力相关连而把握之，我们可于此看出中国人思维方法的一显著的特征。

对比于"存"的语是"在"，是在某场所之意。亦有表示在某一定之时期或关系之中的，[③] 但此种场合，其时期或关系，都是空间地被从表象加以观看。作为场所的空间，不论系何意味，总是客观的原理，所以"在"字可以说是最近于西洋的 sein, to be 的字。当用"在"的动词作存在判断时，客体的、对象的东西，被

---

① 详细请参考和辻博士：前揭书，页三七至三九。

② 虽有"纵横计不就，慷慨志犹存"（魏徵）之例，但这或者是为加强语气而将语位颠倒的。

③ 杨树达氏：前揭书，页四六〇。

建立作主语。例如"子在齐闻韶"(《论语》),"云在天,水在瓶"。因之,用"在"的存在判断,可以说是最近于西洋印度语中的存在判断的表现样式。故汉译佛典,屡用"在"字。然而"在"字必随伴着场所的联想;而且从实际之用例看,场所多意味着某种人的关系。[1] 所以汉语在此种场合,也是很少离开人的关系,去把某种东西作为自然的有,而去加以把握的。

第五节　推理

一、表现形式

汉语在叙述了几个事实判断之后,要叙述一个结论的场合,在结论之前,常置"故"或"以"、"故以"、"所以"、"是以"、"是故"、"兹故"、"如是故"、"然则"等字。即是,把理由句表示在前面。形式论理学地说,汉语以 AAA(Barbara)的形式最多。但两个前提之中,常常省略一个。

把前提述在先,归结述在后,这一点和西洋的形式论理学所立的方法是相同的。和把主张命题述在先,将理由述在后的印度论理学,恰恰是相反。形式上的这种不同,正与中国人在命题上把主话述在先,述语述在后,而印度人则述语述在先,主语述在后相对应。于此,我们可以承认中国人与西洋人同样的是从具体的、经验的、感觉的事实演绎出结论的思维方法的特征。

然而中国人与西洋人所不同者是关于前提与结论的区别,没有充分的自觉。一般而言,汉语中像英语的 while, if, to, 法语的

---

[1] 前揭杨氏书外,参照和辻博士:前揭书,页三九至四一。

Lorspue, De 这样的关系词，用得比较少。所以，一直到现代，这些关系词被译为汉语时，往往被省略掉。[①]甚焉者，不由文法成分，也不由语的顺序，而仅仅由并列甲的观念与乙的观念，或者仅由并列甲的语句与乙的语句；而欲使其理解相互的关系。汉文中，这是定言的判断，抑是假言的判断，或者是推论，许多都不很清楚。例如：

　　今不取，后世必为子孙忧。(《论语·季氏》)

仅从此文的字面说，则既可解释为"若今日不取，则后世必成为子孙之忧"的假言判断之意；也可解释为"今日不取的，所以后世必成为子孙之忧"的推论的意味。

　　加我数年，五十以学易，可以无大过矣。(《论语·述而》)

此文系假言判断，是从内容推出来的。若仅就表现形式上说，也未尝不可以解释为推论。

　　世人结交须黄金，黄金不多交不深。(张谓)

此文从前后的关系判断，应读为"黄金若不多，交即不深"。但若读为"因黄金不多（的缘故，所以）交不深"，从文法上说，也非

---

① 王力氏：《中国文法学初探》，页一〇六以下。

不可能。所以中国人对于从各种前提导出结论的论理的自觉是稀薄的。

和由前提导出结论相反的，由主张或事实以推知理由或原因的思考，中国人绝非完全没有。此种场合，多用"所以……者……"[1]的表现。原来这是为了表示一个观念的特质所用的成句。[2]例如：

> 其所以异于深山之野人者几希。(《孟子·尽心上》)

而且这也用来作为表示一个事实之理由的表现。

> 此乃阶下所以独取拒谏之名，而大臣坐得专权之利者也。
> 仁宗之所以其仁如天，至于享国四十余年，能承太平之业者，繇是而已。
> 天生聪明，所以为之主而治其争乱者也。

还有，为表示理由提示的观念，也有时作为理由句被表示出来的。例如：

> 吾所以有大患者为吾有身。(《老子》第十三章)
> 君子所以异于人者，以其存心也。(《孟子·离娄下》)

---

[1] Julien: op. cit, p.106g.

[2] Cepar quoi, Ceen quoi, Ia raison pourla quelle.

再者，在这种文章中的后一部分，若是理由句，则亦有时不用"所以……者"的语句，而仅用一"故"字表示之。例如：

　　谭子奔莒，同盟故他。(《春秋·庄公十年》)
　　君子所性，虽大行不加焉，虽穷居不损焉，分定故也。
(《孟子·尽心上》)

亦有用一"以"字表示理由者。例如：

　　三代之得天下也以仁，其失天下也以不仁。(《孟子·离
娄上》)

这里的"以"字，还可解释为是"使用"之意的动词用法。然即使是如此，依然应承认其作为道具因的意义，所以仍不妨解释其为表示理由的。以此为根据，故"以"字有时与"故"字作同义的使用。

　　宋人执而问其以。(《列子·周穆王》第三)
　　遂志医道，乘慈悲之愿轮，吁有以哉。(《梅花无尽藏》
七，《杏雨齐恍云云序》)

从上述的那些例子看，这里应特别承认其有两个特征。

（一）作为应说明的事实所述的部分较长，反之，为说明理由所述的文章或概念的部分极短。所以中国人关于给以理由根据，

不爱作深的考察。但若是将理由或原因述之于先，归结或结果之于后的场合，则相当于理由或归结的部分，也有作较详细之叙述的。

> 成王有过，则挞伯禽，所以示成王世子之道也。（《礼记》，第八卷）
> 谓之乱政。乱政亟行所以败也。（《春秋·隐公五年》）
> 故君子居必择乡，游必就士，所以防邪僻而就中正也。（《荀子》，第一卷）

从这些例子看，可知中国人喜欢用从一个事象向次一事象因果关系或理由归结之关系去追究的思维方法。反之，对于从作为结果或归结的一个事象，以追溯其原因或理由，则不曾充分发挥思维能力。

（二）前举的诸例，都是说明理由的。但由理由命题给主张命题以基础之推理过程的这种意识，相当缺乏。反常将两者合而为一，以定言命题之形表现之。中国人不喜欢把理由与归结、前提与结论，作判然的区别。

当然，在主张命题之后，不能不详述理由命题的场合，在两命题之间，插入"何故"两字。古典中，墨子的这种用例特多。例如：

> 至攘人犬豕鸡豚者，其不义又甚入人园圃，窃桃李，是何故也？以亏人愈多。苟亏人愈多，其不仁滋甚，罪益厚。（《墨子·非攻上》）

然明示追溯理由的表现形式，在古代汉语中极少。

定言判断，不过是人的复杂思维进行过程中被切断的静止的一面。具体的思维，常是推理的活动。所以中国人较之推论的表现而爱好作为定言判断的表现法，这是说明中国人的思维方法，不喜欢动地把握事象，而喜欢静止地去把握。我们在定言判断之表现方法本身之中，已经指摘了中国人思维的静止的性格；现在在这里也可再加确认。中国人不爱以推论之形表现具体的思维，这正好和印度人把论理学的重点放在推论之上相反。

这里，或者有人提出反对意见。古代中国人之间，也有追求理由根据之关系的思索。例如墨子下面的一段话，岂非很好的反证？即：

> 然则何以知天之爱天下之百姓？以其兼而明之。何以知其兼而明之？以其兼而有之。何以知其兼而有之？以其兼而食焉。何以知其兼而食焉？曰，四海之内，粒食之民，莫不犓牛羊，豢犬彘，洁为粢盛酒醴，以祭祀于上帝鬼神。天有邑人，何用弗爱也”。(《墨子·天志上》)

这看来很像印度人之先立一主张命题，再遂次追求其理由的复合的论证方法。然仔细一想，上之所论，不是三段论法（syllogism）的复合。在理由与归结之间，没有论理的必然的关系；也没有考虑到普遍与特殊的关系。这里所叙述的，不过是正当的述语（correct predication）。即是古来所说的"正名"。① 因之，就中国人来说，依然是对理由与归结、前提与结论，缺乏判然的区别。

因为上述的情形，所以当翻译严格区别理由与归结的佛典时，中国人为了提示理由，不能不采用特别的方法。当简单提示理由命题时，在理由命题之最后，用一"故"字。

> 声无常，勤勇无间所发性故。（声是无常。何以故？因为这是基于人的意志的努力所发出的缘故。）（《因明正理门论》）

然而理由命题长的时候，为了表示理由，则用"所以者何"、"何以故"的句子。这是翻译梵文的 Tat Kasya hetoh 的。

> 虽度如是无量有情令灭度已、而无有情得灭度者。何以故。善现。若诸菩萨摩诃萨有情想转、不应说名菩萨摩诃萨。所以者何。善现。若诸菩萨摩诃萨不应说言有情想转，如是命者想、士夫想、补特伽罗想、意生想、摩纳婆想、作者想、受者想转，当知亦尔、何以故。善现。无有少法名为发趣菩趣菩萨乘者。

一般的中国文章，很少用此形式。

还有，唐代著书中例如《仪礼注疏》，表示理由的文章，常用

---

① Henri Maspero: *Notes sur la logique de mo-tseu et de son ecole.* Toung-pao, 1927, p.4.

中国人之思维方法

"以……故"，次述归结的表现形式。例如《仪礼疏》卷六：

> 注曰：庶妇……使人醮之，不饗。
> 疏曰：不饗者，以适妇不醮而有饗，今使人醮之，以醮替饗故，使人醮之不饗也。

疏文中循环用此种形式，这或者是当时白话文的影响。但，也应考虑到唐代的文章，是受有汉译佛经影响的。这还有待于今后专门学者的研究。

二、不理解印度论理学的推理的规则

因为中国人一般对于推理或论证之本质，没有充分自觉的理解，所以即使印度的论理学，曾一度作为因明被移入，却不能充分理解因明所规定的推理的意义。被尊为中国因明最高权威的慈恩大师窥基，对于形式论理学的核心问题，完全缺少理解。

在陈那以后的印度论理学，特举同品定有性（sapaksa eva sattvam）。作为因（媒概念）所具备的三特征之一。若直译，即为"同品之中定有"之意。此系因（媒概念）在规则上必须含于同品（这里相当于大概念）之中。若不依照此规则，将陷于西洋形式论理学中所说的媒概念不周延之谬误。但，慈恩大师，却不能理解此一推论的核心问题。他对此立有四句论述："有同品非定有。……有定有非同品。……有定有亦同品。……有非同品亦非定有……"[1]此种说明，仅系文字的游戏，无论理学的意味。

---

①《因明入正理论疏》上（《大正藏》，卷四十四，页一〇五上）。

因为如此，所以中国的因明学者们，对于论证的谬误问题——此是印度论理学者们最着力的问题——也不能正确地理解、论述。例如《因明入正理论》中有相违因；这正是指将欲论证的主张命题相矛盾（相违）的命题得以成立的理由句（因）而言的。然而在中国和日本尊为因明学最高权威的慈恩大师之《因明大疏》，却"在四相违之注解上陷于曲解，未能将作为似因而被说为因明论理学之一部的东西，作论理学的理解"。[①]

第六节　连锁式

连锁式，是中国人最爱好的推理形式之一。西洋论理学书上使用这种连锁式的实例，作为前提所提出的各种命题，几乎都是分析判断。即是许多场合，多是从几个分析判断的连锁，而得一个作为结论的分析判断。这一点，在与亚里士多德连锁式对立的哥克勒尼连锁式（Goclenim sorites）也是相同的。

依据分析判断的推论，在现实问题上，一点不会增加知识，所以西洋典籍中，用连锁式的比较少。最低限度，用连锁式所表现的思想，西洋很少作为在现实实践中的思想的基本的命题。然而在中国典籍中，连锁式或类似连锁式的论法非常多。当然，因为中国不曾成立形式论理学，虽移入了印度的因明，但因为没有论理学的彻底了解，所以也不曾作关于连锁式的论理学上的一般的立论。然而，类似连锁式的论法，实际是中国人所好的。

在中国古典中，也有定言的连锁式实例。例如：

[①] 宇井伯寿博士：《印度哲学研究》，第一卷，页二二五。此处详论了四相违的问题。

吾不知其名，故强字之曰道。强为之名曰大，大曰逝，
逝曰远，远曰反。(《老子》第二十五章)

但为中国特征特别显著者，乃在其他的表现形式。

作为连锁式表现方法之一，例如，在《老子》中有"A，是以
B，故 C"的这种表现方法。

　　五色令人目盲，五音令人耳聋，五味令人口爽。驰骋畋
猎，令人心发狂。难得之货，令人行妨。是以圣人为腹不
为目，故去彼取此。(《老子》第十二章)

　　善行无辙迹，善言无瑕谪，善数不用筹策，善闭无关
键而不可开，善结无绳约而不可解。是以圣人常善救人，
故无弃人。常善救物，故无弃物。(《老子》第二十七章)[①]

丘尼特(Kühnert)在老子其他的文章中，详细研究了"是
以"及"故"的用法。其研究结果，认为以"是以"开始的文章
(B)是表示最初所述的文章(A)之一般的原则(或者是事情，
beschaffenheit)的适用(nutzanwendung, praktische anwendung)。
以"故"开始的文章(C)，是表示从前文(B)而来的必然的结果
(效果，wirkung)的。"是以"相当于拉丁语之 Ideo，Proinde，
"故"相当于 Ergo。

前进的或后退的连锁式，儒书中也很多。

---

① 据武内义雄博士:《老子之研究》页二五九以下，"是以"以下的四句，是后代附
　加的。但我们以思维方法为问题的场合，依然可作为一种资料。

自诚明，谓之性。自明诚，谓之教。诚则明矣。明则诚矣。

唯天下之至诚，为能尽其性。能尽其性，则能尽人之性。能尽人之性，则能尽物之性。能尽物之性，则可以赞天地之化育。可以赞天地之化育，则可以与天地参矣。

其次致曲。曲能有诚。诚则形，形则著，著则明，明则动，动则变，变则化。唯天下至诚为能化。（《中庸》第二十一至二十三章）

故至诚无息。不息则久，久则征，征则悠远，悠远则博厚，博厚则高明。博厚，所以载物也。高明，所以覆物也。悠久，所以成物也。博厚配地，高明配天，悠久无疆。如此者，不见而章，不动而变，无为而成。（《中庸》第二十六章）

上焉者虽善无征。无征不信，不信民弗从。下焉者虽善不尊，不尊不信，不信民弗从。故君子之道，本诸身，征诸庶民。考诸三王而不缪，建诸天地而不悖，质诸鬼神而无疑，百世以俟圣人而不惑。（《中庸》第二十九章）

大学之道，在明明德，在亲民，在止于至善。知止而后有定，定而后能静，静而后能安，安而后能虑，虑而后能得。物有本末，事有终始，知所先后，则近道矣。（《大学》第一章）

物格而后知至，知至而后意诚，意诚而后心正，心正而后身修，身修而后家齐，家齐而后国治，国治而后天下平。自天子以至于庶人，一是皆以修身为本。其本治而末乱者未之有也。（同上）

以上，大体都可视为前进的连锁式。

另一方面，也有后退的连锁式。

> 孟子曰，居下位而不获于上，民不可得而治也。获于
> 上有道，不信于友，弗获于上矣。信于友有道，事亲弗悦，
> 弗信于友矣。悦亲有道，反身不诚，不悦于亲矣。诚身有
> 道，不明乎善，不诚其身矣。(《孟子·离娄上》)

> 古之欲明明德于天下者，先治其国。欲治其国者，先
> 齐其家。欲齐其家者，先修其身。欲修其身者，先正其心。
> 欲正其心者，先诚其意。欲诚其意者，先致其知。致知在
> 格物。(《大学》)

中国人像这样的既用前进的连锁式，也用后退的连锁式。但
在西洋论理学中，前进的连锁式，是综合的连锁式；后退的连锁
式，即是分析的连锁。中国古典中的连锁式，很难看出与西洋
者完全相同。中国古典中，一个概念与一个概念之间，可以认出
哪是更基本的，哪是更派生的；哪是更普遍的，哪是更特殊的这
些漠然的关系。然而，一个概念对于另一概念，是立于分析的或
立于综合的关系，则不很明确。这里可以认明中国人的非论理的
性格。可是，在我们的生活中，并非由形式论理学所说的形式整
备的连锁式去活动思维，表现思维。作为现实生活中的表现方法，
中国这个程度已经充分了。因之，我们于此可以了然中国人思维
方法的实际的、即物的倾向。特别是在以行为目的与其实现手段
作为问题这点，显然是实利主义的。中国人的论理的思考之活动

方法，不是西洋人的概念的，也不是实在论的。无宁可以说是功利的、权宜的。

西洋论理学中，构成连锁式的各个命题，先作为定言判断（kategorirches urteil）来处理。定言判断，在一切判断形式中，是最单纯而且最基本的，所以重视合理性的西洋人，先着眼于此，可谓当然之事。古时的西洋论理学，不很重视假言判断。认识论地看，假言判断，不直接表示真理，因此，亚里士多德不重视假言判断。假言判断，是到亚氏之末流，及斯多噶派才当作问题的。

然而，在中国，从上面所揭示的实例看，含在那些论式中的各个命题，多是假言判断（hy pothetisches urteil）。（因此，假言判断的前件与后件的中间，常放"则"或"斯"字以连结之。）这些议论是就人一旦具备某种德（例如诚）时，实际会出现某种理想的状态，或者为达到理想的状态，应经历某种手段乃至过程，主要由支配者的阶级伦理的立场加以说明的。[①] 所以在这种情况下，论究的动机，完全是实践的目的。这才是连续着作假言判断的原因。这种论究的方法与印度有很相类似之点。即是以人的活动为问题。而不是追求自然现象间的因果法则，乃至普遍的概念与特殊的概念间的关系。中国的学者们，对于外部的自然界的事物，或抽象的观念，没有兴趣；专求政治的道德的指导原理。

---

① "在中国，论理学和其典型的社会秩序相关连着。"（Masson-Oursel: *La philosophie comparée*, p.108）

第三章　表现在诸文化现象上尤其是表现在对佛教之容受形态上的思维方法之特征

第一节　序

一、把握特征的线索，特别是中国佛教之特征

在前章，我们已经以判断及推理之表现方法为线索，能把握到了中国人思维方法之若干特征。现在想检讨这些思维方法之特征，实际对于汉民族文化之形成，有了怎样的影响。但全面检讨广大的中国文化之全领域，不是容易的事。所以这里先简单检讨中国诸语言形成及古代思想（特别是佛教东来以前的）。看是否可以认出其有何种思维方法之特征。这是第一个线索。

本书更进而把重点放在这些思维方法特征，是如何规定了对佛教之容受形态，并如何使此普通的宗教变形，而且给后代何种影响等，加以考察研究。汉学家福尔克（Alfred Forke）说："中国人的思想，可说是由佛教始受到训练，并臻于成熟。"[①]中国古来的哲学，几全未注意到这种训练。因之，当我们以中国人的思维方法作为问题时，佛教之容受及影响，应该是特别值得重视的现

①　Afred Forke: *Geschichte der neueren chinesischen philosophie*, S.201.

象，由于分析检讨这种现象，我们可以相当的程度，明确理解中国人思维方法的特征。

但在进入各个考察之前，对于中国佛教与印度佛教在性格上的不同，先要总括地说一下。中国人，把普遍性宗教的佛教，自觉其为普遍的而加以容受。在此限度内，可说中国佛教是印度佛教的连续。然而随时代之演变，尽管中国人没有自觉到这一点，但在无意之中，佛教变了样子，成立了中国独特的、受中国思维方法限定的佛教。

使其发生这种改变的最有力原因，是中国佛教经典完全翻译成为本国的语言。

试观南亚细亚诸国之佛教，锡兰、缅甸、暹罗、柬埔寨等，都是保存着巴利语的三藏，将巴利语作为教团用语。巴利语之起源虽在学者间有意见上的不同，但无疑的，这是在印度所成立的语言。因之，南亚细亚所用的是在印度成立的原始佛教圣典。虽部分地翻译为各国的语言，但土语经典，仅为教导一般民众之用，不大受到重视。僧侣们是读巴利语的圣典，用巴利语去理解的。另一方面，西藏人将佛教圣典翻译为西藏语，成立了庞大的西藏《大藏经》。但这是梵语经典的极忠实的直译，忠实到读译文即能想定原文的程度。

然而汉译三藏，是倾注全力去翻译从印度或中亚细亚带来的梵语或胡语的经典。[①]一译为本国语言后，即舍弃原文于不顾。这大概有种种的原因；但最主要的理由，是因佛教传来以前，中国

---

① 佛教实际东来，为后汉末之桓帝（一四七至一七六在位）时代。此时代主要僧侣的活动，限于翻译经典。记述从后汉到梁的僧徒传记的《高僧传》（慧皎著），由后汉到魏，仅列有译经僧。中国人自己进而从事于佛经之理解者，开始于魏末之朱子行。

已发达有高度的文化，并成为一般中国人之间的传统的既成势力，所以把新来佛教摄取、包容，同化于中国文化的传统之中。（若谓系因与印度语之完全不同，则亚洲其他民族，也与印度语言全然有别。）汉译佛典，是很不拘形式的意译。鸠摩罗什的翻译，古来称为名译。但这是从中国的审美观来看，以优美之文所叙述的；与其说是翻译，无宁说是创作，更为适当。并且对于同一原语之译文，常因译者而各异。即在同一翻译者，对同一原语的译语，亦随经论之不同而不同。甚者，在同一书中，也有不断变更其译语的。这与西藏《大藏经》，原语同，译语即同，有显著的差别。所以汉译经典的全部，是译经者个人的艺术的创造力。而且在翻译经典的文章中，并将翻译者自己的解释，当做是经典自身的文章一样，也插入于经文之中。[1] 这是西藏《大藏经》所完全没有的现象。

经由这样的努力，多数的经典均被翻译了出来。汉文《大藏经》，较之其他任何语言所记的《大藏经》，内容更为丰富。而且中国的僧侣信徒，将这些译文之一字一句，视为绝对的东西而加以崇仰研究。也有极少数的中国僧侣参照梵文，但这完全是例外；对于思想之形成，没有多大的影响。[2]

---

[1] 以正确引以为荣的玄奘三藏，也插入了若干多余的解释。真谛三藏，在唯识关系经典之翻译中，也相常插入了自己的解释。

[2] 慈恩大师窥基，似曾参照梵本。例如：解释《法华经·方便品》的"无二亦无三"句云："勘梵本云，'无第二第三'。今翻从略，故云，'无二亦无三'。"（《大正藏》，卷三十四，页七一五中）并且主张佛乘第一，独觉第二，本闻第三，不许菩萨乘之存在。现存梵本是 Ekam hi yānam dvitiyan na vidyate trtiyan hi naivāsti kadāci loke，所以从字句翻译说，慈恩大师的解释是正当的。他自身不懂梵语，当时有相当于《添品法华》的梵本，大概是问之于师玄奘三藏。然关于思想之理解，则慈恩大师参照梵本的天台大师，却反而和《法华经》更有距离了。

二、对于经典内容之误解

由于仅单就译文崇仰研究的缘故，对于经典之内容，当然难以避免误解。以汉字音译梵文的方法，因译者而不同。于是因音译方法之不同，常有把同一原语而完全当做别的东西解释。还有，以汉字音译梵语原语时，用的汉字，不过仅有表音的意义。但中国人却以此为表意文字，而使其寓有深远的美的哲学的意味。此种倾向，对于中国佛教，绝非偶然之事。梵语与汉语的语言构造之不同，对于新的中国佛教之形成，有极深的影响。并且将单纯的表音文字误解为表意文字，而陈述中国人独特的解释。

作为就中的一例，我们可以举天台的"四悉檀"的解释。龙树著的《大智度论》（第一卷）云：

> 有四种悉檀，一者世界悉檀，二者各各为人悉檀，三者对治悉檀，四者第一义悉檀。四悉檀中，总摄一切十二部经八万四千法藏，皆是实相无相违背。

这里所说的四悉檀，是分佛法为四类。悉檀是梵语 Siddhanta 之音译，是说立教的方法、宗义、定说之意。故谓佛以四方法使众生成就佛道。然南岳慧思禅师，解"悉"为完全、普遍的意味；而以"檀"为梵语的 Dāna 的音译，解为"施"的意味；而以佛以此四法遍施众生，故谓之悉檀。[①] 天台大师，也依慧思的解释，而且这成为天台宗极重要的教义。

就连有关文字方面，都有这样的误解。故中国人不能充分理

---

①《法华玄义》一下（《大正藏》，卷三十三，页六八六下）。

解完全隔绝的另一世界的印度文化，这是当然的。中国佛教的大家们，对于印度文物，也缺乏明确的观念，故动辄附会着中国文物去理解。

例如章安尊者灌顶，[①] 有如下之说明："如瑞应（经）云，太子乘羊车诣师学书，师教二字，谓梵·佉偻。此二字应诠世间礼、乐、医方、技艺、治政之法。故是世间二字也。"这里所引文句中的梵是 Brahmi 文字音译的减省，佉偻是 Kharosthi 文字音译的减省，都是古代印度文字样式之名。然章安尊者却不知道这是文字的样式，而认为是中国礼乐的学问。而谢灵运则以"梵·佉偻"是人名之略称者。

三、中国佛教诸派之形成

一面有这些偏差，一面，中国的佛教诸宗派，慢慢地形成了。这些宗派中，以从印度传来的译经为直接基准，并以此为唯一的依据的宗派（应称为学派），在中国没有充分生根。在中国很繁荣，而成为中国人精神的血肉者，是中国人自己开创的宗派。具体地说，毗昙宗、俱舍宗，成实宗、三论宗、四论宗、地论宗、摄论宗、法相宗，都是以一个或数个"论"为依据；而这些"论"都是印度论师所著的教义纲要书；在以此为准据的范围内，不过是印度佛教的学问的延续。因之，这是印度的。所以这些只是学僧们的学派，与一般民众几全无关系。涅槃宗、真言宗等，虽以经典为归依，但不曾以适合于中国人的途径形成教义，所以没有多大势力。然而，律宗、净土宗、禅宗、天台宗、华严宗，都是中

---

① 灌顶《大般涅经玄义》下（《大正藏》，卷三十八，页一二下）。

国和尚适合于中国人的思维方法与生活以立教义而且使之普及的，于是中国佛教遂因以成立。而且对中国的思想界有很大的影响。宋学、阳明学，屡经指摘是受了佛教的影响；但这不是受了印度佛教诸派的影响，而是受了中国佛教诸派的影响。

而且在中国的佛教诸派中，最后支配佛教界全体的是禅宗。禅宗在初期并无专作禅宗用的特别寺院。为方便起见，是寄托在一般寺院之中，而且好像是分院。到了百丈怀海（七二〇至八一四）的时候，才创始了不由律制的禅院，按照独自的规定（清规）修行。自唐末经过五代，禅宗分为五家。痛快的临济宗、谨严的沩仰宗、细密的曹洞宗、奇古的云门宗、详细的法眼宗，各自发扬独自的宗风。到宋朝，全国鼎盛，有禅宗代表了佛教之观。元代以后，喇嘛教传入中国，二分天下，几乎占有二分之一的势力。但以后禅宗渐回复其势力，今日几可以说中国的佛教归一于禅宗。而且所谓禅宗者，是与净土念佛之行相融合的禅。此种禅宗，是完全适合于中国人的思维方法与生活的佛教。佛教到了禅宗而完成了新的发展与形貌。思想形态也显著地变化了。

中国禅宗的僧侣，纵使是德行很高的人，也常缺乏充分的佛教教学的知识。例如大珠慧海这样有名的人，对于五阴二十五有这类佛教术语也误解了。因此教家（以经论为准据的佛教家）时或批评禅家为无学者。出现了这样的思想变化，而且扩大遍及于全中国，所以检讨禅宗变貌之迹象，是了解中国人的思维方法之最佳线索。

第二节　具象的知觉之重视

一、文字之具象性

我们以检讨汉语中的判断及推理的表现方法为线索，而指出了中国人的思维方法，与其说是普遍者毋宁说是有更重视个别者或特殊者的倾向。较之抽象的东西，更爱具象的（bild lich）理解之方法。还有，从判断及推理的表现方法上，指出中国人与其说是倾向于动地把握现象界的诸相，毋宁说是更倾向于静地把握现象界的诸相。此等诸特征互相缠绕而构成了汉语的种种特征。

格拉勒（Granet）有关汉语语汇的研究，Levy-Bruhl 研究美国土人的语言原则，其结果颇相一致。[①] 而且这对于格拉勒之研究非常有帮助，这是他自己所承认的。然而汉语与美国土人的语言之间，有重大的区别。格拉勒氏说："原始的各种语言，以动词的形态很丰富为其特征；但汉语在这一点上，很奇妙的是非常贫弱；用几乎完全无变化的单音节语，并看不出整齐分化出来的词类的区别。然而在其他各种语言中，由形之多种多样性所表示的具体的表现的意味，在汉语中，正如表示此种的语言特别丰富可资为证，遂以无比之力，能传达事物的特殊的样相。"[②]

因此，汉语多表示物体形状之语，而少表示变化推移的动词，这是一个特征。但这是汉语唯有的特征呢，抑是原始语一般共通

---

① Levy-Bruhl: *Les fonctions mentales dans les societes inferieures*, deuxieme par tie, chap. V, p.187 et suiv.

② M. Granet: *Quelques Particularités de la langue et de la pensee chinoises*（Revue Philosophique, 1920, p.126）.

的特征呢？仍有检讨之余地。据 Stenzel[1] 的说明，——试考察文章形式成立之过程，原来主语大抵是指示物的字（dingwort）。盖因统一体之单语，都重现作为统一体之"物"的缘故。这是"物"的观念扩充到对象一般的时候，则表示推移的现象之称呼，将被视为实体的东西。在德语中亦可见（例如 Ritt, Lauf），但在希腊语中特为显著。一般地说，任何语言，其动词、形容词、副词等，原来都是表示"物"的名词。但转化而成为其他的品词，又失掉独立的意义而成为添接词。此种推移的过程，在孤立语，特别是在中国语最为显著。——总之，中国人的思维，是对于具象的具体的物，则是不容置疑的事实。

中国人的思维朝向于具体的事实，在文字构成的方法上，也可以看出。中国文字，原来是象形文字。以后也成了多数的表音文字，但这是在象形文字成立之后。一切汉字之构成，虽根据象形、指事、会意、形声、转注、假借；但象形文字乃其基本。字母（alphabet）这种文字，中国人全然没有想到。中国人因惯于使用表示意味的文字，故全然不想抛弃表意主义。将外国之发音，音译为中国字时，音译的方法各有不同，并不以一个特定的文字表记一个特定的发音。而且同一学者，对于同一之音，常用不同的表记方法。所以不采取梵语中有多少音就备好多少表音文字，以作为一切音译之用的分析的，同时又是构成的方法。音译外国以二音或三音所成的单语时，亦各语都用不同的文字，想诉之视觉去了解它。例如常译 Bhikkhu 为比丘而不写作毗鸠。译 Bodhisattva 为菩萨，译 Nirvāna 为涅槃，译 Jambudvipa 为阎浮提。每一原语而各译以一定的文字。

---

① Stenzel: *Die philosophie der Sprache*, S.50-51.

二、概念之具象的表现

格拉勒作了《诗经》语汇的研究后，述其结果如下：中国人所抱持的概念（concept），显著的有具体的性格。几乎一切的单语，都是表示个别的观念，表示在特殊而可能的一个局面之下所知觉的存在样式。这个语汇，不是满足分类、抽象、概括的观念之必要，不是满足明白判白，对于论理构成所需的资料而活动的观念之必要；相反的，完全是满足特殊化、个别化，绘画的东西的支配性要求的必要。中国人的精神，本质的，是由综合的作用，由具体之直观而活动的；不是由分类而活动，不是一面分类，一面活动；而是一面叙述，一面活动的。例如《诗经》使用了三千以上的字，各字对比于所传达的观念之数的少，字数实在是太多了。这些字，是对应于综合的表象，复合的特殊观念像的。在法语，为表示附加一个或一个以上的形容词语于一个 Montagne（山）字之上而加以表现的这类观念，在《诗经》中便有十八字（一般中国语中，另外还有二十以上的字）。同样的，《诗经》中表示马的字有二十三个。但是相反的，在这许多字中，相当于西洋语言为表示一般的抽象的观念所用的字，一个也没有。汉语的单语，因其为综合的、特殊的性格的缘故，较之西洋语言中的普通名词更接近固有名词（试参照含有河川意味的河、江等字的各个单语的便可明白）。[①]《诗经》等五经的文字，至现代为止，还是以同样的规模使用着的，所以这种性格，至现代还存续着。

像这样，中国人表现概念的方法是具象的，所以不爱抽象的

---

① Granet: op. cit, pp.103-104.

表现概念。总是想具体加以例示。例如碑文、刻文，西洋人抽象地称为"雕刻的东西"（inscription, inschrift, epigraphy），印度人也用同样的表现（Lekha）。但中国人则用"金石文"这种直观的表现。还有在"千里马"、"千里眼"、"万里长城"这类的表现法之中，不采用"非常长"或"非常远"的这种内含于其概念本质之中的属性的规定去加以表现，却以具象的数表示之。这里所举的数，对于那些概念，仅有例示的或象征的意味。所以不将抽象概念作为抽象概念以表示之。

对于作为最抽象的观念，在中国哲学史上极为重要的"理"的观念而言，也是同样的。"'理'字是从玉旁的字，本来是玉的纹理整然之意。但一转而变为条理之义，再而为心之所同然，即是什么人一想便会判断应该如此之义，三转而成为使事实所以能成事实的理由之义。"①宋程明道强调理字或天理，此是相当于这里所说的第三义。这里所说的理，已不是成为现象根源的本体的存在，而是使现象所以成为现象的道理，即就现象而存在的。但是，抽象的观念，仅由中国民族传统思维能力恐怕无法达到。"以这种意味使用理字，是佛教学者所提倡，尤其是华严宗的学者，常将理与事互相对照作教理之说明。明道天理之说，恐旧也是由佛教家所启示的。"②

借具象的字句，以表现哲学的抽象概念的倾向，在禅宗最为显著。诸如称宇宙为"山河大地"，称吾人根源的主体为"曹源一滴水"，称真实之姿为"本来面目"、"本地风光"。从古代印度语

---

① 武内义雄博士：《支那思想史》，页二六三。
② 同上，页二六四。

直译来的"本觉"或"真如"等成语，似乎难尽合于中国人的思维方法。于是便用"滴水"、"面目"、"风光"这类具象的具体的表现。并且，这些都成为后世定型的表现。此外，禅宗为了将具象的观念内容刻上一种印象，而使用刺激的语句。不用"身体"这种平和的说法，而称为"臭皮袋"。不用"本质"（essence）这类的话，而称之为"眼目"、"眼睛"、"中心"或"皮肉骨髓"。称教团虽用印度人"集合"这种抽象意味的 sangha 或 gana，但禅宗则称为"丛林"，将许多修行者和合住在一起，譬之树木丛集成林。[①] 又禅宗称流动修行之僧为"云水"。像云或水样，不住一处。印度人对此用"普行者"、"遍行者"之意的 parivrajaka 的抽象的表现。但中国人则用"云水"这样具象的表现。这不仅限于禅宗，可说是中国民族一般的通性。

三、倚赖知觉表象的说明

和上面指摘的中国人的思维方法的特征所认定的一样，最重要的中国人的精神特性之一，是向感觉的信赖。对于超感觉的存在，反不像这样的信赖。就文艺方面看，例如中国的小说，也是想模仿接触于感觉的世界。常常认真地拉住感觉的世界。当然，在中国小说中也有《西游记》这样的东西，具有不似日常感觉的趣味性，但这种倾向并未发展。[②]

教化人、说服人时，还是靠感觉的表象。例如六朝时代的贵族颜之推作教子用的《颜氏家训》，有这样的一段：也有人疑佛教

①《大智度论》第三卷虽有"僧侣，秦言众。多比丘一处和合，是名僧伽，譬如大树丛聚，是名为林。……僧聚处得名丛林"，但这不是印度一般所用的称呼。
② 吉川幸次郎教授：《支那人之古典与其生活》，页二〇一。

所说的神通感应的作用。然疑此者是错误的。世界中有各种存在及作用，不仅是我们手边所能感觉的。今虽不能感觉，然或有某一天能触为感觉感触者，远远地存在。例如我自己在南中国过了前半生，听说北中国有可住千人的毡帐。我自己并不信。及到晚年仕于北朝，知道这是真的。又，自己原是南方人，据自己的经验，知道确有能载二万石的大船。但若说给北方人听，绝不相信。神通感应的事，正与此同。所以，"不可信凡人之臆说，疑大圣之妙音"。[1] 据此议论，可以断言仅基于我们不能知觉的理由而否认神通感应之存在，是错误的。但不能积极地论证神通感应之存在。然而中国人大体仅以这样的说明为满足，而抛弃形而上学的思辨。颜之推接着说"凡人所信，惟耳与目。耳目之外，咸所致疑"。这正是典型的表示中国人思维方法之特征。重视感觉尤其是重视视觉的中国人，特别是想诉之于视觉的表象，作瞬时的直观的理解。由象形文字，同时也使用为表示抽象概念的文字，可以看出此一倾向。即在哲学教说的说明之本身，也表现出来中国的哲学思想，一般有好用图示的倾向。易学中诸事象之说明，不待说，显著是直观的视觉的。

又，中国人常有以圆来表现完整的东西之倾向。例如说，圣人之心是圆的。[2] 汉译佛教经典时，原语本是"完整的"、"无缺的"这种抽象意味，中国人皆译之为"圆满"。"一切具备"（sampad）也译为"圆满"。一切诸法，即一切事物的真实本性，玄奘三藏及属于其系统的学者译为"圆的实性"，圆字全属附加的。天台或华

---

[1] 其《家训·归心》篇，收于《广弘明集》第三卷。
[2] 吉川教授：前揭书，页三二。

严的哲学，以事物之完全相即为"圆融"。及至中国判教成立时，遂称佛教中最完全的教说为"圆教"。以圆形为完整性之表征，乃中国之独自的思维形式。印度人不以圆形（vrtta）为有特别之意义。固然佛陀也以轮（cakra）为教说之象征，而毗纽笯（Visnu）神手上也是拿着轮，但轮有流动性、进行性，兼表象了两者的意义，而"圆"则是静止的。而且印度人是以绝对完全者为无限的东西，认为不能以形来表现的。这正与中国相反。另一方面，希腊人以唯一最高的实在为"球体"。Eleatics 学派所想定的唯一实在的"有"，也是表象为"球体"。将绝对原理表象为球体之东西的思维方式，其后亦贯穿于希腊的哲学；或因为希腊人与中国人在重视个别者的这一点上是相同的，所以在表象绝对完全的方法上也有这种类似。然中国之圆是平面的，而希腊的球则是立体的。同是直观的表象，而希腊人则在自然秩序之中去把持，中国人则加以忽视。在古代中国，作为物体的球好像并不存在；而作为几何学图形的球形观念，似乎没有充分的自觉。印度的 Vaisesika 哲学以原子之形状为球形（parimandala）。中国人译为"圆体"。球形与圆形，似乎没有充分自觉其有区别。

中国民族，成立了像天台、华严这样的基于抽象思索的壮大哲学体系。但当教示的时候，依然要靠直观的具体的譬喻。华严宗之集大成者的贤首大师法藏，做镜灯以使人悟法界无尽之理。即是，他做十面镜子，八方上下，各置一镜，使镜面互对，各镜间相隔丈余，中央置一佛像，燃一炬照之，以为互相映发之譬喻。[①]他由此而使人直观地理解一切事物，不是孤立存在，而是受其他一

①《宋高僧传》，第五卷（《大正藏》，卷五十五，页七三二上）。

切东西的限定及影响而成立的这一重重的无尽关系。还有他为武后讲华严教理，武后茫然不解，因此，他指殿中的金狮子像，喻金为法界之体，狮子为法界之用，以使武后理解华严的教理。

四、图示的说明

容受佛教，表现出中国佛教的独自性格的时候，也出现了以图形说明教理的倾向。

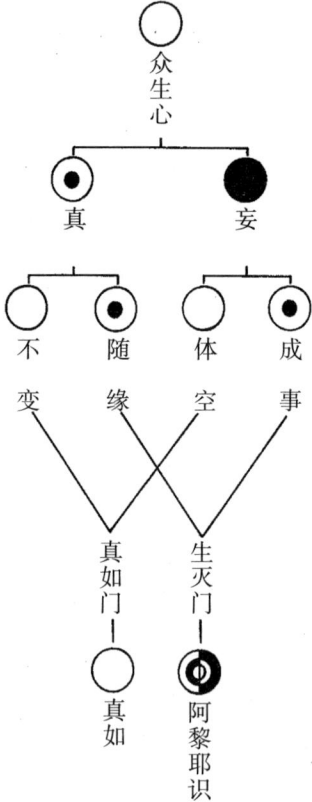

是华严宗的学者，而且对禅有甚深造诣的圭峰宗密（780—841），以○表现真心清净的一方面，以●表现妄心污浊的一方面，去说明两者的关系。

作为吾人之存在根柢所想定的根源精神（阿黎耶识），是真与妄的和合体，所以用的这样复杂的圆形表示之。并且分十个阶段，以说明我们迷妄之所以成立；又把由悟去迷、复归真如的次第，一样地分为十相以说明之。

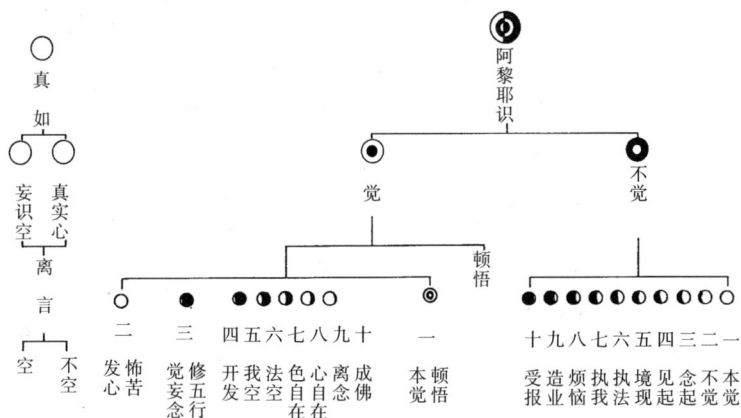

上图所示各项，皆有详细说明，此处从略。[1]

惜视觉表象的艺术之综合化，也是中国文化特征之一。例如书赞于挂轴的习惯，为希腊、印度所无。佛教入中国后，像《佛国禅师文殊指南图赞》这样画与赞合在一起，多数连续着的艺术作品，开始成立了。

与此同样的倾向，也表现在禅宗中。禅宗中曹洞宗之祖的洞山良价（807—869），将学人接得的手段分成五个阶段，乃说"一

---

[1] 详细参照：《禅源诸诠集都序》，页一三六以下。

正中偏，二偏中正，三正中来，四偏中至，五兼中到"的五位；此即所谓"洞山五位"。其中，所谓正者是二仪中的阴，是静、礼、空、理、平等、绝对、本觉、真如等之意；偏是阳，是动、用、色、事、差别、相对、不觉、生灭之意。而且由偏正之回互而生出正中偏等五位之别。以说明法之德用自在。此五位的建立，基本在某种意义上，有抽象的思辨。然而中国人不爱抽象地去说明。洞山之弟子曹山本寂，更以图表示五位，以韵文诗表现其道理，且托词君臣之义以说明之。[1]

这种以图示的说明的倾向，自然与易学相结合。良价的《宝镜三昧歌》，将五位配合于《周易》的爻卦，而谓："重离六爻，偏正回互；叠而为三，变尽成五。如荎草味，如金刚杵。"[2]宋之寂音慧洪，更由易说明五位而揭图如下：

| 正中来 | 偏中至 | 正中偏 | 偏中正 | 兼中到 |
| 大过 | 中孚 | 巽 | 兑 | 重离 |

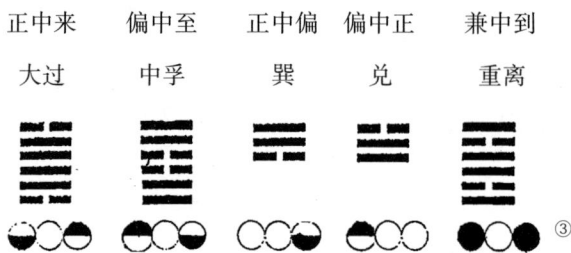

圭峰宗密和洞山良价的图说的说明，更影响于宋学，而使周

---

①《抚州曹山元证禅师语录》(《大正藏》，卷四十四，页五二七上）、《人天眼目》第三卷（《大正藏》，卷四十八，页三一六中）。
②《筠州洞山悟本禅师语录》(《大正藏》，卷四十七，页五一五上）、《人天眼目》第三卷（《大正藏》，卷四十八，页三二一上）。
③《合古辙》，卷上（《智证传》所收，《卍续藏经》第二编第一六套第二册）。

敦颐（1017—1073）成立了《太极图说》。这是以所谓的《太极图》来表现宇宙生成之理而加以说明的。

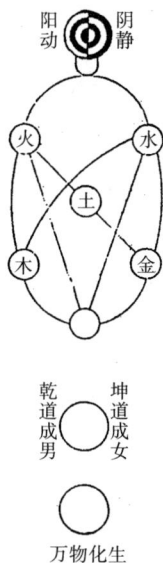

这里所揭的第二图，分明是采自佛学者们那里的。当解释宇宙生成之理时，竟摒弃印度的抽象的思辨，而采用阴阳或男女等这种具象的经验的原理。[1]

宋学的《太极图说》，反过来，又及影响于佛教。上述的五位说，在太极图的影响之下，表现了新的发展。即是，元贤采用《太极图说》的发出论（开展论）的说明，而作如下的五位总图（黑表示正，白表示偏）。[2]

---

[1] 例如《太极图说》中，谈"乾道成男，坤道成女"。这种所谈的男女，当然不是字面上的意义，但依然是用这样具象的经验的说明。

[2]《洞上古彻》卷上（《永觉元贤禅师广录》第二十七卷所收，《卍续藏经》第二编第三〇套第四册，页三五五）。

黑
白
未
兆

混
沌
既
分

迭
而
为
三

变
尽
成
五

正中偏　偏中正

来中正

到中兼　至中兼

行策的《宝镜三昧本义》，曾对上图的关系，作了详细之图说（《卍续藏经》第二编第一六套第二册所收）。禅宗传有《真性偈》。如下所示这是以圆形排列二十字而成者：

　　这是达摩大师，"怜中下之机，强留二十年"，其所以作此，据说，乃因"老婆心切"。"翻复读之，成四十韵。各有旨趣。……冀后代儿孙，因指见月。若个汉向'性'字未现之前领得，则文采自彰，不由他得。"即是说以此处所排列的二十字为入门以观真理。此二十字皆所以表示抽象概念的。但对于各概念间相互的论理的关连，一点也不加以考虑。仅仅叫人把绝对者作为这样的东西去加以观察。

这样以图说明形而上学说的事实，乃希腊、印度所没有的倾向。希腊人或印度人，常以文章叙述相当烦琐的哲学的议论。在亚里士多德或印度论理学书中，也没有图解的说明。因之，由图形以视觉的直观去了解形而上学说，可说是中国民族传统的思维方法之一。

不仅形而上学方面是如此。宗教生活诸方面也有这种倾向。甚至述师徒传法的师资相承，印度人也用枯燥无味的同型式的散文；但圭峰宗密，则以图示之。[①]

第三节　抽象思维之未发达

一、缺少对普遍之自觉

因为中国人重视基于知觉（特别是视觉的表象）的表象，仅注意个别的事例，所以不想去把握包括个别的或特殊的事例的普遍者。因此，不作把多数的特殊者包括于一个普遍者之下的思维活动。从言语的表现看，如前所指摘，表示山的单语很多，但缺少包摄一切山的"山"的观念。还有，汉语为表示一个作用或事物，常使用多数的单语。

例如相当于德语的 Tragen，有担、持、任、运、搬、保、带、

---

① 《中华传心地禅门师资承袭图》（《禅源诸诠集都序》，页一八八以下）。

着等。这样多种多样的用法的痕迹，在希腊语中也存在（cf. ớ&
pw øopεw）。在英语中，关于行李者称 to carry，关于衣服者为 to
wear，关于一般者为 to bear。但这些语言，较之汉语，及于更大
的一般性、抽象性。

再举其他的例子看吧。汉语中相当于英语的"old"的抽象概
念的字，原则上并不存在。六十曰耆，七十曰老，八十九十曰耄，
都不是相当于抽象概念的"上了年纪"的字。还有"死"，英语在
任何场合，名词为"death"，动词为 die。但在汉语则天子曰崩，
诸侯曰薨，大夫曰卒，士曰不禄，庶人曰死。随死者之阶级身份
而用语各异。

因之，在汉语，包括多数者于一个普遍者之下的抽象的思维，
可以说是不曾发达。

当然，在中国哲学者之间，对普遍与特殊之关系，不能说毫
无自觉。如荀子，对此种关系便有明确的观念。[1] 他将名区别为
"共名"与"别名"。例如人对于动物为"别名"，动物对人为"共
名"。别名之极，为个个之名；共名之极为物，称之为"大共名"。
还有，若是物同状而异处，虽与以共名而实则别。例如，同样是
犬，甲犬与乙犬是别。反之，同处所经验的东西，状异而物则同。
此时，状之所以异是由于"化"。例如蚕与蛾。然而关于普遍与特
殊的论理思想，中国仅止于此，其后未得到发展。荀子确是自觉
到普遍与特殊的区别，但他没有达到亚里士多德般的"定义"的
自觉。荀子之所以没有定义的自觉，正与汉语没有现出"类"与
"种差"之自觉是相对应的。当然，在汉语中，也作了严密表现概

①《荀子·正名》篇。

念的努力。汉语原是单音节语。但到了西历纪元后数世纪时，因音韵单纯化的结果，发生了语之同一化或不明确化，成为仅诉之于耳尚不能理解的现象。于是在口述语言上有必要采取手段，使语言更明了实用。应此需要而使用了新的手段。这便是，以多数使用复合词（compound）代替单纯名词。此一手段，对使汉语之明了化作了很大的贡献。①然而，以复合词使意味明确的方法，不过是透过构成复合词的两个字的各别意义，所表示的外延（ausdehnung）相关连的范围，而使其更明了化；由种差以限定类而使表现之意味更能明确的希腊人之思维方法，终究，对中国人是生疏的。

因为是这种情形，所以从一般的倾向说，中国人表象的个物观念，是不具普遍应证的。因之不曾给个物之间以秩序。

二、语言表现与思维之非论理的性格

这种思维方法的特征，也反映于语言形式。非论理的性格，是汉语最显著的特征之一。为结合句与句使其成为完全的文章所使用的相当于前置词、接续词、关系代名词等这类字，较之西洋语言，是非常的少。原来，汉语的名词及形容词，无单数、复数、或男性、女性之别。"人"这个字，可以包含法语 un Homme, des Hommes, quelques Hommes, Humanite 中的任何一语的意味。对于动词的时、相，也无正确的规定，也没有格的表示。语的顺序虽系格的代用，但已如第一章所指摘，并未严格地遵守。诗则尤不讲求语的顺序。此外并有梵文经典的直译存在，这些经

---

① 岩村、鱼返两氏译：前揭书，页一七九。

典虽打破汉语的语序，意义却通。在汉语不是格和语之顺序来决定文章之意义，而是靠构成文章之各个单语所表示的概念的关系来决定的。

既是如此，则各单语所表示的概念，是不是明确呢？却绝非如此。一个字（语）或成为名词，或用作形容词，或用作动词，并不一定。正因如此，所以后来便有复合词的必要。汉语的多义性，因之，它的暧昧性，是显著的特征。所以中国古代经典的字句，可以有相反的解释。①

因为汉语的这种暧昧性，即是，因为其缺少精密性，所以中国人本身，不能照原义正确地去理解汉译佛典。汉语的指示代名词中，没有数、性、格的区别，于是汉译文与原文的意味，产生显著的异解，而且这种异解在中日佛教教理史上有重大的意义。

例如，印度龙树所著的《中论》就中论"中道"的诗句，是很有名的。若将其原文直译，应为：

> 缘起的东西，我们说之为空。
> 这是假名，这即是中道。

这里，缘起、空、假名、中道四个概念是同一意趣。此四语是同义语。鸠摩罗什译此偈为：

> 众因缘生法，我说即是无。亦为是假名，亦是中道义。

---

① 详细参照吉川幸次郎教授：《支那人的古典与其生活》，页七三至八一。

以后，稍变更字句为：

因缘所生法，我说即是空。亦为是假名，亦是中道义。

天台宗、三论宗[①]皆采用后者之文，而后文对于原文是忠实的。但此偈由北齐慧文禅师所重视，而且解释为很不相同的意趣。

二祖北齐尊者慧文。……师又因读《中论》，至四谛品云，"因缘所生法，我说即是空，亦为是假名，亦名中道义"。恍然大悟，顿了诸法，无非因缘所生。而此因缘有不定有，空不定空，空有不二，名为中道。[②]

而天台宗将此偈解释为是说空、假、中三谛（三个真理）者，称之为三谛偈。即是，诸法（诸事物）由因缘生，其自身无自性（自体），所以是空（空谛）。此事确为真理；然而我们不可思考这个特殊的原理。空也是假名（假立之名），不可将空视为实体（假谛）。所以空必须再加以否定。"空亦复空"，将空再度空掉的境地，"中道"便显露出来了。空掉因缘所生之诸法，故为非有；将此非有（＝空）亦空掉，所以是非空，于是成立了非有非空之中道中谛。即是，中道含有二重之否定的意义。因此而解释为因缘生（＝有）→空→假名（＝非空）→中道这种否定的进行说法。亦即

---

① 嘉祥大师吉藏《二谛义》上（《大正藏》，卷四十五，页八二下、页八三中），《中论疏》（同上，页四九上、页九七三）。

②《佛祖统记》，第六卷（《大正藏》，卷四十九，页一七八下）。

在此认定一种辩证法。[①] 以后，中日佛教界，传统的皆依据此解释。因之，与龙树的原意有了出入。这是因为汉语的指示代名词中，没有性、格，把"是"所指者为何语弄错，故而成立的另一种解释。

还有，已经指摘过，汉语没有复数形。为表示复数，则加数字于名词（例如"五人"、"千册"）；若加数字尚不能明确限定时，则或用叠字法（例如"人人"），或附"诸"字（例如"诸人"）。有时也附加"等"字作后接字；但这也含有 Et cetera 的意味。例如，"牛等"有"诸牛"的意味；也可成为"牛和马和羊等"的意味。中国人没有充分自觉到复数形与 Et cetera 之区别。及知道梵语后，始知两者有不同的意味，中国佛教学者们称"牛等"之"等"为"向内等"；称"牛和马和羊等"之"等"为"向外等"。但这仅为佛教学者间之区别，对于中国一般民众的思维方法，未能赋以论理的严密性。

另又一表示汉语非论理的性格者，是即汉语在同一文章中常作主语转换（anacolu thien）。梵语中像 Brāhmana 这种极古的文献，也常有主语转换。[②] 但因中国文章的主语常常省略掉，所以主语之转换特为容易。汉译经典中，常忽视原文而作此转换。这在很适合于中国人的表现性与思维方法的鸠摩罗什的名译中，特为显著。

①若有无量百千万亿众生，受诸苦恼，闻是观世菩萨，

---

① 天台大师著作中屡说"即空即假即中不思议三谛"，这大体承认作为三谛的区别。
② J. S. Speyer. *Vedische und Sanskrit-Syntax*, S.91.

　　　　　　　　　　　中国人之思维方法

一心称名，②观世音菩萨，即时观其音声，③皆得解脱。
(《观音经》)

此文章之①与③部分，众生是主语。②的部分，观世音菩萨成为主语。[1]

像这样，中国的言语表现，是极非论理的；由于语与语，或句与句的连续，无明确的定则，所以中国人不很善于作抽象的思维。老庄之学，多少有形而上学的思索痕迹；但在长年规范中国统治阶层之思想的儒学中则未见有此倾向。《论语》有时记录作为范例的个人行动；有时或以箴言的形式记述的孔子或门弟子之言。然而并看不到像柏拉图那样的，作为问答技术的辩证法（Dia, ektikê）。易学在后世常与形而上学说明结合。然《易经》之本身，多系关于人事的象征的具象的说明，其自身并无何等的形而上学的指向。黑格尔批评《易经》的思想说："具体的东西，不作思辨性概念性的把握，而从日常的（Gewöhnlich）观念去了解，即是说是作直观的或知觉的叙述。因之，在收集此具体的诸原理之中，看不出普遍的自然力或精神力的思辨的把握。"[2] 这个批评我想很适当的。虽至宋学始展开形而上学，然其立教之方法，诚如既述依然是具象的直观的。

从前，中国人之间，缺少对话精神，这是特别值得注意的。

---

[1] 梵语原文为："若有百千亿那由他（Niyuta，按大多数之意）众生，受诸苦恼。若闻观自在菩萨摩诃萨之名号，诸苦悉得解脱。"法护译亦与此同，没有主语转换。罗什译的《法华经》，有"皆得解脱"，"得"字常是主动词（active），不是催起相（Causative）（参照本田义英教授：《法华经论》，页二八七至二八八）。

[2] Hegel: *Vorlesungen über die Geschichte der philosophie*, herausgegeben von Michelet, S.139.

中国没有充分发达像希腊那样的作为问答之术的辩证法。西洋的汉学者们[1]都主张墨子所规定的[2]论辩规定之中，应承认有辩证法。但那些规定，曾具体地如何加以适用，今日我们不很了然。

在印度，在国王们主办的公开大会上，让主张者与反对者互相交换议论的习惯，几乎各时代皆有。中国则无此习惯。仅隋代，及其前后极短期内曾经举行过这类讨论会。[3]在裁判[4]方面也是同样的。中国的审判，有时是高官的私室审判（kabinettsjustiz），有时是文书审判（aktenjustiz），从来没有辩护，仅提出备忘录与关系人的口述。所以中国社会一般缺乏对话（dialog）或讨论的精神。

印度论理学，是对论的论理学。在没有公开讨论的社会，这种论理学是无意义的，对于谬误论，也不须要烦琐地考察。印度论理学，没有全面移入中国，如后所述，仅有畸形的接受，可谓是当然的。

三、缺乏对法则的理解

中国人因为这种非论理的性格，所以很拙于建立客观的法则。虽重视个别的东西，却忽视普遍，所以不容易看出形成多数个别事物间之秩序的法则。我想，这与其语言形式上的无法则状态恰相对应。

关于语言使用规则之不关心，使中国人抛弃了文法学的尝试。

---

① A. Forke, Me Ti, Introd, p.85 未见，H. Maspero: *Notes sur la logique de Mo-tseu et de son ecole.* Toung-Pao, 1927, p.29.

②《墨子·小取》第四十五。

③ 见《续高僧传》（二十四，《慧乘传》；一一，《吉藏传》）。唐玄宗后，此风遂熄。

④ Max Weber: *Gesammelte Aufsätze zur Religionssoziologie*, I. S.416.

在希腊，特殊的国语研究出现以前，先产生了通达本国语言的语言学。在古代印度，对于印度民族的语言，也树立完成了精致的文法组织，并发达了语言哲学。但在中国的国语学，关于文字、音韵、语释、语汇，皆有绵密的考察与广泛的编集；但关于文法学或文章论（syntax），几乎没有留下任何典籍。在与印度文化有交涉的时代，中国的学僧或往来于印度的朝拜者，虽知道印度的文法学，但终没有受其影响以树立中国语文法学。中国出现这种尝试，乃是移入西洋文化的晚近之事。

同样的，在中国，自然科学也未充分发达。中国人尊重先例，尊重事实，所以在某种程度上，是归纳的。但到某种程度，归纳停止了，相反地以五经的话为绝对权威的演绎便开始。此点与印度人以圣典为绝对的知识根据（pramana）相同。正因如此，而中国的自然科学，仅停滞于萌芽状态。宋学重视致知格物，但这不是对自然的认识，也不是个别的对象认识，好像仅仅是直观万有之本质。

当接受佛教时，也不喜欢将佛经语句之意义，确定为一定的东西。中国佛教学者们，对于经典中的同一语句，常下种种解释。到了禅宗而达到极点，遂成立"不立文字"的立场。不为经典所拘束。"心迷《法华经》转，心悟转《法华经》。"[1]"不立文字"的原来意义，尚须研究，不能轻易下论断。然按之中国禅宗的实情，这恐不是"不借文字"之意。很少宗派像禅宗这样重视并依靠文字表现的。禅宗留下有庞大的典籍。但依然说"不立文字"，大概

---

[1]《六祖坛经》。但说此思想之地方，好像是以后加入的（宇井伯寿博士：《第二禅宗史研究》，页一五五至一五六）。

是不用普遍命题的形式立言，也不随着普遍命题而行动之意。禅之思想之所以与人以难捉摸之感者，原因在此。

不立文字的结果，中国禅宗，动辄不承认经典有绝对的意义。经典被喻为指月的指。又将经典喻为捕鱼兔之筌，严加警告拘于筌而消失掉了鱼、兔。[①] 为使此一警告彻底，用极端的表现，放言经典为"拭不净故纸"，[②] 或"拭疮疣纸"。

中国人不爱定则性之一事，在容受佛教美术的形态上也可以看出来。[③] 中国立有许多塔与幢，但其间不易建立类型，加以分类。造像也无一定之型。佛像随造者的喜好及意向而定，且由命名之如何始知是什么佛。至少，印度人的仪轨在唐时就已传入了，因之，造像也教了一定的法则；然而中国人全然不理这一套。关于这一点，倒反而是日本人较忠于印度所传来的法则。

四、对印度论理学之畸形的接受

由于定立法则的科学在中国始终未成立，故研究思考法则的论理学不曾发达，盖当然之事。

当然，中国人也确有论理意识，这在墨子、荀子中很明白地表现出来。然而中国人没有将此加以反省作成"论理学"。演绎的论证，有的学者认为已经为墨子的学徒所自觉，并称之为"效"。[④] 然而墨子的学徒，是否真由此言而自觉到演绎的意味，是很大的疑问。

后来随着佛教的传来而由印度移入了因明。但并没有对中国

① 《景德传灯录》，第二十八卷（《大正藏》，卷五十一，页四四三下）。
② 《临济录》（《大正藏》，卷四十八，页四九九下）。
③ 常盘大定博士：《支那佛教之研究》（第三，页一○九至一○）。
④ Henri Maspero: *Notes sur la logique de Mo-tseu et son école*. Toung-Pao, 1927, p. 22.

人的思维方法与以任何改革的影响，就此萎缩了。

印度论理学之移入中国，在古时翻译的各论书中，存有论因明的东西。就中要以吉迦夜译的《方便心论》为最早。但此翻译并不正确，当然不能与中国人以论理学的理解。接着，真谛三藏（五四六来华，至五六九没）译有世亲的《如实论》和《反质论》及《堕负论》。①但这些没有被研究。现在仅存有《如实论》，其他二书散佚。中国相当大规模地研究因明，是唐代玄奘三藏从印度归来后，译出了陈那（Dignāga）的《因明正理门论》和商羯罗主（Sankarasvāmin）的《因明入正理论》以后的事。特别是玄奘的高足慈恩大师窥基的《因明入正理论疏》，不但被尊因明学的最高权威，且为中国及日本因明学的唯一最高基准。

因明由玄奘三藏传入中国后，至少著有三十种书。②

神泰　《理门论书记》（现存不完）

　　　《入正理论述记》（散佚）

靖迈　《入正理论疏》（散佚）

窥基　《入正理论疏》（现存）

文轨　《理门论疏》（散佚）

　　　《入正理论疏》（现存不完）

玄范　《理门论疏》（散佚）

　　　《入正理论疏》（散佚）

玄应　《入正理论疏》（散佚）

圆测　《理门论疏》（散佚）

---

① 宇井伯寿博士：《印度哲学研究》（参照第六卷，页七二以下、页九四以下）。
② 根据渡边照宏氏《因明论疏明灯抄》解题。（《国译一切经·论疏部十八卷》）。

净眼　《理门论疏》（散佚）

　　　　《入正理论别义抄》（散佚）

定宾　《理门论疏》（散佚）

文备　《理门论疏》（散佚）

　　　　《理门论注译》（散佚）

　　　　《理门论抄》（散佚）

　　　　《入正理门抄》（散佚）

元晓　《入正理论疏记》（散佚）

　　　　《判比量论》（散佚）

顺憬　《入正理论抄》（散佚）

太贤　《入正理论抄》（散佚）

璧公　《入正理论疏》（散佚）

吕才　《注解义图》（散佚）

慧治　《入正理论丛断》（现存）

　　　　《入正理论义纂要》（现存）

　　　　《入正理论续疏》（现存不完）

　　　　《入正理论略纂》（散佚）

智周　《入正理论疏前记》（现存）

　　　　《入正理论后记》（现存）

　　　　《入正理论疏抄略记》（现存）

　　通过此一因明容受的形态，我们可以看出种种的特征。第一，有关因明的翻译典籍，不过数种而已。[①] 单看西藏《大藏经》之中，

———————

① 义净三藏也译有《因明正理门论》，内容与玄奘译本相同，盖参照玄奘译本而译出者。

与因明有关系的译书甚多，亦可知中国人求因明的精神的论理的要求极为缺乏。第二，从印度论理学书之中，仅翻译其最简单的。试建立庞大体系所叙述的论理学书并未被翻译。中国人一半是为了好奇，一半是为了解读佛经的需要，而只译出简便的纲要书或教科书类的东西。第三，主要仅译出说明形式论理学这一部分的书，反之，没有翻译论究知识之根据、知识之妥当性这类认识论的书。佛教的论理学，大成于法称（Dharmakirti）。他把人类知识成立的根据，求之于感觉与思维（推理）；留意在具体的推论中，综合判断与分析判断所具有的意义之不同，建构了精密的知识体系。在这一点上，他常被认为颇与康德相类似。虽然西藏人大规模翻译了法称学派的典籍并加以研究。然而中国的佛教徒并不想加以容受及理解。法称在世时或其以后经汉译的经典，主要是限于古经典或戒律或与密教有关的东西。我们于此可以看出中国人与其把论理当作论理去追求，毋宁是仅想摄取对实际行动有所便捷裨益的东西的这种精神特性。

对于因明，不仅只摄取其学问全部中之一部；就其被容受的一部来说，也绝非照印度人原来所理解及叙述那样去加以理解。

第一，移入因明的玄奘三藏，好像没有充分理解因明。

玄奘三藏，将自印归朝之前，在当时支配印度大部分的戒日王所开的大会上，当全国的者们面前，作了"唯诚真实、存在、并无外界对象存在"的推论（"唯识无境比量"）的推论，然"大师立量，时人无敢对扬者"。[①]

宗　真故　极成色，不离于眼识（从胜义的真理的立场看，

---

① 窥基：《因明入正理论疏》中（大正藏》，卷四十四，页一一五中）。

世人一般所承认的色或形，都不离于眼的认识作用）。

因　自许初三摄眼所不摄故（因为色或形，皆包含在唯识派所承认的十八界中之最初三个——眼根（视觉机能）和色（色或形）及眼识（眼的认识作用）之中，并不包含在与佛眼相及的眼一般之中的缘故）。

喻　犹如眼识（此点与眼之认识作用是同样的）。

在此论式中，附有"真故"这一限制，所以其立言虽与世人一般之所信相反。但不是"世间相违的过失"（不是与世人一般所承认者相矛盾的谬误）。这是慈恩大师窥基的说明。然而此一立论，对于不承认离开感觉知识的胜义真理的人们，并没有说服的效力。即是，作为以因明所说的他比量（Parārthānumanā）是无意义的。还有，因，即是理由命题，一定要是赞成与反对两方所共同承认的东西（共许极成）。仅以自己所承认的命题作为理由去加以指示，实没有论证的意义。即是说，玄奘三藏没有充分地理解到为自己理解的推论（自比量）与为说服他人之论证（他比量）的区别。此立论存有谬误，已如新罗的顺憬所指摘。

中国的因明学，由玄奘的弟子慈恩大师窥基而详加论述。他的《因明入正理论疏》三卷（略称《因明大疏》），在中国及日本，被尊为因明的最高权威。但在哲学上、论理学上，犯有种种的错误。"《因明大疏》，自古来大受尊崇，然实际未能发挥其论理学的意义，而徒驰于烦琐枝叶，成为后世因明不发达的根源。"[1]

已如前所指摘，慈恩大师没有充分理解媒概念必须周延于大概念之内（同品定有性）的这一规则。此外尚有种种谬误。例如，

---

[1] 宇井博士：《印度哲学研究》，第一卷，页二六五。

新因明的论式之所以被称为"三支作法"者，是因为由宗、因、喻三命题所构成的缘故。此在《因明入正理论》的原文中说得很清楚，中国也有学者理解到。[①] 然而慈恩大师误解为因之一命题与喻之二命题（同喻及异喻）为三支。这在中国及日本的传统的定说。[②]

又，在汉译佛典中，译实在根据为"生因"，译认识根据为"了因"。在客观自然界中，有甲这种东西原因而使乙生起存在，则甲为乙之"生因"。反之，以甲为线索而得推知乙之存在的，则甲为乙之"了因"。然慈恩大师，未能正确理解此一概念之意义。他把"生因"与"了因"各作平行的三种分类。

> 生因有三。一言生因。二智生因。三义生因。言生因者，谓立论者立因等言，能生敌论决定解故，名曰生因。……智生因者，谓立论者发言之智。正生他解，实在多言。智能起言，言生因因。故名生因。……义生因者，义有二种。一道理名义，二境界名义。道理义者，谓立论者所诠义。生因诠故，名为生因。境界义者，为境能生敌证者智，亦名生因。……智了因者，谓证敌者能解能立言，了宗之智。照解所说，名为了因。……言了因者，谓立论主能立之言。由此言故，敌证之徒，了解所立。了因，因故，名为了因。非但由智能者能照解。亦由言故，照显所宗，名为了因。……义了因者，谓立论主，能立言下所诠

---

① 参照宇井博士《佛教论理学》页三六五所载之原文。
② "因一，喻二，三为能立"（《因明入正理论疏》）上，《大正藏》，卷四十四，页一〇六下）。

之义。为境能生他之智了。了因因故，名为了因。非但由智了能照解，亦由言故，照显所宗。名为了因。

这里仅将生因了因，与因、智、义三概念作机械的结合。对于论理学没有提示新的概念。尤其是慈恩大师所说的义之生因（道理之义），义之了因，分明与生因及了因的本来意义相矛盾。

中国因明的研究，是附随于慈恩为开祖的法相宗，与法相宗的讲学相并行的。至宋代，法相宗濒于衰灭，因明之讲学亦随之坠绝。对因明之研究，仅限于移入因明的唐代，及至宋代禅宗盛行，因明几乎完全被忽视。就因此论理学与中国古来的传统精神没有结合上。对于以后的中国思想也没有什么影响。

五、禅宗非论理的性格

中国民族非论理的性格，在禅宗尤为显著。但初期的禅宗绝非如此。传禅于中国的达摩（五三四年以前没），以二入、四行之说，大体作体系的说明。二入者，"理入"与"行入"；四行者，报怨行（不怨之意），随缘行（知一切由因缘生，而冥顺于道），无所求行（悟真理而无所求），称法行（顺本性清净之理、行自利利他）。此二入四行，作了相当详细的说明。[①]

禅宗论理的倾向，以后依然继续。例如大珠慧海（八〇〇至八三〇之间圆寂）著的《顿悟入道要门论》，作了极论理的论难应答。现介绍其一例：

_____

① 二入四行所说，大概是根据《金刚三昧经·入实际品》第五之文，由达摩所组织的（参照宇井博士《禅宗史研究》，页二三以下）。

问：受罪众生亦有佛性否？

答：亦同有佛性。

问：既有佛性，正入地狱时佛性亦同入否？

答：不同入。

问：正入时佛性复在何处？

答：亦同入。

问：既同入，则正入时众生受罪，佛性亦同受罪否？

答：佛性虽与众生同入，仅众生自己受罪苦，佛性原来不受。

问：既同入因何不受。

答：众生是有相，有相即有成坏。佛性是无相，无相即是空性。是故真空之性，无有坏之者。譬如有人积薪于"虚"空，薪自"破"坏，"虚"空不受破坏。以虚空喻佛性，薪喻众生。故言同入而不同受。

在《顿悟要门》之中，有这样极明快的议论（《顿悟要门》，页四四至四七）。

然而禅宗非论理的倾向，次第有力，后来压倒了论理的倾向。例如临济义玄，传有如次的四句："有时夺人不夺境；有时夺境不夺人；有时人境俱夺；有时人境俱不夺。"这是有名的临济的四料拣。然此四句若站在哲学的立场加以说明，尚有成立种种解释的余地。但临济不喜欢作进一步的抽象的思辨。他仅以极具象的话解说之。

时有僧问：如何是夺人不夺境？师云：煦日发生铺地锦，璎孩垂发白如丝。

僧问：如何是夺境不夺人？师云：王令既行天下遍，将军塞外绝烟尘。

僧云：如何是人境两俱夺？师云：并汾绝信，独处一方。

僧云：如何是人境俱不夺？师云：王登宝殿，野老讴歌。[①]

这里不是在普遍的法则之下举一个事例，仅仅是借譬喻的说明。不是论理的定义的说明，而是诗意的情绪的说明。

非论的性格，在禅宗问答的场合特为显著。同一人的赵州和尚，有人"问狗子有佛性否"，有时答谓"无"，有时答谓"有"。马祖道一，也先谓"即心即佛"，后答以"非心非佛"。

一日谓众曰：汝等诸人各信自心是佛。此心即是佛心。……僧问：和尚为什么说即心即佛？师云：为止小儿啼。僧云：止啼时何如？师云：非心非佛。[②]

对于同一质问，作完全不同的回答，完全是基于实践的顾虑。譬如这和医者对重病者劝其绝对安静，而对于轻患者则劝其稍稍运动是一样的。所以在这种不同问答之中，理论上虽然有矛盾，

①《镇州临济慧照禅师语录》(《大正藏》，卷四十四，页四九七上)。
②《景德传灯录》，第六卷 (《大正藏》，卷五十一，页二四六上)。

实践上则无矛盾存在。由此可见佛教的方便思想。

然而，方便思想，在应达到的目标和所用的手段之间，有一定的论理的关连。到了以后的禅宗，甚至这种关连也没有了。禅宗中屡以"如何是祖师西来意"为问，此即是问禅的真髓是什么。对此，各禅师与以各种不同的答复。试列举之如次：

坐久成劳。（香林远禅师）

今日明日。（演教大师）

砖头瓦片。（广法源禅师）

风吹日炙。（宝应念禅师）

雪上加霜。（保宁勇禅师）

庭前柏树子。（赵州谂禅师）

日里看山。（云门偃禅师）

白云抱幽石。（承天宗禅师）

长安东，洛阳西。（广因要禅师）

青绢扇子风凉足。（阳昭禅师）

门外千竿竹，佛前一炷香。（德山先禅师）

石牛栏古路，木马骤高楼。（青峰诚禅师）

久旱无甘雨，田中稻穗枯。（吉祥宜禅师）

吃醋知酸，吃盐知盐。（佛鉴懃禅师）

藏之头白，海之头黑（注，藏系智藏和尚，海系百丈怀海）。（马祖道一禅师）

对此问的答复，各不相同。而且问答在一瞬之间便闭幕，不作对话的展开。问与答之间，意味的脉络被遮断了，所以令人对其所答感到非常奇异。然而听了这些答的人，据说都有所开悟。这是不将之作为一般的命题给以答案，而提示以具体的日常的经验的事物，由此而教示这些哲学的问题，不应作思辨的解决；而应作具象的、直观的、情绪的解决。所以禅宗体验的研究的境地，不应以普遍的命题之形提示，即应以具象的直观之形去提示。

由这种具象的直观象以解决人生的烦恼，对参与其事的问者答者，固然是生动的事实，但对局外人却极难了解。即是，禅僧把"绝对不变"、"永远妥当"的形而上学的观念吹散，直接展示绝对者生动的个别的具体开展之踪迹。而且把一贯的普遍者的东西隐藏起来，或故加忽视，所以对于未参于此种展开之瞬间机缘的人，是极难了解的。正因如此，尽管禅宗自身极力排斥神秘主义，而禅之体验之所以被视为神秘的原因，亦即在此。

此点，禅僧的思维方法，与印度的佛教徒正是相反。禅僧不把普遍的宗教道德的真理之法，当作人己共喻的判断内容，也不当作"学问"，而只当作是各人自己的体验去加以把握。

已经指摘过，禅的问答，是潜伏着论理的。然中国人不喜欢将之作为具论理的意义的东西去解释。因此，当说明禅之古则或问答时，不以此为表现论理的东西去说明，而要具象地直观地说明其论理。例如就以"从容录"来说，就中万松老人对宏智禅师所记古则之著语，最能明白表示此性格。括弧内系万松老人之著语。

举，梁武帝问达摩大师。（清早起来，曾无利市。）如何是圣谛第一义。（且向第二头问。）摩云，廓然无圣。（劈腹剜心。）帝云，对朕者谁。（鼻孔里认牙。）摩云，不识。（脑

后见腮。）帝不契。（方木不入圆窍。）遂渡江至少林，面壁九年。（家无滞货不富。）（第二则）

此问答之脉络，稍有哲学思索力之人，很容易可以看出潜伏着深的论理。然后代的中国禅僧，不喜欢作论理的理解，却如右之括弧中所记的，作具象的象征的艺术性的说明。

补注：禅宗由论理的向非论理的转换，据川田洸大郎教授之研究，系由四祖道信、五祖弘忍时代所准备，到六祖慧能即成为现实态。宋后走入极端。

第四节　个别性之强调

一、强调个别的事例

较之普遍者更注视特殊者的思维方法，在此一方向发展的极限，便是对于特殊者之极限的个别者，常与以最大的注意。尤其是中国人有重视知觉上所表象的个别者的倾向，已在论判断及推理的表现方法时，加以指摘过。这种思维方法之特征，在文化诸领域中可以看出来。中国最古的古典，而且附与以最高权威的五经，中国人认其为人之生活规范。但这大部分都是过去个别的事实之记载，而不是叙述有关人之行为的一般的命令或教训。儒家宝典的《论语》，是孔子及其门人个人的际遇言行之记载。至于人行为之方法的普遍的立言，其定型化是较以后之事。中国人，实际是想透过个别的事去看取普遍的教训的。而且就事物之个别性以观察事物，正是中国人思维方法之一长处。

最初容受佛教施行教化之际，也和印度一样，作一般的普遍的立言。以后，则渐采取就个别的事例，就个别的经验以开示教义的方法。这在禅宗尤为显著。例如《碧岩录》第十二则。

"有僧问洞山：如何是佛？山曰：麻三斤。"

宋之圜悟禅师，对此答作如下之说明："人多作话会道。或谓：洞山是时在库下秤麻，所以如此答。有的道：洞山问东答西。有的道：你是佛，更去问佛，所以洞山绕路答之。死汉更有一般道：只这麻三斤便是佛，且得没交涉。"然则洞山之真意何在呢？则答以"道不可由语言得"。所谓道不可由语言得者，即是不能以普遍的命题加以叙述，仅能由具体的经验地去获得。而且不把佛、觉者，即悟道的人，解释为离开我们的具体经验的神秘的超越的东西的，这种思维态度，在上的各种解释中可以说是一贯的。

印度大乘佛教之哲学家龙树（约150—250），也说过与此相同的意趣。龙树出现以前，在小乘佛教诸派学者之间，曾很热烈地讨论如来是什么的问题并对佛身论作了种种论说。龙树说这一切所论，皆未把握到如来的本体。"如来过戏论（＝形而上学的议论）。而人生戏论。戏论破慧眼，皆是不见佛。"（《中论》，二一、一五）他认为我们当下经验的各种东西，即是如来。涅槃不异轮回，此无戏论的如来亦不异世间。"如来所有性，即是世间性。"（同上，二二、一六）此种思想，与洞山的话，意趣上完全是一致的。然印度人的龙树，以普遍命题之形说佛教之真理；而中国人的洞山，则例示麻三斤这种具体可视的东西，使其由此而含普遍的真理。这里正可看出印度与中国人思维方法的显著不同。

二、个性记述学之发达

中国人重视个别性之结果，关于历史的社会的事实，也特别重视个别的事实。即是，特别注重时间的空间的完全特别的东西，不能由另外的东西去代替的东西。

首先，在历史方面，则表现为客观的精密的史书之编纂。中国的正史（即二十四史），似乎将各王朝所发生的事件，以能尽量地记载不遗漏为其理想。试观中国人附加于二十四史的整理，是把方向放在将二十四史遗漏的东西进一步加以增补使之更趋于完善的这一方面；即是其整理方式即为"史补"的形态。因之，记载愈复杂，愈是好的历史书。这与简单精约的历史记载方式正反。当然，也有简单精约的方向。然由"史补"而更趋复杂的方向，较为有力。而且中国史书，不仅记载详细，并且也正确而客观；此点即在仅以希腊文化为优越的西洋学者之间，也不能不加以承认的。"在我们欧亚大陆另一端的中国，对于我们的知识欲，提供了令人为之入神的史书。其客观性是无以伦比的。足令我们西洋文化人起欣羡之念。"①

还有，中国人特别留心保留容易湮灭的史料。集多数碑文类而成的《金石萃编》等多数之书，遗传于今日。并有《八琼室金石补正》一百三十卷这种庞大的著作。

对于风土的特殊性、个别性之记载，也作了很大的努力，留下了广泛而数目庞大的地方志。还编纂有各书籍之图录，并曾完全像《四库全书总目录》二百卷这样庞大的著作，以传于今日。

---

① Masson-Oursel: *La philosophie Comparée*, p.19.

因为目录之种类非常多，所以到现在为止，仍在编纂若干"书目的书目"。

这种文化现象，恰和印度的相反。印度的历史书类非常之少；而且其内容是非常空想的传说的风土的个别性，仅注视普遍。然而中国人则与此相反，特重视历史的风土的个别性，而加以详细的叙述。所以中国的个性记述学（idiographische wissenschaft）大为发达。据李克特哲学，选择事物之不再重复的单回个别性加以记述的科学即为个性记述学，这与历史学同义，若扩充范围，包括记述空间的、风土的、个别性学问的话，那种"个性记述学"这一名称实在是最中国的学问。

此种个性记述学的思维方法，也规定了容受与此恰相反的印度佛教的形态。当佛教容受之际，中国人也不曾忘掉历史的回顾和反省。首先，特别重视佛教的历史与传记之类，而加以翻译。印度的此类书籍，其内容并不精确，但总算有各式各样的著作。然因印度人对这一方面并不关心，所以各自散失了。但中国人却特重视这一方面。记述印度小乘教分派成立的《异部宗轮论》，曾被汉译了三次。此外，如《阿育王传》，马鸣、龙树、提婆、世亲等传，虽皆系传说的性质，但皆汉译过来了。而这些传记的原本皆经散佚，亦无藏译存在。

而且，印度可供翻译的历史书，传记类很少，所以中国人曾尝试作新的佛教史。此一努力之典型结晶，有《付法藏因缘传》六卷，这是以释尊之亲弟子摩诃迦叶为第一祖，一直到第二十三代师子的付法事迹的记述。据推定，大概是名叫"昙曜"者，根据来自西域的吉迦夜三藏等之口述，并参考《阿育王传》，重新编述的。并且著作了许多记录从印度佛教，到中国佛教师弟传承的书籍。记《法华经》传承的有唐僧详的《法华传记》十卷。记《华严经》传承的有唐法藏的《华严经传记》五卷。天台宗则有宋士衡的《天台九祖传》一卷。最大规模的史书著作者为禅宗。宋道原有《景德传灯录》三十卷。宋志磐有《佛祖统记》五十四卷。宋契嵩有《传法正宗记》九卷。原念常有《佛祖历代通载》二十二卷。明觉岸有《释氏稽古略》四卷。除编纂高僧各人的传记之外，综合记录各个高僧传记的有梁慧皎的《高僧传》十四卷。唐道宣《续高僧传》三十卷。宋赞宁等《宋高僧传》三十卷。明如惺《明高僧传》六卷。此外还有唐义净之《大唐西域求法高僧传》。

当集诸多小论稿为一大集成时，印度人常省略诸小论题名及作者姓名，《大毗婆沙论》、《摩诃婆罗多》等大著作，即由此而成。中国则常在集成书的各论稿上详记出处、题名及作者等来历，《弘明集》、《广弘明集》、《乐邦文类》等，为其最佳例证。

中国喜欢历史地理解个别人物，所以对于教祖释尊，也想将他作为一个历史的人物去把握。梁僧佑整理了多数佛传记，著述了《释迦谱》（五卷或十卷）。唐道宣作《释迦氏谱》一卷。而且汉译经典，何时何地，由释尊对何人所说，在中国视为重大的问题。于是把各经典与释迦一生中之各时期相连结。天台大师的《五时教判》，是此一努力之典型结晶。今日从原典批判的立场看，所谓经典皆后世所作，此种努力无甚意味。然中国当时的佛教学者却很认真地作如此考虑。

第五节　就具象的形态而爱好其复杂多样性

一、艺术空想的具象的性格

中国人重视个别性，其表象的内容，是具象的倾向，所以自然成为就具象的形态而爱好其复杂多样性。尤其因站在信赖且执著于感觉的特殊性之立场，故较之把握事物的合于法则的统一，毋宁是对不统摄于法则的多样性的方向，要敏感得多。在感觉的范围内，世上的事象，是千差万别的。因之，在信赖知觉表象，重视个别性的中国民族，当然对事物之多样性非常敏感。对于规制多样事象的法则之普遍妥当性，则不与考虑。

这种思维方法之特征，影响于中国人的艺术的形成力量。中国人的艺术的空想力，有一定的界限。仅仅注视直接感受得到，尤其是由视觉作用所能把握的、具体的能经验到的东西，这种思维态度会使人的想象力趋于贫弱。因之，在中国伴随着具体性现实性的小说或戏曲类虽大为发达，但没有成立伟大的叙事诗，此与印度之有世界最大的叙事诗《摩诃婆罗多》（Māhabhārata）及伟大英雄诗（Rāmāyana）而缺乏小说者正相反。唐宋时代固然产生了极优秀的诗，然作为诗中材料的各种观念，大抵是具象的；在空间上、时间上都未曾忽视自然规定。虽亦有像晚唐诗人李长吉般发挥异常的想象力者，然成为其诗中材料的各个观念，却不是那样富于想象的。印度人以巨大的数量，驰横溢之空想；而中国人则就具象的形态，爱好复杂多样性。在复杂多样性上发挥其想象。

或者会发生如下的疑问。中国人之艺术天性，有一种夸张癖。例如："白发三千丈，缘愁似个长。"（李白）这岂不是抹煞自然规定的表现吗？然而，仔细地想，这也不一定是想象的。对此，日人户崎允明曾解释说："三千丈，犹如数千丈，是即无量之谓。如弟子三千、宫女三千、路三千皆同。欲言愁思之长，而无以尽，故曰三千。"所以"白发"的概念，"三千"的概念，作为人的具象的表象内容，都是可能的。唯将"白发"与"三千丈"连结起来，是不顾自然的规定而已。这和很随便地使用几亿、几千亿、恒河沙数等，竭尽人的具象的表现能力的莫大数字；与随便表象自然界所不可能存在之概念的印度人，在思维方法上，正是根本的区别。

二、爱好修饰的文章

汉语的文章，正如上述，是就具象的形态而爱好其复杂多样性的这一特性而展开的。

汉语具备有极整齐的韵律、格调、节奏等的律动形式，而将语言投入于感觉之中。文章的文字，多以四字七字为对；为整备此一形式，牺牲意味致使文章暧昧，亦在所不惜。六朝骈体文之起源，正在于此。还有，在谐音（euphony）的目标下，文章艺术化了。而且中国的文章，不用普遍的抽象的概念，只驱使有来历的典故熟语，极富于优雅的情味。

此种思维方法之特征，自然使佛教变貌。直接连接于在印度成立之各哲学体系的中国佛教诸派，个个都是抽象的思辨的，但纯中国佛教的禅宗，则显著是文艺的。禅宗文艺的性格，在其附于各话则（公案）的颂古（韵文）中，特为显著。例如对于"俱胝竖指"的话则，无门附以颂古曰，"俱胝钝置老天龙，利刃单提勘小童。巨灵抬手无多子，分破华山千万重"。这里只罗列诉之于视觉的具体的人物或形象，试图营造象征的某种宗教的形而上学的气氛。一点也不要抽象的言说。

就具象的形态而爱好复杂多样性的倾向，在文章上，就向一味排列许多具象的言辞，想经由感觉的表象之罗列以魅惑人的方向去努力。纵其所欲说的意味很单纯，却绕以复杂的夤缘，崇尚繁复语文的交错。就此成立了中国人的修辞癖。

中国人自身也承认这种精神的特性。释道安承认中国人在爱好修饰文章的这一点上，与印度语的文章，有本质上的区别。他说:"梵经尚质，秦人好文。传可众心，非文不合。"[1] 古印度语中，有称为"卡非雅"之美丽文体者，但不用于佛教经典之中。汉译佛典因希望能适合于中国人的精神嗜好，故也大力着眼于文章之美的效果，释道安认此为汉译佛经缺点之一。

据圭峰宗密的看法，禅宗传至中国，所以采"不立文字"的态度，是为了纠正这种恶习。他说："但以此方，迷心执文，以名为体。故达摩善巧，拣文传心；标举其名（心是名），默示其体（知是心），喻以壁观，令绝诸缘。"[2] 然而后世禅宗，爱好禅的表现，完全化为文字的宗教，这是人所共知的。

以孔子为宗的"儒教"，正是嗜好这种文章的"文人之教"。[3] "所谓儒教者，不外是有一定文学教养的现世的、合理主义的、挟持支配阶级的身份伦理。"[4] 这种文人，是知识人、读书人，同时也是道义之承担者、指导者。中国历代王朝的官僚，都是从

---

① 《出三藏记集序》，第八卷，《摩诃钵罗若波罗密经抄序第一》。
② 《禅宗诸诠集都序》上。
③ Max Weber: *Konfuzianismus und Taoismus*, S.432.
④ Max Weber: op. cit, S.239.

此类文人中选出的。一般民众，虽无读书的余裕，然其生活之基本态度，仍在于学文好文。"好读书，不求甚解。每有会意，便欣然忘食。……尝著文章自娱。"（陶渊明《五柳先生传》）这便是中国文人的理想。

三、中国佛教徒之训诂癖与文章爱好

中国的智识分子兼支配阶级的，都是上述意味的文人。与此相对应，所以中国的佛教，就其知识的侧面而言，是文人的宗教。即是，对应于中国文化全体有重视文献的性格，所以中国的佛教，是"文献的宗教"。[①] 中国佛教的宗派很多区别，但并不像日本那样是政治的社会的区别，而是基于学问上的区别。与其说是宗派，不如说是学派较妥当。直接遵奉在印度成立之各教体系的宗派有毗昙宗、俱舍宗、三论宗、四论宗、地论宗、法相宗等，皆直接承袭印度的教义学说。相对的，各依据某部经典、各在中国组织之教说体系有律宗、涅槃宗、净土宗、禅宗、天台宗、华严宗、真言宗等。之后律宗包括四分律宗、十诵律宗及僧祇律宗；禅宗则分为五家七宗。所以分化成多数宗派，主要乃视其所重视经论而定，在实践的范围内，并不那样纷歧。尤其是宋代以后，实践方面，是禅与念佛之综合。所以大概地说，在学问方面是多，在实践方面是一。

有文人性格的中国佛教，是如何追求文章的呢？如前所指，他们是爱好具象性之复杂多样性的"文"。试就下面所举意味深长的例子，以检讨其好文之迹。

---

① Max Weber（*Der Hinduismus und Buddhismus*, S.290）称中国宗教为"典籍的宗教"（Buch religion）。

例如嘉禅大师吉藏所著《胜鬘宝窟》是有名的解释《胜鬘经》的事。正如他自己所说：“玩味既重，钻燧累年，撷拾古今，搜检经论，撰其文玄，勒为三轴。”引用多数经论，一字一句，详加注释，努力于博引旁证，使读者压倒昏迷。至于《胜鬘经》本身的意义是甚么，却茫无所得。所以日本的普寂批评说“判释精致”，“其事义文释甚详，宜以之扩大创学的知识，无有较《宝窟》为更精者”。但不是使人理解原经的意趣的东西。然而学者多加以珍视。“盖乃由于佛学转入于名相之窝，不顾理趣之如何，岂不可慨。”[①]这点与日本圣德太子的《胜鬘经义疏》简洁而深得要领者正相反。

还有，在小乘佛教教义纲要书的《俱舍论》的诸注释书中，最有权威者为普光之《俱舍论记》；这相传是他把玄奘所直接口述的西印度之说一切有部学者的解释，全部记下来的。其解释虽得正鹄，但因过于尊重传承，除将说一切有部的最大注释书《婆沙论》中的各种异说，都网罗在内不消说，连旧译及《顺正理论》的异说，亦都网罗并列，缺少简明的决断。

中国许多《法华经》的注译书，也都有这种倾向。特别是慈恩大师窥基的《法华玄赞》，其装饰字句之多，使人惊倒。初唐文献，大概虽都字句难解；然而像《玄赞》这样叮咛恳切，作不必要之说明的书，却还少见。其中随意引用《尔雅》、《广雅》、《说文》、《玉篇》、《切韵》等，这都不过是装饰的意义。

所以在中国佛教学者之间，解释经论之题目，也是件大工作。嘉祥大师吉藏，对于自己引为根据的龙树所著的《中论》的题名，作了各种复杂烦琐的说明。但说到要点，结果到底如何的时候，

---

① 《胜鬘经显宗钞》上（《日本大藏经·方等部》，页五、八）。

却只说："通而为言，三字皆中皆观皆论。"这在论理上是完全无意味的立言。他乐于以文字为戏。又如下面的例子，他似乎不知道书的题目是表示概念的。"'中观论'之三字无定。亦言中观论，亦言观中论，亦言论中观。"由此敷衍下去，加以烦琐的说明。

中国的佛教学者，忘记了名称是表示概念的道理。应该是最富于论理思考的因明学者也是一样。"因明"是梵语 hetuvidyā 之义译，直译则为"关于因（理由）之学"。然中国人不顾此原义，仅在"因"与"明"二字之结合上认取其意义，而加以任意的解释。慈恩大师谓："因谓立论者言，建本宗之鸿绪。明谓敌证者智，照义言之嘉由。""明家因故，名曰因明。""因者言生因，明在智了因。"哪一种解释都是错误的。但慈恩大师仅列举这些解释，不决定何者是正当的解释，也不想解释。对于"因明入正理论"的题号，也举了五种解释，精微细密。

又如《华严经》的详细题目为"大方广佛华严经"。其原名是 Mahā-vaipulya-budha-avatamsk-sūtra，所以汉译的经名，应作"大—方广—佛—华严—经"解释。然而最尊重《华严经》，在中国被尊崇为《华严经》解释之最高权威的贤首大师法藏，不考虑此题目是由几个概念所构成的，而视为由文字所构成者；对此题目，一字一字地加以说明。

> 大以包含为义，方以轨范为功。广即体极用周，佛即果圆觉满。华譬开敷万行，严喻饰兹本体。经即贯穿缝缀，著能诠之教。从法就人，寄喻为目，故云"大方广佛华严经"。

这已经够与人以冗漫之感了。但法藏的训诂癖尚不止此。更谓"大有十义"，对于"大"字列举了十种烦琐解释。"次释方广，亦有十义。""次释佛义，亦有十种。""华有十义。""释经之字，亦有十义。"各列举冗长的解释。而且所列举的十种意义之中，哪是根本的，哪是引申的，并未作何决定。

正因此，中国虽产生训诂学，却未产生西洋中世纪的经院哲学（scholasticism）。训诂学并不具有西洋法律学中所见的合理的形式主义的性格。同时并也不具有像犹太教牧师（Rab bi）或回教学者所行，或像印度阿毗达磨（abhidharma）论师所追究的决疑论（Kasuis-tik）的性格。

作为文献宗教的中国佛教，因为很重视文学所记的经典，故强调写经的功德。终至认为写经较之实践佛教之道德，更有价值。天台大师智𫖮说：

> 云何写经？谓令众生修八正道，破虚妄等。修有多种。若观心因缘生灭无常，修八正道者即写三藏之经。若观心因缘即空，修八圣道，即写通教之经。若观心分别校计有无量种，凡夫二乘所不能测，法眼菩萨乃能见之，是修无量八正道，即写别教之经。若观心即是佛性，圆修八正道，即写中道之经。①

若无重视写经的想法，则不会有这样的立言。并且基于这种思想，所以中国在远大规模之下，着手刻石经。自北周至辽，前后合刻了过半以上的《大藏经》。这种大事业，只有中国人才能做。

①《摩诃止观》三下（《大正藏》，卷四十六，页三一下）。

在佛教发祥地的印度，虽也有在砖上石碑上刻经的，然就现存的遗品看，所刻的经文，仅为十二因缘之文与四谛之文，都是很短的东西。这不是写经的目的，是刻经文之一部借以获功德为目的。故中国人之所以与印度有此不同，基本乃在中国人重文化的此一独特思维倾向。

第六节　现实主义的倾向

一、以人为中心的态度

中国人在表现判断及推论时，如前所述，常是以人的东西为主语去活动其思考作用的。中国文章之主语，不论明示出来或不明示出来，多是人；反之，对象的东西，则作为受词述之。所以，汉语既无格语尾，语顺亦不一定，只是把文章的字数排列得很整齐，但大家依然能了解其意味。

在这种思维方法中，要将人作为客体的对象的东西而加以把握，便相当困难。因此，在汉语中，被动态没有充分发达。及物动词，没有目的格时，也变为被动词。还有，在及物动词与受词之间，用於、于、乎等字，则变为被动态。例如"东败於齐"，"由是郑伯始恶于王"。然而此时，相当于前置词的是为了表示空间的场所的表象所用的助词，很难说是特别意识到了被动词的表现法。"见"或"被"、"为"这种字放在动词之前，有时亦有充当被动助动词之功能，但并没有一般化。就这样，中国人因被动态之意识不明确，所以尽管一切皆以人为中心去加以考虑，却并不曾客观地对象地有秩序地去理解人。

为这种思维方法所规范，中国人对于许多问题，是以人为中心的。而且这与近代西洋的此种态度又不同，是便宜主义的、实用主义的。大家都知道中国的民族性，是常识的、功利主义的。所以中国一切的学问都是实践之学。在中国智识社会所发达的思维，一切都集中于和人的现实生活有直接关系的实际问题。道德、政治或处世之方、成功之法等，是为关心之焦点。道家，即所谓老庄思想，是保身之道、成功之法，或为治民之术。居传统思想界之王座的儒家，不外是士大夫之身份伦理与统治之术。所谓之法家思想，亦不过是为教君主如何扩张权力，如何驱使统御其臣下及民众的方法。

所以中国人没有成立初看好似与实用无关的论理学。中国人所说的范畴论，是基于实用主义的见地。西洋的 categoria，日本人译为范畴，这是从《书经》的《洪范》九畴来的。这不是文法学的、形式论理的范畴，而是政治道德的体系的演绎。

《洪范》九畴：

（一）五行。水、火、木、金、土（供衣食住等生活手段的自然物质）。

（二）敬用五事。貌、言、视、听、思（个人修养的内省之契机）。

（三）农用八政。食、货、祀、司空、司徒、司寇、宾、师。

（四）协用五纪。岁、月、日、星辰、历数。

（五）建用皇极（示王道的极致，位于中央的范畴）。

（六）乂用三德。正直、刚克、柔克。

（七）明用稽疑。卜筮。

（八）念用庶征。雨、旸、燠、寒、风、时。

（九）响用五福，威用六殛。五福，寿、富、康宁、攸好德、考终命。六殛，凶短折、疾、忧、贫、恶、弱。

中国的史学，也是基于实用主义的态度。例如司马温公著的《资治通鉴》，史实正确，考证详明，可称为近世的实证史学。其书之目的，则诚如其书名之所标示，是所以"资于政治"者。

中国人的这种现实主义，也可称为"即物主义"（realisme）。[①]但是，这仅在人的现实生活要求实行的道德或政治之学上，可以这样称呼；至于实际上能否实行，却未就现实事态之本身作深的考虑。所以中国的思想家，不客观地就自然之秩序正确地观察事物。

这种思维倾向，当容受印度思想之际，也非常显著。他们没有容受在印度发达的自然科学或数学。有自然哲学倾向的《胜宗十句义论》曾由玄奘翻译出来，但这可说是例外的现象，以后也没有加以研究。而因明之未从正面加以接受，也是同样的理由。

把客观的对象，看作是从属于人的，因而从日常经验上加以把握的方法，也表现于最富中国色彩的佛教的表现法之中。例如，大梅山法常禅师临终有"来莫可抑，去莫可追"的话。这是表示离个我之主见，不拒不追，自然任运，妙用无碍的境地。印度佛教徒表现与此相同的意境为"无一法可损，无一法可增。应见实如实，见实得解脱"。[②]印度人大体作为人与客观之关系所把握的道理，中国人则就日常的人的交涉之关系而说明之。

---

① Masson-Oursel: *La philosophie Comparée*, p.118.

②《佛性论》第四《无差别品第十》（《大正藏》，卷三十一，页八一二）。

二、宗教上以现世为中心的倾向

仅注视现实的人的日常生活，忽视超越性普遍的思维倾向，自然使人成为现世的唯物的。此一倾向，表现于种种文化的领域。

首先，中国是缺乏神话的民族。中国人几乎没有关于天地、日月、人等成立经过的神话。对于这些东西神话的说明，仅散见于传统文化之旁枝的《淮南子》、《述异记》、《三五历记》等。在中国具传统权威的经书中难得看出。记中国古代历史的司马迁《史记》，虽自《五帝本纪》起笔，却将此作为人类生活的最初记录，而不记录神变不可思议的东西。

缺乏神话想象力的中国人，一向极唯物的、现世的。此点，儒家、道家、法家都是一样。当然，中国自古便有民间信仰的宗教，不仅支配一般人的生活，即使知识社会，在实际生活上也没有脱离这种宗教。他们也有依存乎人力以上的某一东西之情。就像儒家对丧祭之礼，或说其有追考之义，而将其适应于天下之秩序，在宗教礼仪之中附以道德政治的意义，或说魂之气轻而归天，试作一种合理的解释；都是为了与民众一般的宗教信念能相妥协。一方面把天解释为自然之法理，使其合理化；一方面把天作为神而使其保有宗教的意义。将本是人的圣人，几乎完全视为神圣，祭以宗教的礼仪，以信仰的态度崇拜其经典。到了汉代，儒家以种种形式，说灾祥之事。老子也受宗教的崇拜，后且与神仙说相结合。所谓神仙说者，是说有长生不死的仙人及成仙之方术的。以这种神仙说为中心，并受佛教的刺戟，遂组织成立了道教。从这些现象看，中国的宗教，终究是以去灾求福为主的祈祷或咒术。儒教原是想远斥这些东西的，却未能阻遏一般民众的这种倾向。

并且道德或政治之教，与这种程度的宗教思想作这种结合，也绝非偶然；本来，在其道德说政治说中，有以满足人的肉体物质欲求为基本想法的倾向。而其天的观念，也很少有像以色列那种人格的色彩。

这种思维倾向，也规定了中国佛教。印度佛教，就整体而言是形而上学的，说人的前世及来世的。然流行于中国一般民众的佛教，则是咒术的祈祷的。佛教移入中国的初期，佛教信徒多限于归化的西域人。将之推广而成为汉人之宗教的，是佛图澄（三一〇年来华），他显示种种奇迹，由此获得群众的信仰；在他这一代之间，创建了八百九十三个寺塔。他又博得后赵石勒、石虎的信仰，开启了结合政权以弘扬佛教的端绪。汉人成为僧侣，在这以前是不准的；此时也才得到公然的许可。其后，佛教者宏佛法于民间，也多半由这种方法。

由于重视咒术的中国人的思维倾向，中国人没有容受含有禁止咒术祈祷教义的佛教。所以在印度佛教诸派之中，禁止咒术祈祷的传统保守的佛教，中国人作为"小乘佛教"而加以排斥；主要乃选择了在某种程度上容认咒术祈祷的大乘佛教。①原始佛教，将咒术、祈祷、占卜、祭祀、调伏法等，一切作为迷信而加以排

---

① 佛教传入中国的初期，从安息来的传道者以翻译小乘为主；从月支来的系以大乘经为主。然随时代之推移，中国独重大乘经典。

还有，大乘佛教特别盛传于北方之理由，大家多半采如下的见解。显扬大乘佛教者是马鸣。他受聘于迦腻色迦王，传大乘佛教于月支国，故而月支国的大乘佛教传到中国。然而由近时碑铭学的研究，证明月支国是小乘佛教，特别是说一切有部占优势。关于寺塔碑铭所发现的，没有一个提及大乘佛教。还有，在马鸣著作之中，几乎没有大乘佛教的思想，这也是由近时的佛教研究所弄明白了的。所以不应解释为因月支国大乘佛教盛行，故而传入了中国；而应解释为中国思想方法的特殊倾向，致选择了大乘佛教。

斥。出家的比丘不待说，在俗信徒也不能做这些事。以后，到了传统保守的佛教教团确立的时代，依然保持着这种知识人的确信与矜持。然而，大乘佛教，原系后世作为民众的宗教而成立的，所以与民众一般之信仰妥协，作为教化民众之手段，也采用了咒术祈祷。而且这种性格的佛教，滔滔流入到中国。①

所以中国的佛教，黄喇嘛教的（Shamanism）倾向，或咒术仪礼的倾向特强。今日中国人害病困穷时，不仅求之于民间信仰的诸神，而且也祈之于佛教的诸菩萨、诸天、诸神。符箓盛被尊重。不具这种性格的佛教宗派，不能广行于一般民众之间。甚至中国佛教中最具有哲学体系的思想者之一的天台大师，对于人害病，也认为有时系魔所为，而教人以此时须念咒驱魔。②

最重视咒术的是密教。密教在唐代移入中国后相当盛行。明代因其流弊丛生，加以禁止。然因与原本喜好招福消灾的中国民族心理有所投合，故近来则又有复兴之势。

中国人依存咒术的倾向，也混入于净土教之中。净土教原无咒术的倾向，日本净土教公然与此倾向为敌。然中国的净土教则与此妥协了。近代中国的佛教，主要是净土教。现在中国死者纳棺之前，诵招灵的《召集真言》，次诵《破地狱经》，最后三呼阿弥陀佛、观世音菩萨与地藏菩萨，以助死者之冥福。

中国的净土教用"阿弥陀佛"的名称，其本身有咒术的意义。阿弥陀佛是梵语 Amitāyus Buddha 之音译，意译则为无量寿佛。隋以前，专用无量寿佛的名称；唐后随净土教之推广而专用"阿

①《高僧传》类的《神异篇》、《感通篇》等，记有特长于此术的僧侣传记。
②《摩诃止观》八上（《大正藏》，卷四十六，页一○九）。

弥陀佛"之音译。其理由之一,据冢本善隆氏说:"不仅语调较好,而且由梵名之反复念而容易感到咒术之力,佛教徒特视之为神圣的梵语名。就中国人而言,以不详原意之梵语直接反复唱念,自会伴随咒术魅力,而易于实行普及。"印度人一提到及 Amitāyus Buddha,便联想到作为"寿无量"佛的表象内容,中国人因将之音译为"阿弥陀"而杜绝了与"寿无量"这一表象内容的关连。就因此,原来排斥咒术要素的净土教,在中国则仅在咒术的变容拟态之下才能广行于民间。

重视这种咒术的倾向,只有在解释为可得到现世物质利益的范围内,才能盛行的,并不是基于印度人那样的复杂幻怪的空想。中国人不爱神秘的东西。

从印度来到中国,汉译了许多经典的高僧真谛三藏说:"中国有二种福,一无罗刹,一无外道。"[①]对于这,荆溪大师湛然说:"若此土有得通之外道,此方道俗,谁肯归此。"[②]而且姚秦时代,从天竺来有外道,喜其卒被驱逐。

中国人不爱好环绕佛教的神秘空想幻怪的赘缘。反对佛教的中国人,主要攻击佛教的这一点。

不爱好幻怪空想的中国人之此一倾向,到禅宗而更为明显。禅宗本身,不能说全无神秘主义的倾向。然而它是在大自然,在日常人事之中认知其神秘,完全不说不可思议的灵异,或幻怪空想的神秘性,或奇迹这类的东西。

---

①《摩诃止观》十上(《大正藏》,卷四十六,页三四)。
②《止观辅行传弘决》十之二(同上,页四四〇中)。

有法师问："持般若经，最多功德，师还信否？"师云："不信。"曰："若此，灵验传十余卷，皆不堪信？"师云："生人持孝，自有感应；是非白骨能有感应。经是文字纸墨。文字纸墨性空。何处有灵验？灵验在持经人之用心，故神通感于物。试持一卷经，安着案上，无人受持，能自有灵验否？"①

所以禅宗认为佛教所说的"神通"、"妙用"，不外是"搬柴运水"的"日常之事"，不含有何等神秘的体验。而且中国禅宗，不言修禅结果可以生天等话。这是外道与如来禅之区别所在。

当然，说中国人系现世的，并不一定都是站在乐天主义的立场，认现世为最善。中国也有厌世而尊重寂静的思想，例如老子说："吾所以有大患者，为吾有身，及吾无身，吾有何患？"庄子说："夫大块载我以形，劳我以身，佚我以老，息我以死，故善吾生者，乃所以善吾死也。"老庄在厌恶现世的这一点上，与佛教相似，这正是使中国容受佛教容易的一个思想的基盘。然而老庄对于人未生前之过去及死后之未来，没有展开突进的思索。

关于人死后的命运问题，中国人抱持一种极单纯的观念。中国人为死是灵魂自肉体游离，即使肉体埋葬墓中之后，亦固守灵魂依旧徘徊于肉体周围的这种信心，从而认定，经由怒号或呼叫名字，即可重将灵魂唤回肉体。为死者哭号之宗教仪式是即由此而成立，此一观念及礼仪在纪元前几世纪便告成立，及至佛教之移入，至今仍根深蒂固地存续于民间。

---

① 《诸方门人参问语录》（原文待查）。

中国哲学家们，关于人死后之运命问题，是极不关心。例如，孔子的学生子路问死，"子曰：未知生焉知死"。这与印度哲学者所与的解答，大异其趣。据原始佛教圣典，传佛对于这一问题，拒绝回答。然而佛是因为以前的哲学家们，对此已经有了许多思索争论。为想从这种烦累的议论中解脱出来，自觉到"有关死后问题之回答，一般都陷于二律背反的缘故"。孔子之回答，则好像是站在现世主义的实利主义的立场。

并且中国化的佛教禅宗，一面连接着佛教的根本立场，而在表现方法上，则显著是中国式的。例如大珠慧海有如下之问答："禅师自知生处否？师云，未曾死，何用论生。若知生即是无生法，则不离生法说无生。"[①]朱子对于鬼神问题，亦采保留的态度。"鬼神之理，圣人盖难言之。谓其有一物固不可。谓非真有一物亦不可。若未能晓然见得，且阙之可也。"[②]

随着中国人现世中心的思维倾向，所以关于死的问题，认为死对于生，乃必然的现象，从容以死，对于死后运命，不费冤枉心事。即是所谓"齐生死"。扬雄说："有生者必有死，有始者必有终，自然之道也。"[③]这与印度的死生观大异其趣。印度人一般的见解，人的生是循环着几多的生，死后也在轮回的运命；所以应生积功德或作修行，来世可生天堂，或脱轮回世界，完全合一于绝对者，绝对安乐的境地。佛教也是这样的想法。然而佛教入中国后，关于佛教中心问题的生死观，便不是佛教本来的见解，而以中国人固有的见解表现出来。例如嘉祥大师吉藏，临终时制

①《顿悟要门》，页八六（原文待查）。
②《朱子全书》，卷五一。
③《法言·九君子》。

《死不怖论》，落笔而卒。其辞曰："略举十门，以为自慰。夫含齿戴发，无不爱生而畏死者，不体之故也。夫死由生来。宜畏于生。吾若不生，何由有死。见其初生，即知终死。宜应泣生，不应怖死。"[1] 嘉祥大师对于佛教是博学无双，而其骨髓则依然是中国人的。

叛离印度人的生死观，到禅宗达到了极点。毕生修行的高僧，不像西洋人印度人那样的说"生于天"，而自说是赴"黄泉之国"。例如天童如净临终有如下之遗偈。

　　　　六十六年，罪犯弥天。打个踍跳，活陷黄泉，咦，从来生死不相干。

日本的道元临终之际，其心境亦同：

　　　　五十四，照第一天，打个踍跳，触破大千，咦，浑身无觅，活陷黄泉。

在印度或在欧洲中世，以现世的生活为迎接好的来世之一种准备的思想，是很有力的。在中国，则没有这样显著地表显出来。因此，中国人不作深刻的宗教内省，没有深刻的罪障意识。孔子教无原罪（Erbsünde）的观念，亦无解脱的思想。佛教蹈中国宗教之此一空隙，以决河之势，流入中国，与中国文化以极大影响。然不久便融合于通俗民间信仰或道教之中，从中国民族的全体看，

---

① 《续高僧传》，卷十一。

依然是有返回到现世的性格的趋向。

三、形而上学之未发达

与上述倾向相关连，在中国，形而上学没有充分发达。五经中所记载的事情，都是现实人世界的事情，对于超感觉世界之记载很缺乏。其中，虽亦记有支配人或万物的"天"，然这和在我们头上所能看到的"作为大空之天的观念"不能分离开去想。所以依然不曾超过感觉的世界。

古代中国哲学中，比较富于形而上学的性格者是道家。道家去儒家仁义之名，以天地万物未分，无名无形的宇宙太初之状态为大道之象征。这里，我们可以认出若干形而上学的性格。然其后与保身养生之术相结合，没有展开形而上学的体系。此外，当然也有关于形而上学的原理的观念。例如五经中之"天"，《易经》中的"太极"，朱子们所提倡的"理"等，都提示了形而上学的原理，但缺乏明确的说明。仅主张这些东西的存在而已。例如，最哲学的朱子学，"理"到底是怎样的性质，在朱子著书中，找不出很明确的说明。朱子常主张"理"之存在，但对于理之性质，则默而不语。

而且，中国毕竟不曾发达形而上学的体系。嘉祥大师吉藏，指摘中国哲学，仅止于相对的对立之见解，不过是站在照样肯定主观与客观之对立的常识的立场。[1]圭峰宗密，也批评"外教（儒道）宗旨只在乎依身立行，不在究竟身之原由。所说万物，不论

---

[1] "外存得失之门，内冥二际于绝句之理。外未境智两泯，内则缘观俱寂。"（《三论玄义》九丁）

象外。虽指大道为本，而不备明顺逆、起灭、染净因缘"。[1]

中国的哲学思想，至宋朝而达到绝顶。然集宋学之大成的朱子，对于哲学的思想，不曾作体系的著述。

已如前所指摘，中国人一般对于内属判断的自觉不充分，所以对于形而上学的原理，与依存此原理，或由此原理而来的派生现象之区别，不能明确。因之，佛教移入以后，也受了这种影响。中国的三论宗，是基于龙树的中论等而展开的教说。在龙树等，把为使诸法之构成得以成立的"世谛"，和作为诸法究极的立场之"真谛"，当做是基于二者实在的立场之不同而加以把握的。然三论宗则以二者仅系单纯的表现法之不同（言教之二谛）；于是说"有"者便为世谛的立场；说"空"者便是真谛的立场。[2] 这种见解，不能成立构成的形而上学。所以考究诸法之成立秩序的唯识哲学，虽在梁陈时代，由真谛三藏所导入，然在思想界不占势力。尽管唐代再由玄奘三藏大规模地移入，且受国家的保护，然不久即归灭绝。像小乘佛教阿毗达磨教的心理现象的分析，在中国没有得到发达。这种思辨的哲学，不适合于中国人的嗜好。到了禅宗，形而上学性终益稀薄。圭峰宗密，已认为禅宗关于形而上学之说教，极为简单。"但佛经开张罗，大千八部之众。祸偈撮略，就此方一类之机。"[3]

中国人所组织的哲学体系中，最伟大者为华严宗。这是一方

---

[1]《原人论·斥迷执第一》。

[2]"二谛盖言教之通诠，相待之假称，虚寂之妙实，穷中道之极号。如来常由二谛说法，一世谛，二第一义谛。故二谛只是教门，不关境理。"（《大乘玄论》劈头，《大正藏》，卷四十五，页一五上）

[3]《禅门师资承袭图》。

面继承古来佛教的传统，而且超越了佛教的。印度哲学思想中，一般是建立绝对者与现象世界的两个概念。前者是无相无差别的；后者是有相有差别的。并且常说明两者是在何种关系之中。以中国的表现形式说，即是事与理的关系。然而，中国的华严宗，强调各个现象，都是相即相入，各有其绝对的意义。于是，"理"的问题，推到背后去了，而仅注视"事"与"事"的关系。且站在此立场上，而说"事事无碍圆融"，"一即一切，一切即一"。在这里，"理"在"事"之中，是内在的内含的。印度哲学，总是以个物与绝对者之关系，多与一之关系为中心问题。而在中国的华严宗，则以个物与个物，有限者与有限者为问题。这种倾向，在天台宗中已露了出来，在华严宗更为显著。华严宗可看作是大乘佛教显著的中国的发展形态。在这种哲学中，完全抛弃了在经验现象世界的背后建立形而上学的原理的企图。

第七节　个人中心主义

一、利己主义的倾向

中国人是以人为中心的思维。但很显著地是向利己主义的倾向前进。中国人是以个人的自己与极为私人的人伦组织的家族为中心来考虑问题。他们在道德问题上，也仅对于在特定关系之个人与个人之间，例如父子君臣夫妇之间来考虑。对于社会或集团之全体的公共的道德，则不那样认真地考虑。

识观诸家的思想，首先，老子的道德，即使是在说利他的德目之际，究竟也是为了图自己个人的安全。例如："慈故能勇；俭故能广；不敢为天下先，故能成器长。"[1] 正如后世佛教徒批评的一样，"老子以清虚澹泊为主"，"仅保持一身之命，义乖兼济之道，不思利人"，[2] 杨朱之主张为"全性保身"（《淮南子·氾论训》）。庄子之主张也不外于是"为善无近名，为恶无近刑，缘督以为经，可以保身，可以全生"。战国末的思想，养生之说，都是讲保存肉体生命之道；隐逸思想，在其认为离开权利名势，即可离开由权利名势而来的危险的这一点上，也是保身之道。神仙说也是想无限延长肉体的生命，是从无限享受人生之快乐的欲求出来的。这些，都是自己本位的想法，是一种利己主义。即使支配阶级爱庶民的墨家，亦因爱他人，他人便可以爱自己的缘故，所以还是利己主义。

儒教说治国平天下之教，以社会国家的问题为自己的问题，故在此似可以看出利他的精神。然而，那主要是说支配阶级统治国家的方法。因之不是出于把人作为人，把生作为生加以拯救的精神。孝之道德，在实践上，也有利己的倾向。日本的道元，很明白指出了这一点。"和光应迹之功德，独是三世诸佛菩萨之法，非俗尘凡夫之所能。实业之凡夫，如何可应迹自由？孔子尚无应迹之说"。[3] 即是，佛菩萨为了救生，不选择时处，将众生置于与自己相同之境地，而努力去救助之。这种事为孔教中所无。

中国思想中，利己主义的、个人中心的倾向特强，究系何故？我想，这好像与中国农村生活之实态有密接的关系。中国农村，即到现在，也可说是村落集团性的程度比较低，耕作灌溉的协力

---

①《老子》第六十七章。
②《万善同归集》下。
③《正法眼藏》四《禅比丘》。

亦少。因之，对于违反农村生活者之制裁，也少在村内执行。没有对村民的压制，所以不需要强力的统制机能。反映村落集团意识之低调，所以村落之自律自治也是消极的。中国农村生活的这种特征，自然对应于中国民族之思维方法。

二、佛教的精神指导与其变貌

如上所述，佛教徒是对于中国哲学一般的利己主义的态度加以非难的。佛教入中国后，依其慈悲的理想，作许多利他的活动。后赵石勒受佛图澄之感化，将诸子悉托由寺院教育，自此以后，寺院作为教育机关，有重要的惠义。佛教僧侣的社会事业中最可注目者为治病与贫民救济。在东晋时代，佛图澄、竺法旷、诃罗竭、洛阳之安慧、罗浮山之单道等，皆以医疗救人。同时，以寺院为中心，建立药藏，作施诊救济事业。到了唐代，确立了养病坊的制度。救济贫民的事业，也非常盛行。唐代建立了悲田院的制度。饥馑之际，也有寺院僧尼的活动。南北朝时，寺院设有"无尽藏"这种质库，以作为民众的金融机关。此外，尚努力于修桥、铺路、种树、掘井、设住宿处等。南北朝时，寺院进到都市。庄严的佛像与金碧的寺院，成为人民很好的安慰所。同时其法会之戏场化，更造成民众亲近佛教的机会。①

唯在这种社会实践中，亦非如西洋般，出于自觉到作为独立个体的各个人的尊严而对之作社会活动的意识；而是出之于自己与他人，乃一体不二的意识。道家系统中，早经有"齐万物为

---

① 详细参照道端良秀教授：《概说支那佛教史》，页五一以下、页九八以下，同氏之《支那佛教寺院的金融事业》、《唐代寺院之社会事业》等。

道"的说法；庄子尊重"天均"即"自然之平等"；宋学如张子主张"民吾同胞，物吾与也"。中国古来传统的思想系统中，好像还不曾从理论上充分自觉到自他对立的问题。但在隋唐时代之佛教教学中，则表现为明白的理论的自觉。天台宗认为作为利他行为之根据的理，是"自他不二"；[①] 所以"随机利他"之事，才得以成立。在华严宗说"一即一切，一切即一"，其思想完全为禅宗所继承。[②] 在印度，像法称对他人存在所作的论证，或如近代西洋人所作的对他人而证明我之存在的哲学的议论，在中国没有出现。

基于佛教慈悲的利他思想，不能从根本变更中国民族性。佛教与中国人固有的隐逸思想相妥协，以适合于此一思维倾向的方法来作佛教的受容宏布。中国的佛教，大体是高蹈的，出世间的，从一般世俗社会隔离。寺院存于山林，故建寺称为"开山"。有名的大寺庙，多建于深山之中。佛教修行者，入山一面作共同生活，一面努力进修。念佛之行者，比较与民众接近；然有名的念佛者，深闭山中的亦复不少。像天台大师智颛和圭峰宗密这样有名的学者，也栖隐山中，从事修养与学问。栖隐山林，独乐寂静，乃禅僧之理想。"君不见，绝学无为闲道人。不除妄想，不求真。"[③] 日本道元从天童如静那里快回日本的时候，如静教训他道："归国行化，广利人天。勿住城邑聚落，勿近国王大臣。仅居深山幽谷，

---

① 在天台宗"自他不二"，是十不二门中之第七。（《十不二门》，（《大正藏》，卷四十六，页七〇四）
② 例如《信心铭》。又《证道歌》云："一性圆通一切性，一法遍含一切法。一月普现一切水，一切水摄一切月。诸佛法身入我性，我性还自合如来。"（原文待查）
③《证道歌》。

接得一个半个，勿致我宗断绝。"①

佛教徒自己以这种心情修行，中国一般人士，也以这样生活为清净而加以赞叹。唐诗中赞叹寺院僧侣者，都是这种心境。例如：

题义公禅房

义公习禅寂，结宇依空林。
户外一峰秀，阶前众壑深。
夕阳连雨足，空翠落庭阴。
看取莲花净，方知不染心。

以隐居林泉为乐的生活态度，中国道家的系统中特为显著。老子以各事物"归根"为"静"，谓之"复命"。关尹认为应保持"静如镜，应如响"，"寂乎而清"的境地；列子教人弃知虑分别，以成为"静"而"虚"。彭蒙、田骈、慎到三人皆主张"齐物弃知"，即是弃人间的是非判断，视万物为平等，这种思想，在管子中也可以看出来。

这些思想态度也影响到中国佛教的形式。中国佛教，特重视禅定。天台大师的实践修行，可约集为止观行法。被视为学问的佛教之代表的三论宗，也非常重视"观"。②内观的修禅的倾向，在禅宗特为显著。禅宗以心为"法源"，主张心即是佛。为了"明

---

① 《建撕记》，乾卷。（《大日本佛教全书》，卷一一五，页五四四）
② 龙树所著《中论》，中国称为《中观论》，附加一"观"字，嘉祥大师吉藏认为有
　　重大的意义（《三论玄义》，页一七二以下）。

心"，即不得不修禅。① 坐禅不仅是为到达究极境地之单纯手段，坐禅之本身即是我们的"本源"。禅定是智慧的本体。②

禅宗强调的智慧，对于一般佛教也可同样的说，即是脱离自他的对立。"心境（对象）双忘，乃是真法。"③ 绝对者显著乎无差别相之境地。"息念忘虑，佛自现前。"④ 这即是解脱。而且仅由坐禅明心，始能得到解脱。⑤ 但这所说的解脱，也并非一定是指静止的特别境地，对于禅的功夫很深的人，这是日日新的实践的认识。这呼为"向上一路"，⑥ 应该由学人自己体会的。

能自修行以明心的禅宗的思想态度，也使净土教有了变化。初期中国净土教中的某些人，还保持印度以来的相貌。例如善导所说的净土教，都是站在"指方立相"的立场。即是，认为极乐净土，实际是存在于我们所住的西方。据说跟随善导，在听说"厌离秽土，欣求净土"之教的信徒中，有不少的人想从门前的树枝投身前往西方。天台大师智顗所规定的念佛修行，是要在各个心之中，看到圆满的阿弥陀佛之相，然而，既现世的，空想力又弱，并且重视内心寂静的中国人之思维态度，使净土教也不能不发生变化。终至主张阿弥陀佛的净土，在我们的心中。观无量寿经中，谓阿弥陀佛的极乐世界，去此不远；并非与此尘世远

---

① "夫修根本，以何法修？答曰：只坐禅。禅定即得。"（《顿悟要门》，页八）
② "僧问：如何是定慧等学？师曰：定是体，慧是用，由定起慧，由慧归定。如水与波，一体更无前后，名定慧等学。"（《诸方门人参问语录》下）（原文待查）
③《传心法要》，页二〇。
④ 同上，页八。
⑤ "《佛名经》云：罪由心生，还由心灭。故知善恶一切，皆由自心。故心为根本。若求解脱，须先识根本。"（《顿悟要门》上，页八）
⑥ "向上一路，千圣不传，学者劳形，如猿捉影。"（《景德传灯录》，第七卷，"盘山宝积之"条）

离。极乐之姿，可以从我们的观念中浮出。禅宗对此，作如下之解释。"迷人念佛求生于彼。悟人自净其心。所以佛言其心净即佛土净。——使君东方人，但心净心即无罪。虽西方人，心不净亦有愆。东方人造罪，念佛求生西方。西方人造罪，念佛求生何国？凡愚不了自性，不识心中净土，愿东愿西。悟人在处一般。使居心地但无不善，西方去此不遥。若怀不善之心，念佛往生难到。"[1]而且根据《维摩经》主张"直心是净土"。于是认为"唯心念净土，周遍于十方"。[2] 宋代以后之佛教徒，专依此种见解。而且明代以后，禅净（坐禅与净土念佛）兼修，也不觉得有什么大矛盾。

自己明自己之心，乃成为修行之眼目，所以修行者应专靠自己，不可靠其他东西，连佛也不应倚靠。大珠慧海云："当知，众生自度，佛不能度。努力！努力！自修勿倚佛力。经云：夫求法者，不求著佛。"[3] 于是，各个人自己面对着绝对者。因之，不承认媒介于个人与绝对者之间的教会、教团、或神性人物的这类权威存在。

三、（寺院）宗派之不成立

既是个人直接面对绝对者，不需要中间媒介之神性的人物或教团之存在，所以中国的宗教，成为无寺院宗派的性格。原来，现世的儒教与国家权力结合，自己不要形成一个教团。道教也没有作为中央集权的统制团体的教团组织。佛教方面也可以看出同样的情形。中国没有像印度那样游方的沙门，皆住于寺院之中。

---

① 《六祖坛经》。
② 《万善同归集》上。
③ 《顿悟要门》，页六〇（原文待查）。

然而，这些寺院之间，没有宗派的区别。[1] 僧侣各个人，只要守僧侣的戒行，便有止宿于任何寺院的权利。

现时中国的佛教界，各寺院相互间，无任何统制组织。政治上，也完全是放任状态。天台山是天台大师确立天台宗教义的圣地，应该成为天下天台宗之大本山。然而它和以天台为宗的各国寺院之间，并无本山、末徒的关系，连僧侣间的连络也很少。嵩山少林寺，是达摩大师九年面壁的场所，是禅宗无比的道场，天下的禅寺，当然应仰此为大本山。但实际则仅有有志者之朝拜，与其他寺院并无连络。禅宗本来重师弟相承，但现在相互间并无任何连络。

实际，在中国没有成立统制寺院与僧侣的宗派区分。中国的寺院，不过是容纳僧侣的建筑物。所以宗派不同的僧侣，可以共起居于同一寺院之中。而且，寺院之主僧若系净土宗，则寺院亦为净土宗。主僧若系禅宗，则寺院亦为禅宗。所以同一寺院之宗派常常是移动的（当然也有例外）。因之，假使有宗派之别，也是以人为主的；此与日本之以寺院为主者大异其趣。现时中国的佛教，大体上，是包含融合古来诸宗派于禅宗之中。此一倾向，好像是从明末开始。[2]

---

[1] 参照 R. F. Johnston:Buddhist China. London, 1913.

[2] 云栖的《竹窗二笔》三曰："禅、讲、律，古号三宗。学者所居之寺，所服之衣，亦有区别。如吾郡，则净慈、虎跑、铁佛等，禅寺也。三天竺、灵隐、普福寺，讲寺也。昭庆、灵芝、菩提、六通等，律寺也。衣则禅者褐色，讲者蓝色，律者黑色。予初出家，犹见三色衣。今则均成黑色矣。诸禅律寺均作讲所矣。嗟呼，吾不知其所终矣。"

四、道之普遍性

中国的佛教徒，否认作为绝对者与个人之媒介体的教团或教会的权威，而只随顺着视为绝对者本身的"法"或"道"。而且在此意味上，充分自觉到道之普遍性。国异而世俗的道德则同。一个思想体系，能具有超越历史，并妥当于以后之时代的普遍意义。通往各宗教之道，也是普遍的。"道不能自鸣，假人而鸣。鸣虽不同，道则未尝不同也。苟不同，不足以为道。如仲尼之一贯，老聃之无为，释氏之空寂，人异道同，此其证也。况夫禅教两宗，同出于佛。"[①]

此"法"乃位于佛之上。佛之权威，基于法始成立。"入我宗门，切须在意。见得如此，名此为法。见法故名之为佛。"[②] 禅僧丹霞，烧掉木制的佛像，此故事乃警戒将佛视为偶像，而埋没了存在于佛背后之法的意义。又净土教念阿弥陀佛，教人"一心不乱"者，现时中国人解释为，这实亦念真如之意。中国的佛教徒终于重视法的权威远胜过孝的道德，所谓"父母七世、师僧累劫、义深恩重"，尊敬师僧，并非作为特定之人而尊敬之，乃是因其具现佛法于其身的这层资格，故从而尊敬之。[③] 圭峰宗密，仅教中下根的人依赖师匠。这一点，与日本之专强调对人的归依，恰恰相反。

因为如此，所以中国的佛教徒，虽未结成政治统制性的宗教团体，然因自觉到绝对者之法的尊严，故极重视戒律，以遵奉戒

---

① 无外惟大（元代）之《重刻禅源诸序》（《禅源诸诠集都序》，页一六一）。

②《宛陵录》（宇井博士：《传心法要》，页六五）（原文待查）。

③ "呜呼，后之学者，应常取信于佛，不可取信于人。当取证于本法，无取证于末习。"（《禅源诸诠集都序》，页——）

律为一切善行之根本。[①] 今日中国之僧侣，依然能守持戒律。不守戒律者不能得中国一般人的尊敬。在俗的居士，也一样的持戒不懈，此与日本之佛教界，虽认真地实行宗派性之政治、经济的统制，却不守戒律，恰恰相反的。

守持戒律，不是仅仅苦行或过禁欲生活之意味。中国的高僧们，排斥单纯的苦行。贤首大师法藏赞叹《梵网经》所说的菩萨戒说："若人舍弃此戒，虽居山苦行，食果服菜，亦与禽兽无异。"[②]排斥苦行的这一点，在禅宗也是同样的。[③] 此乃在实现法之意义上，重视遵守戒律。

重视作为个人的人的意义，站在个人实现法之立场，自然排除身份阶级的区别。任何人入教团也不应拒绝。近世的中国佛教，显著地带有平民的性格。而且，在过去废佛的时代，上流阶级之良家子弟，反不入寺院。今日还是一样。僧侣主要是来自文盲之社会层，尤其是来自农民与小市民层。佛教在身份阶级上的平等主义，一面得到中国人强烈之共鸣，一面也未能打破中国社会传统的根深蒂固的身份伦理的观念。

---

① 律宗不待说。华严宗之贤首大师法藏亦言："一切菩萨无边大行，无不皆以净戒为本。"（《梵网经菩萨戒本疏》一，《大正藏》，卷二十二，页六〇二下）

②《梵网经菩萨戒本疏》，第一卷（《大正藏》，卷二十二，页六〇二下）。

③ "纵使学得多知识，勤苦修行，草衣木食，若不识本心，尽名邪行。"（参照：《传心法要》，页四四以下）

第八节　重视身份的秩序

一、伦理的性格

中国思想，自古以来，重视在人伦中的秩序。中国思想之特征在于其为"伦理的"。[①] 中国一般意味的"学问"，不是关乎自然的诸科学，而是伦理的诸科学。然而中国之所谓"伦理"的内容意义，和西洋人或基督徒们自称其思想为"伦理的"者，存有显著不同的特性。下面，试就中国人的思维方法之伦理性格到底是甚么加以检讨。

首先，好像没有充分意识到自然现象与人的行动之区别。中国人觉得人具有宇宙性的力，而宇宙是依存于人的行动。认为自然力与观念的本质，就像是同一实在之两个样相。

还有，重视人伦秩序，使个人没入于人伦秩序之中，结果致使对个人与其所属的人伦组织之间的区别，没有充分的自觉。关于个人与人伦组织的关系，中国佛教，提供了一个有兴味的事例。所谓"僧"者，乃"僧伽"（Sangha）之略，是指佛教教团而言。相对的，属于教团的个人，则称为比丘（Bhikkhu，Bhiksu），两者是有判然的区别。然而在中国，则本是作为教团用的"僧"字，也成为修行者个人的称呼。把修行者个人称为"僧"，在印度是完全没有，而仅在中国出现的。从印度归来的义净三藏，记有这种

---

① 在 Georg Misch 的《世界哲学论》（*Der Weg in die Philosophie*）中认定希腊的哲学特征为自然学的（Physisch），印度哲学的特征为形而上学的（Metaphysisch），中国哲学的特征为伦理的（Ethisch）。

事情。① 然而中国一般的佛教徒，皆知道此一事实，但依然主张自己的用法是正当的。② 日本人也继承了这种观念。

还有，因为中国人重视人伦秩序的缘故，所以在人与一般生物之间，划出一截然的区别。"禽兽"一语，乃用作含有轻蔑之意。认为人之所以为人者，在于能守人之道。韩退之更把夷狄与禽兽概括为一类，从人中区别出去。这与印度人的想法完全不同。印度人，把人与动物都包含于"生物"（众生有情 sattva, pranin, dehin）这一概念中。认为在苦恼迷惘于欲望的这一点上，人与动物无所区别。佛教入中国后，自然还是从中国的见解。圭峰宗密以人为"三才（天地人）中之最灵"，仅人"合于心神"。③ 贤首大师法藏，也说修行者不守戒律，即等于禽兽。④ 发源于印度之佛教，传到中国，自然改合于中国的人伦观。

二、关于行为的形式主义

中国古代的伦理思想，不待说，是集约为"体"的观念。周公以来，从周室传到鲁国的政治社会习惯的总体，孔子称之为"礼"。而且是希望有一天得以实际施行的理想制度。孝悌在孔子所说的道德中是最重要的；然而所谓孝悌，实是顺体以事亲事兄

---

① "凡有书疏往还，题云求寂芻某乙，小苾芻某乙，住位苾芻某乙。……不可言僧某乙，僧是僧伽，目乎大众。宁容一己，辄道四入，西方无此法也。"（《南海寄归传》，第三卷，《大正藏》，卷五十四，页二二一上）

② "若单云僧，即四人以上，方得称之。今谓分称为僧，理亦不爽。如万二千五百人为军。但单己一人，亦称为军。僧亦同之。"（《大宋僧史略》，卷下，"对王者称为之"条）

③《原人论》。

④《梵网经菩萨戒本疏》，第一卷（《大正藏》，卷二十二，页六〇二下）。

之谓。孝悌是根本的德目，进一步加以普遍地推广，则人之一举一动，皆不可不中礼。非礼勿动，乃其理想。并且希望人随礼而动，则政治、道德，一切皆保持调和，由人之自然的感情，而形成浑然调和的生活。此种生活态度即是"仁"。礼之教义，为后来儒家所奉行。及至汉武帝听董仲舒之议，定儒术为一尊，于是礼之观念，成为中国社会的基本道德。

重视礼之倾向，容易转落于行为的形式主义。此在儒学方面，已屡有指摘，此处无特别提及之必要。在佛教的容受形态上，也可以看出同样的倾向。正如前所指摘，古代中国的佛教徒是很严正持守戒律的。

下面的故事，可说是表示中国佛教徒如何地严守戒律之一例：

庐山慧远重病危笃时，众僧请慧远以豉酒治病。然彼谓"律无正文"，不受。次请饮米汁，然已过正午，未饮（印度戒律规定出家修行者过正午不能食）。次请和蜜于冰为浆饮之，然为知此果为戒律所许否，"乃命律师令披卷寻文，得饮与不，卷未半而终"。[①]日本的富永仲基对此批评谓："是不以死生变其塞，可谓能守律。然以日已过中，米汁亦不能饮，是亦陋矣。"[②]

对于行为的这种严肃主义的态度，以后遂得成立律宗。义净三藏，冒生命的危险，远赴印度，其主要目的是为了明了戒律之规定。近代中国的佛教多半是禅宗。然关于行为之形式主义的精神，并无所亏损。可称为禅林戒律的"清规"，相传系百丈怀海（720—814）所制定的。对禅院日常生活细微之点，也

---

① 《高僧传》，第六卷。
② 《出定后语·戒第十四》。

加以规定。后世禅师中，虽亦有行为放恣之辈，但相对地行持绵密，连言行之末端也非常注意的风气，还是依然存续下来。

三、重视身份的优越性

礼的道德，重视身份阶级的秩序。首先，孔子的道德，在于为了士大夫的身份。士大夫者，政治上是统治阶级，文化上是知识阶级。[①]孔子的教说，是以支配阶级的社会身份的优越性为其前提的。仅强调在下位者对于上位者片面的服从。其后，这种思想，无论任何一个王朝的时期，也都由国家权力加以支持。实际，儒教道德，是扮演了拥护权力者之地位与权势，而使其要求正当化的角色。中国社会全体，自古即是基于身份差别的秩序构成，所以这种思维形态，好像容易为一般民众所接受。

这种身份社会秩序的观念，其影响甚至及于日常言语表现的末端。例如，从代名词看，帝王自称曰"朕"，诸侯对臣民自称曰"寡人"，自己有凶服则曰"适子孤"，邻国有凶服则仅称曰"孤"，对于天子则自称曰"臣"。[②]女子第一人称的代名词，也与这作同样的规定。第二人称代名词也是一样。"陛下"、"殿下"、"阁下"这种话，已经从汉以来便在使用的。对于人死的这种普遍现象，也随人的身份不同而用语各异。副词也有其他语言所无的"表教副词"之一类，"尊人的"则有"辱"、"惠"、"幸"；"自卑的"则谓"伏"、"窃"、"忝"。[③]

传到中国这种社会的佛教，本是主张万人平等，忽视阶级身

---

① 津田左右吉博士：《论语与孔子之思想》，页二九七以下。
②《礼记·曲礼下》。
③ 杨树达氏：《高等国文法》，页四一二以下。

份区别的。这种思想，不仅无法与儒家乃至支配阶级一般的身份伦理说相一致，甚至难于妥协。所以儒者指佛教是破坏人伦，而大加论难。然而中国的佛教徒，却与本来的佛教说相反的，依据中国人的身份伦理之说，以主张佛教之优越性。即是，认为身份不过是小官吏的老庄之说，当然赶不上王族出身的释尊之教。天台大师智颛，曾作如下之主张："佛迹世世是正天竺金轮刹利（可为金轮圣王之王族）。老庄是真丹（震旦）边地小国柱下书史，宋国漆园吏。此云何齐。"[1] "如来定为转轮圣帝，四海颙颙待神宝至。忽此荣位，出家得佛。老仕关东，恬小吏之职，垦农关西，惜数亩之田。公私急遽，不能弃此。云何言齐？"[2] 嘉祥大师吉藏，也作与此完全相同的议论，并且还说如来有帝王或支配者之威严，老庄则无有此："如来行时，帝释在右，梵王在左；金刚（力士）导前，四部（比丘、比丘尼、在俗男女）从后，飞空而行。老自御薄板青牛车，向关西作田，庄为他（人）所使，看守漆树。如此举动，复云何齐？"[3]

天台、嘉祥两大师，可说是中国佛教之组织者。但若不顺应此身份的观念，即不能使一般中国人钦服接受。

所以佛教虽这样的浸润于中国，但不能变更中国人一般的身份秩序之观念。佛教给宋学以支配性影响，但这仅止在不损害到儒教身份伦理之范围内。程伊川依张子之思想，说"理一分殊"。他认为若仅强调"理"的这一面，则成为墨子之兼爱，无父子之义。反之，若仅说"分殊"之一面，则将堕于杨朱的利己主义而

---

[1]《摩诃止观》五下（《大正藏》，卷四十六，页六八下）。
[2] 同上。
[3]《三论玄义》，页二七。

失仁。立脚于分殊，推及于理一，可确立儒家之仁道。程伊川对于华严哲学，有相当深刻的理解，并受其影响；但他仅止于理事无碍观，没有达到究极的事事无碍观。这或许是因他觉得为了说明儒家之道德，事事无碍之思想，是有害无益的。[①]

四、重视家庭关系

还有，中国的道德，是以家族为中心的。在中国家族生活几乎就是生活的全部，因而规定家族成员间之人伦关系的道德，便是道德的全部，不承认家族关系之外另有道德。此一道德就以孝的德目作为表现的顶点。再说，儒教的道德，毕竟是支配阶级据自身阶级立场所成立的，因此"修身齐家"才得引申而及于"治国平天下"的国家统治。

这种以家族为中心的道德，使从外移入的佛教，有何种改变呢？首先，佛教教团，为了适合于中国社会，采用血缘团体的拟态。教团作为"家"表象出来，呼为"佛家"。特别是佛教中国化而使成立了禅宗教团，于是禅林行为之规范（清规），一般称为"家风"；作为清规运用之特殊形式的小参，也以"家训"之名呼之。而且只因为是佛祖的家风，所以不能顺从修行。[②]

对一般世人，不能不说"孝"的道德。然而在印度佛教中，相当于中国孝的观念并不存在。汉译佛典，在插入"孝"之文字的地方，经查原文对照，并没有与此相当的术语。即是，这系中

---

① 武内义雄博士：《支那思想史》页二六八。
② 把教团或学校譬之为"家"，在印度佛教之间似乎没有。耆那教称大分派为姓（gotra），较小之分派为家（kula），此外称为枝派（sakha）。然此与中国禅宗之称家无关系。

国的翻译者所附加的。当然，佛典中，也说了不少相当于孝的德目。但这都是使用"服侍父母"、"爱父母"这种冗长的表现。对于悌，也可以同样地说。而且，在佛典中，相当于孝悌的德目，是和其他德目并列，当作同等价值者来叙说，并没有特别重视的倾向。[①] 因之，佛教所说的家族道德，对于中国人并不能完全适合。而佛典中又没有中国意味的孝的道德，中国佛教徒没有办法，便只好伪造教孝的经典。[②] 于是有《父母恩重经》一卷、《大报父母重恩经》一卷的出现。这都是说父母生育之恩的广大，强调报恩义务。此两经典，普及于中国及其周边诸国，不仅常为有名的学者所引用，且出有许多注释书。

以家族为中心的道德，重视祖先崇拜的仪礼。佛教移入中国后，因有破坏这种家族的道德，而受到儒者的激烈论难。北宋之儒者邵雍（1011—1077）谓："佛氏弃君臣父子夫妇之道，岂自然之理。"（印度之婆罗门教徒也以此非难佛教）而且印度佛教所说

---

① 在巴利原始佛教圣典之古层中，在下面地方，说有孝的道德。Itivuttaka 106 Gāthā=AN. I, p. 132 G, SN. I, p.178 G（其中也谈到敬兄的事情）；Dhammapada 332, SN. I, p.178 G, Suttanipata vv. 98, 124, 262, DN. III, p.191f. G. cf AN. I, p.60 f. 称恭顺于双亲之子为 Assavo putto, 但无相当于此之梵文。Metteyyatā 及 petteyyatā 近于中国所谓孝；但对于母之孝与对于父母孝则各用不同语表示之，也不能完全等于中国的孝字。而且此字在巴利圣典中很少用，也没有出现于梵文佛典之中。在汉译大乘经中，《正法念处经》第六十一卷说："母之恩，父之恩，如来之恩，说法师之恩。"《大乘本生心地观经》第二卷说："父母之恩，众生之恩，国王之恩，三宝之恩。"这都是很有名的。因之，在汉译佛典中称为"父母"，然在印度原典中必为"母与父"，且通常先谈母。

② 还有，《大正藏经》第十六卷页七〇八有《佛说孝子经》，从经录看，或者是西晋时候翻译的；但这是极短的东西，连佛教术语也没有。样式也与其他经典不同。此外，还有作为安世高译的《佛说父母恩难报经》。独立论孝的经典，到现在为止，没有看到原文，印度的典籍中也没有，所以上之经典，不论系否伪作，这种事实总是表现中国对孝的重视。

之孝，仅主张在双亲生存之间，应尊敬侍奉。双亲死后则各随双亲之善弃或恶业而到天堂或地狱，几乎没有说到死后供养或祖先崇拜之事。所以这便很难使中国一般民众接受。

因此佛教还是不能不顺应中国一般人崇拜祖先的信仰。其最好之一例，即盂兰盆会的习俗。所谓盂兰盆（Ullambana）者，是在僧众夏安居终了之七月十五日，为现在的父母及过去七世的父母，备饮食五果，供养十方僧侣，以解除父母之苦的礼仪。由供养僧侣之功德以除父母之苦的思想，原来在印度也有。但，是否印度也举行盂兰盆会，不很清楚。然在中国则看作非常的重要。自梁武帝大同四年在同泰寺首次作此法会以后，便广行于民间。甚至说因作盂兰盆会而"可入佛之最上乘"。[①] 教盂兰法会者为《盂兰盆经》。这一经典在印度不曾发现其存在，在中国则有许多的注释。

恐怕也是根据中国重视家族人伦秩序的思想吧。违反中国以家族关系为基本的人伦秩序的男女关系，是严被禁遏的。恋爱在中国与其看作是魂的问题，毋宁是看作肉的问题。《诗经》中虽有若干恋爱诗，然儒者不承认恋爱在精神上的意义。后世儒家对恋爱诗也赋以与原意不符的道德的解释。此种传统的见解，也规定了佛教容受的形态。印度佛教末期所成立的密教，受了当时俗信的性力派（Sākta）的影响，含有许多淫猥的要素。甚至败坏风俗的秘仪也借佛教之名以行之。然中国虽移入了密教，但并未接受此种秘仪。密教经典中有某些是象征地表现性的东西，宋代虽也有汉译，然在中国没有发生恶影响。中国人虽大规模接受了密教咒术的一面，但未接受性的淫猥的一面。

---

① 圭峰宗密对于《盂兰盆经疏》的跋文（《大正藏》，卷三十九，页五一二中）。

所以在中国所尊崇的诸佛菩萨中，绝无左道旁门的东西。西洋学者中，虽有认为崇拜观音菩萨与崇拜圣母之间，有其类似性，因而认为此处受有印度性力派的潜在要素。然不论心理学上作怎样的解释，崇拜观世音菩萨的诸经典中，看不出有性力要素的痕迹，而且中国人认为肉体是丑的东西，靠衣服为遮饰。[①] 所以以衣服为束缚，崇拜全裸体象的耆那教徒的习俗，毕竟没有为中国所容受，也没有新的创立。

第九节　尊重自然之本性

一、随顺自然

仅注视于能够具象地感觉得到的领域，而且觉得万物仅因人而存在的这一思维倾向，自然尊重存在于人之中的自然理法。中国自古以来即存在的"天"之观念，原本就是在和人密切关连之上所想出来的。[②] 从周初诗人之诗看，认为天是生人的，天是人之祖先，同时又规定人应常常遵从的道德律赋与之。[③] 孔子承受此一思想，他很重视"知天命"；这是顺从由天所赋与，而为人所具备

---

① "以衣蔽形，遮障丑陋。"（《摩诃止观》四上）
② "天字是在大字上划一线的字。大是众人伸出两手，张两脚之形的象形字，本是人之意。其上划一线的天字，是表示覆在人头上的天空的。"（武内义雄博士：《支那思想史》，页四至五）
③ 同上，页九。

之道德性的事情。[①] 在以孔教为国教，本孔教以政治的古代中国，系基于自然法以制定实定法，致使一部分近代西洋非常地感激。西洋自然法的观念，与中国古代自然法之观念，有哪些不同，那是另一独立研究的课题。然两者之间，存有类似点，则是毫无疑问的。

应该顺从人之本性的主张，在与孔子稍有不同的意味上，古代中国其他的学者，也存有这种想法。墨子认为统治者应行天之所欲，不行天之所不欲，服从天之意志以实行兼爱。老子极力主张人道在于顺随天道，故人道之根本即是天道。杨朱主张人之本性唯食色之欲而已，所以不为他人谋，亦不害他人，仅满足自己之欲即可。"从心而动，不违自然。"孟子谓人性皆善，诱于物始有恶，教人应勤修养以发挥本性。庄子主张全性；其末学甚至说复性。王弼强调"反本"。唐代李翱继承中庸的思想，著《复性书》，说人性之善而静；此一思想，在宋学得到大规模的发展。性的概念，不待说，居宋学的中心地位。"顺自然之性"的主张是中国思想史一贯的长流。

佛教被容受以后，也流入此一大流之中。佛教徒反对向外求道，极力用力于内观。禅宗，是中国古来之思想，以中国的表现

---

① 武内义雄博士：《支那思想史》，页十八。"从《书经》·及《诗经》，孔子得到人不可不顺随自然而生之确信。他把使我们服从法的典籍，解释为'天之命令'。然而他独创的意义，在于一方是相信为了使人能得其生，须了解人的社会；而另一方则认为天之命令是先天的存在于各人之中。像在某种程度上采用了孔子教义的十八世纪的法国一样，不使自然与文明相对立，相信人因礼之实践，服从于社会之阶级秩序，才可以体现人性的自然（La nature humaine）（P. Masson-Oursel:Etude de logique comparée, Revue Philosophique, 1917, p.67）。"

法所表明的佛教。"万法齐观,归复自然。"[1] 而且对于人之迷或悟,都解释为自然之本性,即是"自性"之动向。"心即地,性即王。性在王在,性去王无。性在身心存,性去身心坏。佛是自性之作,不可向身求。自性若悟,众生是佛。自性若迷,佛是众生。"[2] 作为我们身心之原理的"自性",或悟或迷的自性——作为这样的自然之本性,是印度佛教徒所无法想象的。一部分中国学者,以此为受了道家的影响。[3] 但这恐怕是中国人传统的观念在禅宗中所展现的形态。

不过,要等佛教徒容认中国传统的自然主义,还必须得经过相当复杂的反省思索的过程。嘉祥大师吉藏说,[4] 中国的哲学思想(尤其是老庄)把作为现象之万有,和作为本体之太虚,看作是各别的东西。"未即万有为太虚。"然而在佛教,"不坏假名而说诸法相"。[5] 即是承认现象,现象即是绝对者之显现。所以老庄之学,"尚未能即无为以游万有"。不能在现象世界的实践生活中,认定绝对的意义。但佛教则"不动真际,而建立诸法"。即是能立于绝对之境地而建设现实的生活。此一论难是否恰当,固尚有问题。但嘉祥大师,是向着肯定现实界,承认人的自然意义的这一方向,站在此一立场而立论,则是可以断定的。天台宗或华严宗,使此一立场更为彻底。天台宗说事与理非二,两者相即融通。事即是理,所以才是"一色一香,无非中道"。个个现象之姿,即是绝对。

---

① 《信心铭》。

② 《六祖坛经》。

③ Rousselle 这样的主张 Forke 也很赞成(Alfred Forke:Geschichte der mittelalterlichen chinesischen philosophie, Hamburg,1934, S.363)。

④ 《三论玄义》,页二五。

⑤ 《摩诃盘若波罗密经·散华品》谓:"不坏假名而说诸法相。"

华严宗更进而说事与事之相即相入。在事与事无碍圆融的关连中，存在着绝对的意义；此外，无所谓特别的"理"。由各种不同之形之显现，这件事本身即是"性"（性起之说）。

像这样，肯定现实界的思想愈彻底，而且抽象的思辨愈退潮，其结局是，现实之自然世界就此作为绝对者被加以肯定。到了禅宗，对于绝对者是什么的质问，常答以"庭前柏树子"，或者"麻三斤"。苏东坡有"溪声便是广长舌，山色岂非清净身"之诗。"柳绿桃红"也是同样的意趣。自然主义的倾向，遂至把天地间之事事物物，都视为大道之表现。

当然，对于轻率的自然主义，禅宗本身之中，也发生反拨。例如大珠慧海说："迷人不知法身无象，应物现形；遂唤青青翠竹，[①]说是法身；郁郁黄华，无非般若。黄花若是般若，般若即同无情。翠竹若是法身，法身即同草木。人如吃笋，应为吃一切法身。如此之言，何堪齿录。"[②]

然而，一般人却安于视单纯的自然为绝对。而且天台宗遂说"草木国土，悉皆成佛"。存于自然中的物体，开悟即能成佛。一般地说，中国思想，有将自然看作至高至美的倾向；有将人与自然物看作一样的倾向。这一倾向，终竟也就此规定了佛教思想。

因之，中国的佛教徒（尤其是禅宗），要在日常平凡的生活中，看取绝对的意义。"欲趣一乘，勿恶六尘。六尘不恶，还同正

---

① 关于此句，宇井伯寿博士注记如下："敦煌出土的荷泽神会语录（三〇）作为先辈大德之言，引此二句，然不知系何人语。旧的书页批注作道生之言；《大乘要语》（《大正藏》，卷八十五，页一二〇二八上）上也有，但前句作'青青翠柳遍真如'，后句注云：喻有情。"

② 《顿悟要门》，页八六（原文待查）。

144　　　　　　　　　　　　　　　　　　　中国人之思维方法

觉。"① "赵州问：如何是道，泉（南泉）云：平常心是道。"② "僧问：如何是平常心？师曰：要眠即眠，要坐即坐。僧云：学人不会。师曰：热即取凉，寒即向火。"③

所以悟后的境地，是与现实的世界无所异。"江月照，松风吹，永夜清宵何所为。"④ "春有百花秋有月，夏有凉风冬有雪。不将闲事挂心头，便是人间好时节。"⑤ 还有，"日日是好日"，⑥ 也是同一思想的一般的表现。

悟的境地，仅从外面看，与以前的境地，在外观上并无所异。例如下面的问答，使人印象极深，透露出无限的余韵。——僧问："如何是佛？"师云："殿里的。"僧云："殿里者，岂不是泥龛塑像？"师云："是。"僧云："如何是佛？"师云："殿里的。"⑦

但是，外部的状况纵无稍异，然得悟以前与得悟以后，精神上不能不是两样。有人问何谓道，香严智闲禅师答谓"枯木龙吟"，"髑髅里眼睛"。⑧ 枯木并非枯干死物。在看来好似无价值无意义的东西之中，绝对之光在活动，体得真理者之活动，生动活泼地表现出来。禅僧以印象的事例，作诗的表现。

将自然或现实加以绝对化的结果，中国人怀抱着典型的optimism（乐观主义）。这也成为乐天主义，认为现世是好的。并

---

① 《信心铭》。
② 《无门关》，页十九。
③ 《景德传灯录》，卷十，"长沙和尚"条。
④ 《证道歌》。
⑤ 《无门关》，第十九则颂。
⑥ 云门之语，《碧岩录》，第六则。
⑦ 《景德传灯录》，第十卷（《大正藏》，卷五十一，页二七七）。
⑧ 同上，第十一卷（《大正藏》卷五十一，二八四页）。

且认为完全的东西是在地上。于是"圣人"的观念遂以成立。所谓圣人者，是周公孔子这种人，是完人。圣人不是神，彻底是人，而且是道的本身。在艺术方面，王羲之被称为"书圣"，杜甫被称为"诗圣"，将之当作是艺术领域上道理的至善显现。到了魏晋时代的"无"的思想，把生成者或一者之概念，也与圣人或至人之概念相混同。至人因为把握了无（道），所以使一切的现象成为现象，使一切之人各得其正。

二、天人相与的关系

与自然思想相关连，所以顺便说及"天人相与的关系"。战国时代，阴阳家倡导一种自然崇拜思想；此思想之残渣，很强力地残留于汉代生活之中。其说法是，自然现象与人事现象，是互相关连的。人之代表者的君主，若行善政，则自然现象也有秩序，即是说自然秩序也适应于人之秩序而风调雨顺。反之，君主之行为不正，也反映于自然现象而发生灾异。主张此事最力者为前汉之董仲舒。认为天灾地变，都是天所以警告君主的。

这种思想，对于中国后世也有相当的影响。容受佛教之际，特别重视说灾异的经典。《金光明经》乃其典型。此经之第十三章《正论品》，详说国王若不守法，即会招致可怕的结果。即是，国内多虚伪与斗争，宰相及群臣对国王将有不法的行动。而且干神怒，起战祸，敌来侵略，国土被蹂躏；家族分离，人无乐事。不仅如此，自然现象也呈变态"吹异样之风，降异样之雨，星宿日月失常。谷物花果种子不熟。起饥馑，诸天不喜"。故国王必须以舍弃生命与王位之觉悟，实行守法的政治。因国王行恶政而发生天灾地变的事，在佛典，可算完全是例外。但中国的佛教徒，特将此例外视为很重要。此经典有五种汉译本。在中国并很盛行由此经而来之金光明忏法。注释书也非常之多。

而且由印度来到中国弘法的归化僧，也作适应于中国人此一思想形态之说法。例外求那跋摩这样的教宋文帝："帝王以四海为家，万姓为子。出一嘉言，女士皆悦。布一善政，人神以和。刑不夭命，役不劳力，使风雨适时，寒暖应节，百谷滋繁，桑麻郁茂。"

第十节　折衷融和的倾向

一、存在者之绝对的意义

自然之现实既如实全被肯定，即不再存有任何可否定的东西。此种思维方法，在中国很早便已存在。说中国人以五经为道理之本身，但其他书籍，在某种意义上，虽不尽完全却认为也表现了道理。已如前述，中国人认为完全的东西是在地上。认为某一东西是完全的，其他的东西是不完全的。但认为没有绝对应该加以否定的。对中国人而言，有绝对应该肯定的，却没有绝对应该否定的。

因此，中国没有"绝对恶"的这种想法。人的一切生活，都在某种意味上加以容认。有人认为中国伦理思想之弱点在于缺乏对恶之起源的说明。但既没有绝对恶的这种思考，则缺乏恶之起源的说明，乃是当然的。

此种思维方法，对中国佛教的形成也有影响。特别是在天台教学的"十界互具"的教理中，很明显地表现出来。所谓十界者，即地狱、饿鬼、畜生、修罗、人间、天上、声闻、缘觉、菩萨、佛等。前六者属于迷界，后四者属于悟界。然十界中的每一界，都互相具备十界。所以地狱的众生也可以成佛，佛或因缘亦能成为迷界的众生。世中无绝对的恶人，亦无绝对的善人。不能有永远的赏罚。

到了中国的禅宗，舍弃了天台宗等烦琐的思辨或分类癖，直接了当地表明如上述的道理。"真如自性是真佛。邪见三毒是魔王。邪迷之时魔在舍，正见之时佛在堂。性中邪见三毒生，即是魔王来住舍。正见自除三毒心，魔变成佛真无假。"① 在这里，是魔佛一如。

所以就中国人一般而论，不可救药的极端恶人是不存在的。因之，此一观念，也使从印度来的净土教也为之变貌。无量寿佛之第十八愿，在日本净土教中是非常被重视的。某内容如下：

设我得佛，十方众生，至心信乐，欲生于我国，乃至十念，若不生者，不取正觉。惟除五逆诽谤正法。

法藏比丘，立此誓愿，修行成佛，呼为无量寿佛者（阿弥陀佛），现在是在西方极乐净土，所以信此誓愿念此佛的人，皆可得救。惟此处有"五逆与诽谤者除外"的但书。这从中国的人性观来看，是很难理解的事。不论如何，坏到无法得救的恶人是不存在的。（杀父、杀母、杀阿罗汉、妨害教团的和合、伤害佛的身体，普通谓之五逆。）所以中国的善导，说明附加但书之理由如下："四十八愿中，似除谤法五逆者；然此之二业，其障极重，众生若

①《六祖坛经》。

造，直入阿鼻，历劫周障，无由可出。但如来恐其造斯二过，方便止言不得往生。亦不是（阿弥陀佛）不摄（此极恶之人）也。"[1]若问恶人善人，何故皆得往生净土。盖"弥陀因地世饶王佛所，舍位出家，即起悲智之心，广弘四十八愿。以佛愿力，五逆与十恶，罪灭得生。谤法之阐提（断善根之人），回心皆往"。[2]

二、一切异端说之承认

设若对任何人皆承认其生存之意义，那么也就是承认各个人之思想都含有某种程度之真理。但在最古代，这样的反省尚未发生。孔子也说"攻乎异端，斯害也已"。然而一般中国人，则已如前述，对五经以外之书，虽认其为不完全，但觉得也多少可表现某一点道理。其结果，在中国，最尊重博学。为成为更完全的人，自五经开始，读更多的古书，实为必要。[3]

既承认五经以外之书，有某些真理，则对外来思想，当然也不能一概加以排斥。尤其佛教是以一伟大的思想体系迫进于中国，故其唤起中国人的注视与惊叹，则一点也不奇怪。速度虽然缓慢，但佛教毕竟是浸透进中国的人心。中世的中国人，一面以儒教古典之五经为道理之所在而加以尊崇，同时信仰佛教，也不觉其有何矛盾。

佛教思想之理解，最初是以折衷融和的方法行之。首先表现出来的，即是所谓"格义"的方式。以《老》、《庄》、《周易》来说明佛教教理的学风，谓之格义。在容受佛教之初期，特别翻译

①《散善义》（《大正藏》，卷三十七，页二七七上）。
②《法事赞》上（《大正藏》，卷四十七，页四二六上）。
③ 参照吉川氏：前揭书，页三三至三六。

了般若经典并加以研究，般若思想，有与老庄思想相近似之点，所以当时的佛教学者，也采取妥协的解释，把《般若经》所说的空，和老庄所说的无，视为相同，附会于老庄之学，以说明《般若经》的思想。这当然也受了魏晋时代，老庄与清谈盛行的影响。一直到道安前后的学风大概都是如此。

对于此种学风，佛教内部也出现了反对论。例如嘉祥大师吉藏，排斥将佛老视为同一的见解，对他来说，儒教与老庄之学，是印度所谓外道的"外道"。[①]儒教与佛教，其实践道德论完全相反的情形不少。所以引起了最深刻的争论。

然而这样的反对论，不易动摇中国人的传统的思维方法。首先，作为儒佛妥协之说终至出现了儒佛旨趣相同的主张。在孙绰（东晋）的《喻道论》及颜之推（北齐）的《家训》中，已经有儒佛一致的思想。对于由佛教看来，应该是异端的儒教，天台大师智颛，不但承认其权威与存在意义，且以儒教所说的五常，相同于佛教所说的五戒；并认定五常与五戒之间，有对应的关系。

> 然施法药，凡愚本自不知；然皆是圣人托迹同凡，出无佛世，诱诲童蒙者。《大经》（《大般涅槃经》）云："一切世间外道经书，皆是佛说，非外道说。"《光明》（《金光明经》）云："一切世间善论，皆因此经。若深识世法，即是佛法。"

[①] 他对于可否将中国的三玄（《老》、《庄》、《易》）与"内教"（佛教）视为相同的质问，作答如下："昔僧肇每读老子与庄周之书，叹为'美则美矣，然求神沉累之方，尚未尽也'。后见《净名经》，欣然顶礼，向亲友曰：'我知所归之极矣。'遂弃俗出家。鸠摩罗什昔闻三玄与小乘行均极，老子与释尊行均之主张，嘒然叹曰：'老、庄入玄，故易惑耳目。然凡夫之智，孟浪之言。'故不可不知三玄之学，较佛为劣。"（《三论立义》）

何以故？束于十善，即是五戒。深知五常、五行，义亦似五戒。仁慈矜养不害于他，即不杀戒。义让推廉，抽己惠彼，是不盗戒。礼判规矩，结发成亲，即不邪淫戒。智鉴明利，所为秉直，中当道理，即不饮酒戒。信契实录，诚节不欺，是不妄语戒。周孔立此五常，为世间法药，救治人病。又五行似五戒。不杀防木，不盗防金，不淫防水，不妄语防土，不饮酒防火。又五经似五戒。礼明撙节，此防饮酒；乐和心防淫，诗讽刺防杀，尚书明义让防盗，易测阴阳防妄语。此等世智之法，精通其极。无能逾，无能胜。咸令信服而师导之。①

又将佛教所说的戒、定、慧等三字，比拟于儒教的德目。

如孔丘姬旦，制君臣，定父子。故敬上爱下，世间大治。礼律节度，尊卑有序，此扶于戒也。乐以和心，移风易俗，此扶于定。先王至德要道，此扶于慧。元古混沌，未宜出世，边表（众生）之根性，不感佛兴。我遣三圣，化彼真丹（震旦）。礼义前开，大小乘经然后可信。真丹既然，十方亦尔。故前用世法而授与之云云。②

与儒教一致论之同时，道佛一致的思想也继续存续。宋明帝泰始三年（四六七），顾欢者《夷夏论》，从道教的立场排斥佛教。

---

① 《摩诃止观》六上（《大正藏》，卷四十六，页七七上至中）。
② 同上（页七八下）。

当时许多人士，对此多著书反驳。其中最有力者为佛道系同一旨趣之说。^① 相传南齐的道士张融，左手执《孝经》、《老子》，右手执《小品般若经》、《法华经》而逝。

将儒佛一致论与道佛一致论加以综合，遂出现了儒佛道三教一致说。此一思想，倡自唐代之佛教家。圭峰宗密谓："孔、老、释迦，皆是至圣，随时应物，设教殊涂。内外相资，共利群庶。"但他认为儒道二教是"权"，是"迷执"，终归依然应加以排斥。^②然而在同时代禅宗的其他人们中，已视三教为平等。"问：儒佛道三教同异？师云：大量者用之即同，小机者执之即异。总由一性之上起用。机见差别成三。迷悟由人，不在教之异同。"^③佛教徒已经抛弃了佛教之优越性。

到了五代赵宋，三教一致说，更盛行于世间。五代宋初之陈抟，先倡三教调和之说，张商英之《护法论》，李纲之《三教论》，皆主张三教不二。刘谧的《三教平心论》，虽系反驳欧阳修的，但也略述三教之调和。程子门下之杨龟山、谢上蔡，也站在儒佛一致的立场。在佛教方面，主张三教一致的也渐多了起来。尤其是禅宗僧侣之间。孤山之智圆、明教大师契嵩，皆以三教在结局上系说同一的趣旨。大慧宗杲，无准师范，也怀相同的思想。^④到了明代，袾宏、德清、智旭等，皆系儒佛调和思想之主倡者。不仅如此，元代以后，回教传入中国时，回教徒将其阿拉（Allah）之

①《弘明集》，第六卷、第七卷（《大正藏》，卷五十二，页四一至四八上）。
② 据《原人论》。又在宗密著的《禅源诸诠集都序》中，儒、道二教全被忽视。
③《诸方门人参问语录》（《顿悟要门》，页九四）（原文待查）。
④ 伊藤庆道氏：《道元禅师研究》，第一卷，页六五以下。

神，与儒教的天视为同一。^①

　　然则这样的主张如何能够成立？大概认为宇宙根本的"道"是一；以不同之形表现出来，或为儒，或为佛。"道与佛逗极无二，寂然不动。致本则同，感而遂通。达迹成异。"^②大觉怀琏言："如天有四时，循环生成万物；圣人之教，迭相扶持，以化成天下。至其极则有弊；然弊者其迹，道一而已。"^③契崇也同样的说："夫圣人之教，善而已矣。圣人之道，正而已矣。……不必僧，不必儒。不必彼，不必此。彼此者情也。僧儒者迹也。"^④因此可以说任何思想体系，皆有其存在的意义。"古之有圣人焉，曰佛，曰百家。心则一，其迹则异。夫一焉者，皆欲人为善者也。异焉者，分家而各自为其教也。……方天下不可无儒无百家者，不可无佛。亏一教，则损天下之一善道。损一善道，则天下之恶加多矣。"^⑤又，儒者李屏山，也对于种种异端的哲学思想，皆承认其存在之理由。^⑥

　　这里，儒者佛家，对于其他思想体系，都承认其与自己的思想体系有同等的意义。当然也有许多反对此种见解的主张。但上述之见解，在很长的时间依然继续着。

三、佛教内部的融合主义

　　在现实世界中的一切哲学的异说，既都容认其存在意义，则在某一特定宗教内，例如佛教内部的各种异说，也非容认不可。

① 王治心著：《中国宗教思想史》。
②《弘明集》，第六卷。
③ 常盘博士著：《中国的佛教与儒教道教》，页二〇一。
④《辅教篇》中（《大正藏》，卷五十二，页六五七上）。
⑤ 同上，页六六〇上。
⑥ 常盘博士：前揭书，页四〇一。

对于佛教内部各种相异的思想，皆附与以存在意义的尝试，所应先加以考虑者，即中国佛教的教判（或称教相判释）。

这是通过了非常复杂的发展过程。但其共同的基本态度，则为对于圣典内部种种对立的问题，印度人所作的解决方法。其解决的原则是方便思想。因为，这本是印度的思维方法，而在中国土壤，所发育生长的，故可以说是印度哲学之延长。因此依然具有印度世界观之特征。譬如忽视历史性，即为其一例。然而中国教判所处理的范围，仅限于佛教的内部。此态度在天台、华严、三论、法相等宗皆系共同的。

尤其是三论宗之根本立场，在于破邪显正，故对于佛教以外的思想，例如儒道的思想也相当地谈到了。但也仅是攻击其他思想，看不到对其他思想的妥协容受。其一切主张，尽在佛教较其他思想为优的这一点。其立场是破邪即显正，尚未到邪即正的境地。因此，其教判虽立根本法轮、枝末法轮、摄末为本法轮的三种教法；其中并不含有印度之外道与中国思想。

中国人不喜欢顺一定的法则以作秩序的考察。因此，对于佛教内部各种不同思想，以批判的态度，作秩序的考察的，到底都是出于学者们的工作，对中国的一般佛教徒而言并不很适然。所以产生了弃论理的思辨，对任何思想都轻易加以肯定的倾向。于是成立了轻易的妥协和折衷主义。圭峰宗密所倡的教禅一致论即其一例。他慨叹当时的佛教徒，"各自开张，以经论为干戈，互相攻击"，"诸方教宗，适足以起诤，后人增烦恼病，何利益之有哉"。① 他强调佛教内的诸宗，应该"和会"。"至道归一，精义无

---

① 裴休：《禅源诸诠集都序》叙，页四。

二，不应两存。至道非边，了义不偏，不应单取。故必须会之为一，令皆圆妙。"[①] 他将佛教分为教宗与禅宗，更将两者各分为三种类。而结局则认为归于同一旨趣。[②] 然则，在佛教内部，各学者互相对立争论的这一思想史的事实，应作如何解释呢？据他的意见，认为争论是立论者互相打破反对者的偏见，以开示新的立场的，所以争论不是相破而是相成。他对于哲学者们互相争论的事实，而承认其即系一个哲学。

对佛教中任何教法，都承认其有存在意义的思维方法，到禅宗特为显著。例如：律师、禅师、法师，是指在佛教三学中（戒、定、慧）特别长于某一学的人的称呼，有人以三者之优劣问大珠慧海。他答谓："随机（弟子的精神素质）授法，三学虽殊；得意忘言，一乘何异。"[③] 禅宗认为不是佛教内的一个单纯的宗派。"达摩之一宗"，即是"佛法之通体"。[④] 禅是"一切三昧的根本"，同时也是"同于佛体"的。所以它不与其他宗派的教义相矛盾对立。不可执滞于一个教法。应离开一方的断定而为无心。"第一，不得于一机一教边，守文作解。……我宗门不问此事。仅知息心即休。更不用思前虑后。"[⑤] 在远离了分别爱憎的境地，照耀着明澈之光。"至道无难，唯嫌拣择。但无爱憎，洞然明白。"[⑥]

折衷融合主义，不仅是禅宗，在其他的系统中也有。到

---

① 《禅源诸诠集都序》上，页三三。
② "上之三教，摄尽佛一代所说之经及菩萨所造之论。若细寻义法，便见三义全殊，而一法无别。"（同上，页九一）
③ 《诸方门人参问语录》下（《顿悟要门》，页九四）。
④ 《禅源诸诠集都序》，页一一四。
⑤ 《传心法要》，页三八以下（原文待查）。
⑥ 《信心铭》。

了宋代，净土教无独立之修行者。净土教中有名的人，都是天台、律、禅之修行者。明代佛教之代表者云栖袾宏（一五三五至一六一五），复兴戒律，以此为基础，以融合禅与念佛。

《法华经》是作为"经王"，在中国特被尊重。[1]恐怕也是基于这种思维方法。《法华经》思想的主眼之一，在于承认小乘的修行者也能成佛。其慈悲并也及于想破灭佛教之提婆和八岁之龙女。此种宽容和恕的精神，大概很适合于中国人的思维倾向。

四、折衷融合主义之中国的性格

这种思维方法，好像和印度人以宽容和恕之精神，承认诸宗派之权威者相类似。但实际上则存在很大的不同。许多印度人，他承认诸宗教诸哲学的各个存在理由，是觉得这些说明了部分的真理，在超越了这些，包容了这些的境地，展开绝对真理之立场；绝非说诸宗教诸哲学之旨趣即是一致的。但中国人则仅说其旨趣的一致。

颜之推著《家训》二十一篇，说儒教之五伦五常，有同于佛教之五戒。宋代之明教大师契崇，也以十善五戒，与五常仁义为一体。[2]孙绰之《喻道论》认为"周孔即佛，佛即周孔。盖外内名之耳。……佛者梵语，晋训觉也；觉之为义，悟物之谓。犹孟轲以圣人为先觉。其旨一也"。对于佛教与道教，也认为是完全相同的。"道是佛，佛是道。……泥洹与仙花，各一术也。佛号正真，道称正一。一归无始，真会无生。"[3]于是这里只有实利主义的妥协，

---

① 北宋时代之得度考试，多用《法华经》。
②《辅教篇》上（《大正藏》，卷五十二，页六四九上至中）。
③《弘明集》，第七卷。

而抛弃了理论的考察。

而且，为说明同一之说，仅以直观的譬喻为满足。例如为了主张道佛之同一，而提示如下之譬喻，以见"致本则同"。"昔有鸿飞天，越人思为凫，楚人思为乙。人自有楚越，鸿常为一鸿也。"[1] 石门慧洪谒明教大师契嵩之塔的诗，很有名的。其中有谓："吾道（佛）比孔子，譬如掌与拳。展握故有异，要为手则然。"[2] 又，或人问三教之优劣于李士谦，李答以"佛，日也；道，月也；儒，五星也"，[3] 并谓质问者再无法加以论难。日本之富永仲基批评此一答案曰："时以为至论，然其实无所当。吾不知其何意，更何有于至论。"[4] 真的，李士谦之答，没有与以何种秩序的合理的解决。然而，中国人即以此为满足。而且，儒佛道三教，没有经过深的论理的自觉而便融合了。

其中，也有人想决定三教之中，谁算是最根本的。三教不能经常视为资格完全相同的东西。但即使在重视三教中之某一教时，也不承认此一思想体系与彼一思想体系之间有理论上的、次元的不同；仅仅在历史的意味上，主张自己所信奉者为更古。以更古的东西为根本的东西，这是基于尚古主义的观念。例如道教徒作《老子化胡经》、《老子西升经》等，以释迦牟尼、文殊为老子与关尹之化身；而佛教徒伪造《清净法行经》，说释尊派三弟子于中国行教，其中之儒童菩萨是孔子，光净菩萨是颜回，大迦叶是老子。这里可以说只有本家之争，而无理论上次元之别。

---

①《弘明集》，第六卷。
②《镡津文集》，第十九卷。
③《三教平心论》上。
④《出定后语·三教第二四》。

真的，中国人曾漠然地构想到存在于三教根柢的所谓道的这种东西。然而他对此亦不曾表现出深的形而上学的考察。仅佛教徒中的某些人，根据佛教中的二谛说，以究极之道为真谛，多数对立之道为俗谛。或者采用《法华经》上同样的方便之说。也有以佛教是作形而上学的说明，儒教则系教导人实践的方面的。[①]

中国人将三教对立的事实，并不作为教说或思想的对立，而只作为思想势力之对立。因此，他们不可以种种类型的思想为问题，而仅以社会上有思想势力的三教为问题。对于社会上无势力的哲学思想，或屡出现于佛典中的印度其他思想，他们尽管知道其内容，也常存而不论。并且有时蔑视印度的哲学学说。中国佛教学者缺乏论理的反省，和富于政治性的妥协的最好的适例，可以举天台大师智顗的这一段话："若观心僻越，顺无明流，则有一切诸恶教起。所谓僧佉卫世，九十五种邪见教生，亦有诸善教起，五行六甲，阴阳八卦，五经子史，世智无道名教，皆从心起。"[②] 何以僧佉学派的形而上学及卫世学派的自然哲学是"恶教"？而五行六甲这种迷信是"善教"？这里的所谓善与恶的区别，不是基于理论的基准，而是基于政治性的社会势力的基准。这里没有批判，而只有对政治性的社会势力之轻率的妥协。

关于诸思想的对立问题，中国常为当时社会有力的思想所掣肘，作权宜主义的解决。因此，不像印度人站在普遍主义的立场去加以考察。印度人常不管学派的社会势力如何，努力将各哲学思想作为思想的类型而加以考察。在印度，唯物论几乎不能成为

---

① "周孔救末，佛教仅明其本。共为首尾，其致不殊。故逆寻之，每见其二。若顺通之，无往非一。"（《弘明集》，第三卷）

②《摩诃止观》三下（《大正藏》，卷四十六，页三一中）。

一个学派；而佛教自十一世纪以后也几乎灭绝。但印度的世界观学者们，[①] 依然要常常顾虑到这些东西。这里可以认出两民族关于此问题的思维方法之各异。

因上述情形，所以在中国除了接受印度的思维方法，成立了内省的教判以外，没有建立何种独自的世界观之学（weltanschau-ungslehre）。

而且，在一般民众间，流行着漫然的混合主义。混合主义（syncretism）是中国近代宗教的显著特色。折衷融合的思维方法表现得最清楚的，莫过于"道院"，即道教的寺院。道院以先天老祖为中心，添设许多的尊位。为教化一般民众，编纂了民众性的经典，此即《太上感应篇》、《文昌帝君阴骘文》、《关圣帝君觉世真经》。这都是以因果报应之说，教人"诸恶莫作，众善奉行"。佛教的伦理说支配了道教。

以上诸节所指摘的中国人思维方法之诸特征，仅限于极重要、极显著的，绝未尽其全部。然以上所指出的，应该可以断定为其特别显著者。尤其是印度佛教中所完全没有的许多特征，在中国佛教中特为显著的场合，我们不能不认为这是中国民族特有的思维方法。

---

① 指 Sarvadarsanasamgraha，Sarvasiddhantasamgraha 等哲学诸简要书而言。

第四章　结论

第一节　一般东洋人之思维方法

一、判断及推理之表现形式与东洋人之思维方法

我们在上面已经对东洋人中特别有论理自觉的四个民族（按指印度、中国、日本、西藏，本书仅译出中国之部），将其各个民族之思维方法的特征加以考察了。其次，对东洋人全体之思维方法，我们能不能看出什么特征来呢？

毕竟，东洋这一个名词，其适用范围并不明确。在中国，说到东洋，便指的是日本。而在西洋，所谓 Orient 或 Morgenland，只含巴比伦或及而不及中国、日本、印度。但在日本，则主要是指日本、中国、印度及其周围之诸国。这里所说的东洋，方便上，指上述四个民族，及在其文化支配下的民族而言。

我们对于这四个民族，已经检讨了它们的单纯的判断与推理的表现形式，其间，并没有认出有某种共同的倾向或特征。印度人常重视普遍；而其他民族之一般倾向，则常注视特殊或个物。全般地说，印度人恋慕无限者；而其他民族则执著有限者。前者追求看不见的东西，而后者则多止于可视的范围之内。印度人注视于人的主体的侧面，站在超人的立场，有形而上学的思维倾向；

中国人之思维方法

而其他民族则站在人的立场，想就感觉的、经验的、现实的物质生活以解决其问题。即是，东洋的多数民族，多是就人的关系以把握理解客观的事物或理法；而印度人，或可说是站在离开人的境地去认识真理。

但不能因此而即断定印度民族与其他民族为东洋人之二大类型。例如从对于内属判断之自觉的这一点看，则日本人能把内属判断之表现形式，从其他判断之形式区别出来；而在中国、印度、西藏诸民族则不能充分加以区别。

关于东洋的论理，人常作如下的说法。在东洋，精密论理之自觉较迟，没有显示充分的发展。尤其是东洋的论理与实践有紧密的关连，其在时间的主体的面，占有支配的地位。真的，对于中国人，日本人之论理意识，或可以这样地说。但印度的论理学，其推理的运用方法，彻底是客观的，且有精密的反省。从它的精密性这一点来看，在某种场合，可以说其凌驾了西洋的形式论理学。连锁式的运用方法，也是各民族都不同，很难建立一共同之类型。

因为是这种情形，所以在有关判断及推理的表现形式的范围内，我们不能建立东洋人一般的特征。并且在其中作类形的分类，也很困难。因此，在这一点上，不能不说通于东洋人一般的思维方法之特征的东西，并不存在。

二、各种文化现象与东洋人之思维方法

然则，在各种文化现象方面，我们可不可以看出通于一般东洋人的思维方法之特征的东西呢。若是在判断及推理的表现形式，已经是多种多样，没有可以称为"东洋"的东西；则文化现象是

思维能力之所产，恐怕也没有这种共通的特征之存在。然而世上不断主张强调着所谓"东洋的特性"。在日本，在西洋，都是如此。我们在下面试将所主张的特性加以考察。

首先，屡为一般人所说的是认为在东洋没有充分自觉到作为人的个人之存在，而将个人从属于普遍者。例如黑格尔主张东洋的神、绝对者，是具有普遍者（Das Allgemeine）的性格。"东洋的各种宗教，其根本的情形如下。仅仅一个实体（subslang）的本身才是真的东西（Das Wahrhafte），个人仅对立于绝对的有者（Das Anundfürsich seiende）其自身无何种价值，也不能有何种价值，个人只有由其与实体合而为一时始获得真的价值。然而，此时，个人还不是作为主体（subjekt），而系消失于无意识的东西之中。"[1] 并且，对于东西思想之差异作如下的说法："反之，在希腊的宗教或基督教，主体知道自己是自由的，也不能不这样地想。"但在东洋哲学中，则"有限者之否定也存在。然而，这仅在个人与实体者统一上，才能达到自己的自由；仅在这种意味上才否定有限者"。黑格尔对于东洋的古典，仅通过翻译而得到很少的知识；但这种见解，则是许多西洋人所共有的。

黑格尔的话果是事实吗？真的，在东洋，对于某种意味的权威作盲目服从的文化现象，颇为显著。然在西洋，果真能断定没有此种现象，能断定"自己是自由"吗？像西洋中世那样的对于权威全面的，而且彻底之盲信，并基于此种盲信而来的对异质文化的根本的破坏，在东洋不曾有过。黑格尔所说的"与实体成为

---

[1] Hegel: *vorlesungen über die Geschichte der philosophie*, herausgegeben von Michelet, S.135-136.

　　　　　　　　　　　　　　　中国人之思维方法

一体"的这种现象，在某些场合上，不是西方更为显著吗？

还有，许多人认为东洋人的事物看法是直觉的，因之，不是有组织的建立秩序去加以把握。但西洋人的看法则是推理的、论理的，力求组织的立定秩序去加以把握。中国人和日本人的思维方法，真可说有"直觉的"特征。然而，在印度人，便很难这样说了。例如阿毗达磨文献学者们极烦琐的议论，虽是论理的，却很难说是直觉的。不消拿出困难的神学文献为例，在印度绘画雕刻中所看到的复杂和异幻十分富有情趣，这与直觉的把握可说是相去很远。它每从作品之一部移其注意之焦点于他部时，使其成立复杂的观念联合，将观者带进到异常的空想的气氛之中。

还有许多人主张东洋人的思维方法是综合的，西洋人则是分析的。汉语的单语等，好像是与人以综合的印象；但这毋宁是在分析以前的阶段。既未经分析的过程，便很难称为综合的。另一方，印度人对语言现象、心理现象之分析极为精巧。这是一般学者所承认的。并且，西洋人也很难说仅是分析的。例如印度的文法学，长于词语分析；然关于文章综合的构成的思索，则是拙劣的。而希腊的语法学，在研究词语综合方面之文章论，也留下很优秀的业绩。因此，把东洋人的思维方法，仅与以综合的特征，是相当勉强的。

这里，再从知识的问题加以考察看看吧。韦伯（Max Weber）说："亚细亚一切哲学及救济论（soteriologie），其最后共同的前提，'知的事'（wissen）——文献的知识与神秘的直观（Gnōsis）——在其究极，都是现世及来世到最高福祉的唯一的绝对的道。试着好好地注意考察，它不是对于支配世间事物，支配自然生活及社会生活及两者共同生活之法则的知，而是对于世界与人生之‘意味’的哲学的知。这样的知识，不能由西洋的经验的学问手段方法所代替，是自然可以理解的。又从其学问本来固有的目的说，追究经验的学问是不行的。"[1] 真的，东洋人思考性知识，这里所指摘的倾向特强，固系事实；然而我们在西洋思想史中，至少一部分，不是有同样的倾向吗？这里所用的 Gnosis（神秘的直观）这一名词，便是希腊语。还有，西部亚细亚之诸宗教中，也可看出此种倾向，故不能说仅是印度与中国的特征。在西洋，在布诺特诺斯（Plotinos，204—270）等新柏拉图派中，也明显表现此一倾向。其渊源可推定出于柏拉图。也有人想象此等哲学诸学派，恐怕是受了印度或波斯的哲学思想的影响；但两者间的关系，一直到现在还不明了。受了希腊哲学的影响，作为想以知识提高基督教之信仰的运动，于是出现了神秘的直观派。在中世纪，被视为异端的一部分的神秘思想家，例如托拉（Tanler，1300—1361）、爱克哈特（Ekkehard）也有这种倾向。

还有人这样地想。世界主要的宗教，都是在亚细亚成立的，所以若将亚细亚也包含在内而称为东洋，则东洋是宗教的，而西洋则称为非宗教的。此种见解，在太平洋战争以前的日本，相当有力，今日也未完全消失。然既已如上所指摘的，同是东洋人之中，印度人是极度宗教的，而中国人的精神习性，则绝难说是宗教的。相反的，西洋人方面，倒还远较中国人为宗教的。

从来有许多人主张西洋文明是"物质的"，而东洋文明则是"精神的"、"灵性的"。但这也是错误。非宗教的民族，不应称之为"精神的"、"灵性的"。

---

[1] Max Weber: *Aufsätze zur Religionssoziologie II*, S.364-365.

还有人，把东洋称为"道德的"；这同样也是浅薄的见解。人只要是过社会生活，便不能不有道德，旧日中国及日本的道德之中的某些东西，为近代西洋所不行，于是固持旧道德的日本人，便提出这样的特征。

又有人认为东洋思想是形而上学的，东洋思想之根本是"无"，即所谓"东洋的无"。老庄的哲学，固然是说"无"的。然而印度哲学，一般则是追研"有的东西"（只是此"有的东西"之意义，与希腊哲学家的不同）。在印度哲学中，认为"有的东西"仅能基于"有的东西"才能成立的这种思维倾向特为有力。佛教，尤其是大乘佛教，虽系说"空"，然印度佛教徒已常主张"空"与"无"异。[①] 佛教入中国，格义盛行的时候，虽将二者视为相同，然嘉祥大师等，[②] 亦屡主张佛教之"空"，并不同于老庄之"无"。所以用"东洋的无"的一语以约束东洋思想之全般，是极为危险的。

再回到思维方法的根本问题上来看，有许多人主张西洋人是合理主义的，而东洋人则为非合理主义的。此一特征的说法，在战后的今日，特为一般人所相信，所采用。尤其认为日本人是非合理主义的。真的，日本人在形式论理的思考方面，不很高明。而且带有非合理的性格，已如前所指摘（按指《日本人的思维方

---

① 在印度已有将"空"解为无或虚无的倾向。攻击中观派说"空"的人们，将"空"与"无"视为同一的东西，以中观派为否定一切，是虚无论者（Nastika）。佛教内部，亦有以中观派有破坏佛教的危险，而加以反对。有的称为"绝对的虚无论者"或译为"都无论者"。然中论派之祖在《中论》中答辩说："汝不知空之用和空与空之意味。"据 Candrakirti 的注释说："无（Abhāva）的意味，不是空的意味。但你将无的意味假托为空的意味以非难我们，所以你也不知道空的意味。"他说《中论》的目的不在阐明诸法之无，而在阐明空。他说："我们不是虚无论者，由排斥有与无之二说而阐明赴涅槃之路。"
② 老子"谈无曰道"，所以不能不与佛教之空相区别（《三论玄义》九丁左）。

法》编）。但仔细地想，日本人一般实践的方法，动辄有追随一个理法的倾向。即是向个别的人伦组织之归依，以此为价值批判之基准。因此，可说这种意味的合理性依然是有的。——若是这也可以称为合理的话。

中国人，初看，好像是非合理的。汉语之表现方法极不正确，中国人没有发达论理学，从这些地方看，大体可以这样说。然而，非论理的，并不一定即是非合理的。正因为中国思想的合理主义的性格，所以能与近代西洋的启蒙思想以显著的影响，这是大家都知道的。韦伯说："儒教没有任何形而上学，也缺少一切宗教基础的渣滓。在此一意义上，是非常合理主义的。同时，在缺少非功利的一切尺度，并排斥非功利主义的一切尺度的这一点上，除了边沁的论理体系以外，较之任何体系都要来得更现实。"[1] 这里所指的是，中国人是较昔日的西洋人更为合理的。而且正因为这种合理的性格，所以中国思想，才能与乌尔夫（Wolff，1679—1754）及伏尔泰（Voltaire，1694—1778）以非常的感激，使其成为抵抗中世传统桎梏的武器。

印度人对于自然科学的认识，虽然没有像西洋那样的发展；然在心理现象之分析，及语言构造之分析的这一点上，较之古代中世的西洋人，作过远为绵密的思索。而且在以顺随于通往过去、现在、未来的永远之理法为理想的限度内，印度人也是很合理的。印度人没有出现"不合理所以我便相信"（Credo quia absurdum）的这种思想。印度人一般因为重视普遍者的缘故，所以同时也是论理的。是论理的，而且是合理的。反之，西洋的宗教，乃非合

---

① Max Weber: op. cit, I, S.266.

　　　　　　　　　　　　　　　　　　中国人之思维方法

理的，也是非论理的。这点，西洋人自己也知道。例如：虔敬而且热烈地信仰的基督教徒史怀哲（Albert Schweitzer）说："比较于东洋的论理的宗教（Logische Religionen），耶稣福音，为非论理的。"①

另有，在东洋的合理主义与西洋的合理主义之间，有人认为有一种区别。例如韦伯说："西洋的实践的合理主义与东洋的这种合理主义，外表上或事实上，虽有若干类似之处，然性质是极度不同。尤其是文艺复兴以后的合理主义，指的是否定传统之拘束，信仰存在于自然之中的理性之力。"

这种议论，大体上像有道理；然否定传统的权威或拘束的思想，中国先秦时代也有。印度在佛陀出世前后的都市社会中也很显著。其后，并由自然哲学家或论理学者所倡导。近世日本，也有自由思想之萌芽。因之，在此一点上，东洋与西洋，只有程度或量的分布之差，不能认为有本质之别。在近代西洋，此种思想倾向固然有力，然中世纪绝非如此。所以也不能在这一点上建立东西洋之区别。

与此相关连，所谓尚古的保守性，中国特为显著，日本人的此一倾向也很强；但印度则仅部分是如此。占印度民族很大部分的回教徒，表面上，与印度的民族宗教绝缘。所以也很难以尚古的保守性为东洋一般的特征。还有，尚古的性格，虽为中国人及印度人的共同部分，然印度人是连结于贯通过去、现在、未来的普遍的法理；而中国人则系以个别的先例为龟鉴。同一是尚古的性格，而在其基底上则存有不同的思想。

---

① Albert Schweitzer: Das Christentum und die Weltreligionen, S.52.

又有人认为东洋人不是有静的把握各种事象之特征吗？这可以说是中国人及印度人的思维方法之显著的特征。然而日本人对于事象之变化，则有锐敏的感觉。佛教儒学为日本容受之后，也转化为动的性格。因此，不能把东洋人之思维方法，都概括为"静的"。西洋人对生命现象或历史的进化或进步的观念，到近世才开始显著，很难说是古来便有此种思想。

更有人主张东洋思想，以宽容和恕的精神为特色，以此与西洋思想相对比。西洋的宗教，强调为宗教而斗争。"人若来到我这里，不憎恨其父母、妻子、兄弟、姊妹乃至自己的生命，即不能成为我的弟子。"（《路加传》）"我是要投火于地上来的。……你们以为我是为了给和平于地上而来的吗？我告诉你们，不是如此。反之，是为了纷争。自今以后，若一家有五人，则三人对二人争，二人对三人争。父对于子，子对于父，母对于女，女对于母，姑姑对于媳妇，媳妇对于姑嫜，互分互争。"（同上）这种抗争的激烈思想，毕竟为东洋宗教所未有。印度的宗教界，古来皆漂着安静与和平的气息。瞿昙、大雄，皆在和平中终其天年。中国古来有完全信仰的自由。被称为"信仰自由之使徒"的伏尔泰，在此一点完全为中国法律所迷惑。[1] 信仰自由之原则，日本虽因国家之干涉，在与政治有关连之面，未能充分实现，然一般日本人憎恨异端之情绪并不很强。

宽容和恕的思想，是基于容许各种不同的哲学的世界观而成立的。但我们若将此立场加以详细考察，则知印度人是从形而上学的见地而承认各种类型的哲学思想之并存。中国人则多从政治

---

[1] 后藤末雄博士：《支那文化与支那学之起源》，页四一八。

　　　　　　　　　　　　　　中国人之思维方法

的实践的立场以谋融和妥协。日本人则有强调诸种思想之历史的风土的特殊性的倾向。国家对于诸宗教之干涉，印度不很显著，中国则在某一程度上稍有此种情形，在日本则达到极端。因之，把这些情形，说成一整个的"东洋的"，不能不有所踌躇。而且宽容和恕的精神，在近代西洋，尤其为由启蒙思想家或虔敬主义者所倡导。而亚细亚中的伊朗，则到处排斥宗教上的异说。

还有许多西洋人认为东洋思想是遁世的，对于社会的政治的关心很稀薄。基督教是说世界内部之实践，而东洋诸宗教则都教人出世。[①] 此种批评，在西洋成为常识的见解。韦伯氏说："所谓对于现世漠不关心（we indifferenz）者，是所与的态度。——这不论是采取外面的遁世之形，或虽在现世内部，但行动对现世是不关心之形。总之，是采现世与自己的行动相反的行为，而不是通两者为一的行为。"[②] 据韦伯氏说，西洋近代的清教主义伦理的基本信条，是"现世内的禁欲主义"（das innerweltliche asketentum）。所以不是像冥想时那样的遁世的，而是积极享受神意，想将现世加以伦理的合理化。由日常行动之合理化以昂扬到天职之域，即以此保证其福祉。反之，亚细亚的宗教，不外于是冥想的，或是狂热的，或是"无感觉的法悦"者之集团；他们以现世内的行动为无意义而想由此脱离出去。佛教之修道僧，不是没有行为。但他们最后的目的在于脱离再生之"环"（轮回），因此，其行为不是彻底的现世内之合理化。[③] 真的，清教主义的伦理，确如韦伯氏所说。然而中世及其以前的西洋思想，不必是由现世

① 例如 Schweitzer: op. cit, S.30f.
② Max Weber: op. cit. II. S.367.
③ Max Weber: op. cit, J. S.263-264.

内的合理化之态度所贯穿。"冥想的或狂热的无感觉的法悦者的集团"，在西洋一样是存在的。扩大到东洋许多国家中的宗教，是强调此种现世内的活动的大乘佛教。而且伊朗的宗教也有显著的现世倾向。

又有的主张东洋人是顺随自然，想实现自然与人的一体化；但在西洋则是人想克服自然的。然而向自然活动，想克服自然的努力，在东洋并不是不存在。中国、印度都有大规模的运河堤防、城塞等的构筑。而另一方面，则想投入于大自然怀抱之中，憧憬于自然的思想，西洋也不是没有。因之，在这一点上，很难建立截然分明的界线。在哲学的问题上看，主观与客观之对立，在古代印度哲学，也已经提出了此一问题。只是自然科学何以特别发达于近代的西洋的理由，不能不加以考察，但对于自然的态度，不易明白划分东西洋的区别。

以上，把从来所指为东洋思想之特征的，略加检讨，很难看出在与西洋思想之对比上有一明确的共同特征。东洋诸民族间，虽有某种程度之类似性，但视之为全般的特征，而且认其为西洋所无，以使其与西洋相对比，我觉得是不可能。

这样，全般的"东洋的"特征既不存在，但东洋各民族之不同的思维方法之特征，则不能不加以承认。这由佛教为东洋各民族所变貌容受的这一事实，即可明白证明此一见解。

当然，佛教是世界宗教；尤其是对东洋诸民族的精神生活及社会生活与以极深的影响，所以纵使民族不同，但各民族佛教徒之间，关于思维方法，当然有其共同性。在佛教的范围内，任何民族之信徒，也必有其一贯性。然而此种一贯性，不能推及于全般的东洋民族。[①] 因为东洋民族并非都是佛教徒。东洋诸民族佛教徒间之类似性、共通性，绝不能表示东洋人一般的共通性或类似性。

第二节　东洋思想之普遍性与特殊性

一、东洋思想与其普遍性

主张西洋文化即是世界文化的人们，又抱有如下之见解。东洋的诸文化，终归是从属于西洋文化的。东洋人各种思维方法之特性，应该由西洋人之思维方法加以克服。西洋文化有普遍性，东洋文化没有普遍性。例如韦伯氏说："使普遍的意义与妥当性得以发展的文化诸现象，偶然在西洋，而且也只在西洋出现。"日本的津田左右吉博士也是同样的主张，最低限度，中国思想缺少普遍性。然而所谓没有普遍性，到底是甚么意义呢？在近代西洋所产生的自然科学的认识或技术，当然容易而且照其原有之形加以理解接受。然而，在其他文化领域，果能说凡出自西洋者便有普遍性，出诸其他民族者便无普遍性吗？我们综观人类的历史，可以看出东洋思想曾与西洋思想以各种影响之踪迹，常有人主张《圣经》受有佛典的影响，希腊哲学之一部受有印度哲学之影响。但此等论证尚嫌暧昧。然而有的学者确认西洋中世之寓言故事，受

---

① 近代印度之宗教家 Vivekananda，一八九三年，访中国、日本，参见各寺院中所保存的古代印度文学之写本铭刻，使他非常感动，说这加强了他对亚细亚精神是一体性的确信（Romain Rolland: La vie de Vivekananda, I. p.42）。然精密地说，这只是指佛教的普遍性言。

有印度文艺之影响。[①] 尤其是佛教菩萨之观念，传到西方，变形而奉祀为天主教的圣者之一；[②] 此虽小事，亦不容轻视。相当显著，[③] 中国思想特及影响于启蒙思潮，与伏尔泰和乌尔夫以感激。印度思想，特助成了德国浪漫主义的形成。什雷格尔兄弟（Schlegel，1777—1854，1772—1829）之文艺运动、叔本华的哲学，及近代凯瑟林（Keyserling）的思想，没有印度的思想是不能形成的。还有，英、德、美各国，人数虽少，但也出现了自称为佛教徒的人，结成了小的团体。[④] 今后，若西洋人更能了解东洋思想，则其影响将更大，这是我们不能否认的。

又，在东洋之内部，过去也有伟大的文化交流。佛教几普传于亚细亚。儒教规定了日本现实生活到了某种程度，固然尚须研究；但其对于日本现实的社会生活具有某种的约制力，这是不容怀疑的事实。儒者认为儒教东渡以后，日本始有人伦。[⑤] 荻生徂徕、太宰春台、山县周尚等儒者，认为日本古代无道德思想；中国儒教传来以后，国民生活中始发生了道德。太宰春台说：

> 日本原来无所谓道。近来说神道的人，虽很认真地以为我国的道是如何高妙，但这都是后世的虚谈妄说。日本无所谓道之证据，仁义礼乐孝悌等字，皆无和训。一切日本原有的东西，必有和训。其无和训者，系因日本原来所无。

---

① M. Winternitz: Geschichte der Indischen Litteratur, II, S.266-267.
② 菩萨（Bodhisattva），波斯语为 Budsf，天主教会为 Saint 之一人的 Jaosaf。
③ 中国思想所及于法国的影响，参照后藤末雄博士：《支那文化与支那学之起源》。
④ 西洋的佛教，参照渡边海旭之《欧美的佛教》。
⑤ 宇宙尚氏：《儒教及于日本文化的影响》，页三四○以下。

因无礼义，所以从神代到人皇四十代之间，亲子兄弟叔侄之间成为夫妇。其间，与异国交通，中华圣人之道传于这个国，天下万事，皆学中华。从此，这个国家的人，知礼仪，悟人伦，不为禽兽之行。今世之贱者，见背礼义之人，亦视之为畜类者，皆圣人之教之所及。[①]

又从佛教者来看，则同样地认为佛教未传来以前，日本是黑暗的世界。佛教传来以后，日本使得救而不胜欢喜。

像这样，有作为普遍的教法之自觉的教说，如何能说它没有普遍性。

否定东洋之单一性的论者，便容易否定东洋思想的普遍性。然而，否认东洋之单一性，分解为几多之单位，而且承认这些单位之间，有相互的（或一方的）影响，却否认其有普遍性，这分明是论理的矛盾。我们必须从这种矛盾中解脱出来。我们赞成把东洋文化分成几个单位而否认其单一性。正因为如此，所以对于在东洋所成立的各种思想体系，承认其有普遍的意义。这并非说这些体系之一切部分都有普遍性。而是认为其中的一部分有普遍性。而且哪一部分有普遍性，是由时代而变化。

若是站在公平地检讨人类思想的立场，无论如何不能说仅仅西洋思想是普遍的，其他民族便没有普遍的意义。古代希腊人，至少，其中一部分的人，承认其他民族之哲学思想，有同样的意

---

① 《辨道书》。

义。近代西洋哲学家之中，也有不少的人怀抱这种思想。[①] 然而，所以仅承认西洋思想有普遍的优越性者，这是夸示近代西洋的自然支配力，或者是为此所眩惑。

现代的世界，基于西洋政治军事的压力，而全世界正走向统一之途，这固然是事实，但这并非证明西洋以外诸民族的文化之无意义。希腊文化在罗马政治军事的统制下，依然有其支配性意义。印度古来屡为外来异民族所征服，依然开展了绚烂的文化之花。若注视此种事态，则在败战后之今日，纵然是权宜上的名称，但主张"东洋"的意义，绝非毫无意义之事。我们应知道东洋，使东洋文化得到发展，依然有极大的意义。原来，所谓东洋，或所谓 The East, 或所谓 The Orient 这种观念，是对于西洋所建立的观念。内容虽不分明，但这是受西洋人压迫的民族，为了守护自己文化的传统所不期而爱用的一句话。这是对于西洋之霸权而想拥护各自的文化的一种反拨。

各个民族，想拥护发展自己文化的传统，这是正当的要求。我们应该充分与以尊重。只是此时所应注意者，各民族对于外来文化，应该是不断批判的；同时，对于自己固有的文化，也不能不是批判的。自己必须谦虚。并且应该通过批判以形成新的文化。

---

① 叔本华通过波斯语译而醉心于《优婆尼沙土》（Upanishad）圣典，这是有名的哲学史的事实。多伊森（Denssen, 1845—1919）受此影响而著世界诸民族的哲学史。因语言限制，他没有详说中国、日本的哲学思想，但他很顾虑到这一点。在顾虑全世界之思想的这一点上，G. Misch（Der Weg in die philosophie）、Keyserling（Reisetagebuch eines philosophen）等，都是相同的。Masson-Oursel（La philosophie comparée）在此点工作积极地主张。如 Royce（The World and the Individual）所看到的一样，美国的哲学家们对于印度哲学有深切的关心。

若忘记批判，而对于自己过去的一切都加以肯定拥护，这只是使自己的文化归于死灭。若是全面肯定外来文化，这只是盲目地容受外来文化；对于新的人类文化之形成，不能有何种积极的贡献。

若站在这种立场，则所谓东洋的研究，非仅是好事者之兴趣，而且也能对于新文化的形成有积极的贡献。并且也必须如此。因之，将来的学问，必然是吸收对东洋文化研究的结果而重新加以形成发展的。关于艺术、经济、社会、政治等学问，或比较哲学等，现时无暇论及。这里仅以思维方法作为问题，所以，以下对于考究思维方法一般之基本的论理学试加以考察。

二、思维方法之比较研究与论理学

论理学，被认为是最有普遍性的学问之一。从来，一谈到论理学，仅考虑到发源于希腊的西洋论理学，好像这是唯一绝对的东西。

然而，试精密加以考察，西洋有"论理学"这种一贯的体系，而不是有普遍的意义。古代论理学与近代论理学，其学说之构成方法，不一定相同。所以学者常将西洋之论理学，大分为古代与近世，作如下之考察。古代的论理（Die archäische Logik），必须作为言语之论理去把握。在古代，论理学是罗果斯（Logos，按在希腊原系语言或悟性之意，后乃发展而成为理性原理）之学。罗果斯不仅是论思维之形式，是表现思维和以言语为血肉的思维，可以说是表现有身体的精神（按身体即指的语言之意）。即是，古代人的思维，可以说是有身体的思维。而且从语言解放出来的论理的思维，是到近代才告成立的。例如霍夫曼[1]说，哲学中所谓"古代的"（Das Archäische）和造形美术，有相似的意味。有立像的部分而尚无肢体的造形美术，我们呼之为"古代的"。美的样式，透彻于材料之中，但尚未能从材料解放而表现出形态来，尚为材料所束缚。"古代论理学"，也与此相同，还和表现哲学形相的材料——即语言——连结在一起。

所以亚里士多德的论理学，实是准据于希腊语的论理学。近代语言学者塞斯（Sayce），很强烈地批评这一点："亚里士多德若系墨西哥人，则他的论理学体系，恐怕会采取完全不同的形态。"而且德国的论理学者爱特曼（Penno Erdmann）承认此一批评是对的。[2]

对于古代论理学，以上述所介绍的批评，大概是精当的。然而，近代西洋的论理学，果能说它已经从表现形式之材料中完全解放出来了吗？

这里，我们不能不顾虑东洋的论理学。印度成立了与西洋不同的另一种的论理学，东洋诸国加以接受后作过相当的研究。对于这种不同，马松·奥塞尔（P. Masson-Oursel）作如下之主张："形式论理学，不过是从形而上学的论理中的抽出物。而且后者之根抵，是从一个民族精神中，单纯率直所表现的现实的论理而来的。"[3]

移入日本的，主要是德国系统的论理学。这是否有受德国的

---

① Ernst Hoffmann:Die Sprache und die archaische Logik, 1925,Vorbemerkung, S. VII-VIII.

② Benno Erdmann:Logik, I, S.49.

③ P. Masson Oursel:Etude de logique comparée, Revue philosophique, 1918, p.166.

思维方法之约制的地方，实值得玩味。黑格尔的论理学，与其称之为论理学，不如称之为"有论"（ontologie）更为适当。他的论理学，显然是受到德语特有之语法和造语的制约。有时甚至使人觉得这不过是单纯的语言的游戏（wotspiel）。若是学者此时仅留意德语，则将以黑格尔之所论者为当然而不加怀疑。然而，若参照了他国的语言，并将其他系统的论理学加以考虑，则自然对黑格尔成为批判的。在没有顾虑东洋的论理学而加以比较，即易陷于将近代西洋论理学绝对化的谬误。为避免此种谬误，我们不能不站在更广的视野。俄国的佛教学者斯捷巴特斯基（Th. Stcherbatsky）说："唯在欧洲才可以看出实证哲学的偏见，流传颇广。以亚里士多德的论理研究为最终的东西，也是一个偏见。……此偏见正在消失。……我们正在改革的前夜。当此转换期，把陈那（Dignāga）及法称（Dharmakitti）处理形式的并认识论的论理学的独立而完全不同的方法加以考虑，恐怕是相当重要的事情。"[1]

马松·奥塞尔指摘西洋许多哲学家的论理学说，事实也互不相同的，并主张有将欧洲、印度、中国三个文明所产生的论理思想，加以比较研究之必要。"适用比较方法之结果，将彼此作公平之研究，由此而对种种论理学说的本性所包藏的东西加以明示；另一方面，纵使不能深入到此等的必然的原则，至少也应该明示这些恒常具备的诸条件。在这里，若明白显示论理学诸规则的相对性，则人们当然会消失各教说所标榜的绝对性的迷妄。并且，这都可以开辟实证的研究论理思想的道路。"[2]

---

[1] Th. Stcherbatsky: Buddhist Logic, Vol. 1932, p. XII.

[2] P. Masson-Oursel: op. cit, Reo. phil. 1917, p.434.

论理学，正如 Logik 一语的语言所示，是罗果斯之学。我们应先从希腊的罗果斯之学出发，将之与东洋罗果斯之学相对比，由此而提高到普遍的罗果斯之学，即是提高到离开语言表现的普遍的论理学。这恐怕已经不能称之为"罗果斯之学"了。[①] 而且，一度通过此一阶段后，开始能确立纯粹论理学。[②] 只有实践了这样的工夫，才能对诸民族的思维方法，采取批判的态度。

由诸民族思性方法之比较研究，对论理学的若干问题，可以提供新的问题与观点。

例如：论理学上，今日一般认为判断须具备主语、述语、系辞三者；以德语说，在成立的 sistp 这种文章时，sein 这一动词，认为是表示系辞（copula）的。而且这是论理学上之通念。然而，印度论理学，若用表示系辞的动词，固然也可以，但不承认其作为系辞的论理学的意义。又汉语中，并无相当于系辞之语，是已经说过的，日本语则以助词之"は"或"が"，和助动词之"なり"，合在一起，以完成近代西洋语言中的系辞之功用。对于这些语言现象，论理学者们将作如何的解释呢？

据现代语言学家的研究，系辞完全不发达的语言很多。没有系辞，一样能充分发挥语言之机能。[③] 而且无系辞的名词文，即是纯粹的名词文，在大抵的语言中都可看出其实例。名词文的原型，

---

① 东洋论理学之因明（Hetuvidya），正如其名称所示，是"关于论证理由之学"，绝非是直接指罗果斯的学问。

② Riefert 将论理学之全体，分为 Sprachlogik, Sachlogik, eine Logik, Methodologik, Wissenschaftstheoretische Methodenlehre 等五个部门（J.Daptist Riefert:Logik, Eine kritik an der Geschichte ihrer Idee, in Lehrbuch der Philosophie herausgegeben von Max Dessoir, Berlin, 1925, p.1-294）。

③ Otto Jespersen: The hilosophy of Grammar,1925, p.131.

在印度及欧洲语中，据说，原也没有系辞，是后来才用的。[1] 且在近代西洋诸语言中，以表示存在的动词（etre, be, sein）作系辞之用，论理上是极不明确的。正因为如此，所以为了表示存在，特别用 il y a, es Gibt, Existiert, There is 等表现法。在此点上，明白区别"である"与"がある"的日本语，可说在论理上远为彻底；这是已经指摘过了的。

承认这种语言事实时，对于以希腊、罗马语言为基准所建立的亚里士多德及经院学派的论理学，自然成为批判的态度。近代的语言学者芬德里斯（J. Vendryes），以解释 le cheval court=le cheval est courant 的亚里士多德流的论理学为不合于语言现象的东西，而痛加非难。[2] 在近代的哲学家中，也有人认为不一定要以特殊之语用作系辞的必要。霍普斯（Hobbes）说："若干民族，相当于我们 is 这一动词的字，一个也没有。然而，仅由置他语于一语之后的位置关系形成命题。或者确是如此。他们可说是以 man a liaving creature 代替 Man is living creature 的说法。何以故，因为各语之顺序，即能充分表示各语之结合关系。而且各语恰恰好像把由 is 这一动词所连系的活动，哲学地被表示出来一样。"[3] 受此种见解之影响，胡适氏积极主张汉语的判断表现法的正当性。[4] "中国的命题或判断，与西洋者不同。西洋论理学中扮演那种重要作用的系辞，在汉语的命题中被省略掉，仅由短的休止表示系辞的

---

① J.Vendryes: Le langage, 1921, p.144.

② Ibid.

③ Hobbes: Elements of philosophy, pt. I, ch. III, 2 cg. also T, S, Mill's Logic, Bk. I, chap.IV. 1. 但是胡适是根据其 The Development of the Logical Method in Ancient China, pt. II, Chap. IV, p.41.

④ Hu Shih（胡适）: op. cit, p.41.

位置。于是‘Socrates is a man’成为‘Socrates, man’。在构造上，若以荀子（二十）的话说，‘为了议论一个观念，结合种种之名（语）’。‘Fire burns’，‘Plato wrote the Symposium’，‘et mill probablv snow tomorrow’等，一样都是正当的判断形式。这些都是‘为了议论一个事实，结合各种的语’的。在西洋论理学中，结合在系辞周围的夤缘，这样地被除掉了。”①

还有，近代德国论理学中，也有主张不要系辞的。例如Ueberweg说："系词在任何场合，也仅在语尾变化之中。何则？sein这种助动词，也是共属于述语的。不应像通常一样，将其视作文法的系辞。视作系辞乃是不当的。倒是由述语之语尾变化（flexion）与主语之语尾变化的文法一致——由此而从sein的不定法成立ist, sind等形，而成为系辞或主语与述语之间的内属关系之表现。”② 他所说的是否正当，这是论理学上的问题，这里可以不提。但是由以上所指摘的事实，我想可促起论理学新的反省；故有与以说明的义务。

此外要考究的，不仅限于系词的问题。关于主语与述语之表现顺序问题，东洋人（尤其是印度人）的语言现象与论理学，提供了新的问题，至少，像纪格瓦特的无主语判断说，当然应加以修正。又对于非人称判断，虽在德国学者之间盛加议论，然一考

---

① 胡适氏提到《荀子》第二十章，但二十章没有相当于此的文句，仅第二十二章《正名篇》有如下之句："名也者所以期累实也。辞也者兼异实之名，以论一意也。"杨倞注云："名者期于累教其实，以成言语，或曰，累实，当为异实，言名者所以期于使实名异也。"王念孙云："论当为谕，字之误也。谕，明也。言兼说异实之名，以明之也。字或作喻。"胡适氏之所论，是由宇野精一氏之教示。

② Friedrich Ueberweg: System der Logik und Geschichte der logischen Lehren, 2 Aufl, Lonn, 1865, S.145.

察东洋之语言（尤其是日本的），则他们的立论根据完全覆没，不能不重新从更广的视野加以考察。研究东洋人之论理学及其论理意识，对于这些问题，总可以提供新的问题与视野。

第三节　思维方法之差异的认识根据与实在根据

在以上的考究中，先以东洋诸民族之判断及推理的表现形式为线索，取出诸民族思维方法的特征；再考察这些特征是怎样表现于各种文化现象，尤其是，作为普遍的宗教之佛教，是怎样使其发生变貌。此时，是采取从判断及推理表现形式所认出的特征，演绎地导出其他特征的方法。前者成为知道后者之线索。所以在判断及推理的表现形式所认出的各种特征，是为了知道一个民族之思维方法特征的认识根据（ratio cognoscendi, Jnāpaka hetu 了因）。

这里，便有了问题。使各民族思维方法发生差异的实在根据（ratioessendi, karaka hetu 生因）到底是什么呢？到底基于什么而成立了这样的表现形式乃至思维方法之差异呢？

这不仅是哲学上的难题，对于一切人文科学，也是根本的难题，所以不是在这里可以简单解决的。我们现仅就以上所考察的范围，作一个概括的考察。

使诸民族发生思维差异的根据，可以想到的有很多。首先思维方法之特征，与民族之血液、血统，好像没有多深的关系。即是，思维方法之特征，与人种的特征并不一致。某民族中之一部分人，被分离而生活于更强的民族之中的时候，自然与其同化而显示同样的思维方法之特征。例如移住到外国去的日本人，即眼前之一例。又如同一种族的阿里雅民族，分为东与西，即分为欧洲人与印度人，之间显示了不同的思维方法之特征。印度人不是纯粹的阿里雅族人，由于与原住人混血的缘故，是不是因此而发生差异？但这里有一个有力的反证。西北印度的住民，今日依然保持纯粹的阿里雅人的血液，但他们依然弃父祖的宗教而信奉回教。所以生理上的人种的血统，与思维方法之间，没有本质的关系。

其次可以想到的，是风土环境之不同。即是，以一个地方之气候、气象、地质、地味、景观等为原因，而不会使思维方法发生差异吗？如前所指摘，欧洲人与阿里雅系印度人之思维方法的差异，大概是从这种风土的环境而来的。然风土的环境对于人的思维力之差异绝不是唯一的决定性影响力。假若是的话，便会成立风土的必然论。然而事实证明其相反。在同一风土环境中生存的民族，有受其他民族思维之影响而变化其思维方法的。一个民族的思维方法，虽然有持续力而不易变化，然由于其他民族之影响而可能发生相当的变貌。这只要看各民族之历史即能容易理解。单只风土的环境之原因，并不能完全说明各民族思维方法乃至思想形态之变化。

再者，与此相关连的，地理的环境或位置，也不是决定的要因。许多人常说，印度和中国，是属于大陆的，所以这是大陆性文化。反之，日本则是岛国。真的，大体上好像这也有些道理。例如日本是岛国，没有受外来民族之大侵略，所以保存了古来文化，已经在中国本土消失掉的文化产物，在日本依然被传承着。还有锡兰岛在诸国佛教教团的诸形态中，保存着最原始的东西。因此，岛国有继承古文化的保守性格，自系事实。然大陆并非没有这种保守性格。中国的尚古的性格，这是大家所公认的。

　　既不是人种、血统、风土的环境等自然科学的条件，则是否应在与人之具体行为有关系的物质的条件之中，去找思维方法之差异的实在根据呢？在这里登场的，是重视人的社会生活的经济条件的学说。唯物史观即其一例。这里不暇对唯物史观作详细的批评。于此我们仅可作这样的断定，即唯物史观乃至经济史观的理论，不能全面说明各民族的思维方法之差异。不待说，唯物史观，对于社会组织乃至社会思想问题，给与了不少的解说。但对于诸民族思维方法何以发生差异的问题，究竟，能作何种程度之说明呢？例如：中国民族，重视个别性，而印度民族则重视普遍性；中国民族是经验的，感觉的，现实的；而印度民族则是空想的，超越现世的，形而上学的，这种完全相反的思维方法之不同，毕竟是不能由生产样式之差异而加以说明的。

　　与此相关连的，尚有认为东洋社会都市之未发达的这一事实，是致使成立东洋思想之特征的实在根据，这点是学者们所屡屡主张的。东洋没有成立 polis 或 civitar。原本之意的"布尔乔亚"，在东洋并不存在。所谓"市民"者不过是翻译语。市井之民，并不是现代的所谓市民。[1] 然而，市民社会之未发达的这一事实，或

---

① 据韦伯的意见，西洋以独自的方法发达都市，有其精神史的理由。第一，西洋都市，是基于自发意志之盟约所形成的协同社会。西洋都市，先是作为防卫团体而成立的。但其防卫系以团体自身之武装去实行为原则。西洋以外，任何地区，君主的军队，较都市而先存在。在西洋，成立由军人君主所武装的军队，即是，士兵与战争手段之分离，乃近世所产生的。而在亚细亚，则原来便是如此。其理由是因为在东洋，不论埃及、西亚、印度、中国，治水问题，都为民族之重大关心问题，遂使其成立强大的王制与官僚政治。第二，因为在东洋社会确立了司祭制度，独占魔术，发挥支配者的威力（据下村寅太郎之解说）。

者可成为贯通东洋民族一般的思想特征的实在根据，但不能说明东洋各民族间思维方法之差异。

通过这些反省而表现出来的，则为宗教观念，乃规定各民族社会经济生活之特异性的思想。这明明是对于唯物史观的一种修正。此一见解之代表者韦伯氏说："由'观念'所创造的'世界象'，常和铁路的转辙手一样，先决定利害之原动力开始行动的轨道。"[1] 他重视宗教上之诸观念所及于社会生活或经济伦理的影响，[2] 几乎考察了全世界重要诸民族的宗教与社会生活之关系。此一研究成果，固然有很高的价值；但我们也不能忽视宗教以外存在于各民族间的思维方法之特征。印度人有通过印度教徒、耆那教徒、回教徒所共认的一般的特征。中国人有通过儒教之支持者、道教徒、佛教徒之间所合在一起的思维方法之特征；一个人可以是几个宗教的信徒。日本也是一样，有超越各宗教信徒之区别的共通的日本的倾向。外来宗教，可使民族之思维方法变化；同样的，民族固有的思维方法，也可使外来宗教之本身变质，这已经是本书所指摘过的。

此外，我们不能不注意到使思维方法成立差异的，是与一个民族所处的历史的情况，有很大的影响。我们已经指出了印度对于人的关系的见解是自他不二的，自他融合的；而古代西洋则很显然是，自他对立的，互相抗争的。关于思想形态之所以有这种

---

① Max Weber: Aufsätze zur Religionssoziologie I, S.252.
② 就一个语言看，语汇，即语言所用的单语，是最易变化的。但文法上的种种规矩或说话的方法，则比较地难变化。单语中多采用外国语时，文法组织，也很少受外国之影响。因此，文法在任何时候也是持续的传统之力比较强（《桥本进吉博士著作集》第一册，页三四八以下，《国语与传统》）。

差异，我们可以想到是因印度与西洋，构成其主要民族的历史成立过程之不同。例如希腊人征服原住异民族，形成他们自己的都市国家。他们是以冒险者侵入到异民族的正中间，为了把自己的世界与共同之敌隔开，不能不先建立绕以石壁的安全场所。而且认为居住其中，既可防御敌人之攻击且可保护自己免于已死敌人的灵魂之力。反之，侵入印度的阿里雅人，没有受到原住民这样激烈的反抗，他们所受原住民之威胁比较少。他们筑城寨（pura）于丘陵之上，遇着洪水或外乱袭来等有事之际，才居于城寨之内；平时则在城寨之外生活。这种社会形成的过程上，由于历史的状况之不同，恐怕也规定了各民族的思维方法及至长远的后代。然而历史状况之不同，由其以后的历史变化既有可能被抹煞，亦有可能被深化。所以这也没有绝对的意义。

既然如此，那么什么是决定民族思维方法特征的实在根据，依然未能解决。于是我们又可以想到为了知道思维方法之特征，作为认识根据所选择的判断及推理之表现形式，这无法同时完成其作为实在根据的作用吗？一般地说，规定判断及推理之表现形式的文法及文法中之文章法，（syntax）是不易变化的。所以这是表示一个民族思维方法之特征，同时，反转过来，也恒常规定民族之思维方法。即是，思维之活动方法，也可能为言语之形式所限定。从这一点说，由语言所表现的思维之表现形式，也可成为一个民族思维方法特征的实在根据。然而，这绝不是绝对的。文法及文章法，是由社会的动摇及外国语言之接触而有变化的。此时，思维方法也会变化。民族之思维方法，是随时代而异的。

由以上之考察，我想，可以作如下之结论。使一个民族思维方法成立特征的唯一的基本原理，绝不存在。上述的种种要素，复合地互相影响以决定一个民族的思维方法。我们以思维方法之实在根据作为问题时，必须站在多元论的立场上。要想看出一义的原因，是很富于诱惑力的，但不能把握到事物之真实相。对于一元论的形而上学来说，佛教所主张的"众因缘生"的原则，此时也不能不加以承认。然则这些要素，是以什么样的次序发生影响呢？这是今后应该研究的新课题。对此问题现时不能深论。但大体地说，恐怕也不能与以一义的解答。思维作用，也是人行为实践的现实中的一个精神现象，所以不能不由在各时期的人之实况加以决定的。人是历史的存在，常为过去历史之活动所支配，所以应该顾虑历史之必然性，同时，也多少有偶然性的契机。一个民族，因与其他民族接触的偶然事件，而可得到意想不到的重大变化。

民族之思维方法，是由人所形成之一切东西所限定；同时，也可以反转来限定这些，改正这些。有的时候，以上所举的各种文化的要因，也存在有形成民族思维方法特征的侧面。要明白两者所作的互相限定的构造，则是独立的研究问题。本书仅关于东洋诸民族之思维方法，存有互不相同的若干特征；而且就一个民族来说，这些特征之间，有一定的论理的关连——只要把这两点弄明白，也可以达成大概的研究目的了。

这里并应当注意的：各民族之历史，当然有古代、中世、近世之别；因此而民族之思维方法亦自然不同。然而，同时并也不能不承认各民族历经这些历史时期而依然保持着其特殊的思维倾向。又，今后交通益为发达，交涉益为频繁，世界变成一个，各民族间思维方法之差异，会愈变愈小。但是，完全脱离过去传统的特征，恐非易事；或者是不可能之事。匡正各民族思维方法之偏差，以建设新的世界文化，其前提条件，是有将各民族的思维方法特征加以反省究明的必要。当然，对于历史是在怎样变化的这一事实，当然应一并加以考察。单纯地由土地制度之改革、经济机构的改革、政治组织的改革这种外部制度之处理，实不能实现民族思维方法的全面改革（按此系指日本战败后盟军统帅部对日本之各种改革而言）。为了建设指向真理的新文化，对于民族的思维方法，是不能不作严峻的批判反省。

修订版后记：
徐复观教授留下的两本译品

曹永洋

　　一九五六年我糊里糊涂地填上东海大学经济系，念了一年，就千疮百孔，几乎被撵出校门。当时东海创校伊始，徐复观教授接掌中文系主任，许多名师皆由徐师网罗到大度山，阵容十分坚强；可是一进校门就填中文系的同学寥寥无几。我们第二届二百位同学中选择中文系的竟唯独梅广一人而已。第一届外文系榜首萧欣义、第三届外文系状元杜维明都由徐师"劝说"转读中文系——记忆中第一、二届中文系毕业的学生都只有七人。开始受教于徐师门下，聆听他讲授《史记》、《文心雕龙》，当时并不知五十岁天命之年始真正走入学术界之路的徐师为了教我们这几个程度不很整齐的学生，他往往要进行庞大的抄录和准备工作。无论治学、教书、写作，他都坚持这种看起来十分笨拙的水磨功夫。而且在后来三十年的岁月中，他陆续完成五百多万字的论著。这份成绩在学术史上不但是罕见，也是惊人的记录。从这里可以看到他坚韧的意志力和生命力。从常人的体能上看，五十岁应是开始走下坡的转捩点，但他老人家反而由此着手奠立在学术界里的一砖一石。徐师进入东海大学教书之前曾在台中农学院（国立中兴大学前身）教了三年书。他每每对友人和学生谦称说自己戒马半生，半途出家做起教书工作。其实徐师早年毕业于湖北武昌第一师范（武汉大学前身）。后来在三千多名考生中复以榜首考入湖北省立武昌国学馆，苦读三年，在国学上扎下坚实的根抵。二十八岁因某一机缘赴日本留学。原就读日本明治大学经济系，因无公费挹注，后转读日本陆军士官学校步兵科。这个意想不到的际遇，决定了他前半生在军旅生涯中度过；也是这关键，他学会了日文，扩大了他阅读的视野和范围，对他日后的治学工作发生了深远的影响。所以在东海任教期间，他时常鼓励学生在自家的文字以外，要再学好另一种语文。

徐师于天命之年，在台中教了十七年书：台中农学院三年，东海十四年。后来远赴香江又在新亚书院研究所教了十二年。一九八二年四月一日病逝于台大医院，享年八十岁。徐师的著作在世之日曾在台湾、香港两地出版。学术著作多集中于学生书局刊行，时论杂文则交由时报文化公司印行。这些文字当时多数发表于徐师创办的《民主评论》、香港《华侨日报》及国内各报章杂志。徐师弟子散布于世界各地。最初为他做整理、编辑工作的学生有萧欣义、陈淑女（二位都是东海大学中文系第一届杰出学生）。徐师辞世后，参与整理编订工作的尚有乐炳南、薛顺雄、廖伯源、冯耀明、翟志成和笔者。这项工作，在徐师辞世八年多的今天，终于接近完工阶段。现在除了书信仍有待整理之外，大体徐师在生命中后三十年撰写的文字都陆续付梓（请参照《徐复观教授著作年表》）。其中只有《中国人性论史·先秦篇》由商务印书馆发行，《论战与译述》由志文出版社收入《新潮文库》刊行，《徐复观最后日记——无惭尺布裹头归》由允晨文化公司印行之外，其他全部集中在学生书局和时报文化公司。想要研究徐师论著或探索徐师心路历程的读者，不难由此按"书"索骥了。

在徐师留下的五百多万字著述中，除了《论战与译述》一书曾收入八篇零星的译述之外，他在步入大学杏坛教书的前三年，替青年学子翻译了两本著作。一本是执教台中农学院时于一九五二年迻译的中村元《中国人之思维方法》与进入东海大学担任中文系系主任时译出的萩原朔太郎《诗的原理》。前者当年由中华文化出版事业委员会印行，收入《现代国民基本知识丛书》，早已在坊间绝版；后者则由正中书局印行。现两本译品均由学生书局以修订版重新排版印行。二书均向徐师好友梁铭淼先生商借影印，日文原著请薛顺雄教授由东海图书馆借出影印，并请淡江大学日文系陈淑女教授核对原文，修订补全——这项修订工作花去陈淑女学姊许多宝贵的时间。倘若没有徐师老友及他昔日门生的通力合作，这项工程不可能有这样的成绩。写作志业是徐师生命中最重要的工作，他当年伏案苦写的文字如今能一一付梓问世，我想这是他老人家最感温慰的吧。

徐师母七年前回到内湖翠柏新村定居。徐师、师母当年对待学生有过于自己的子女。得徐师鼓励、裁成而今卓然有成的学生，如今散布全球各地——他老人家矢志埋首著述的精神，不但是每一个学生的好榜样，他从鲜明、正直、高洁的人格自然散发出的生命强度，是受他亲炙的学生所不能忘怀的。

徐师的四个儿女：武军、均琴、梓琴、帅军，都在美国先后获得博士学位，并在自己专攻的学门和工作上有优异的表现。徐师除了本身是一位成功的教育家，他的儿女在家学濡染和陶冶下，也都走出自己的道路。

徐师在学术界的地位已由他生前留下的论著作了明确的界定。

由于他老人家在走进学术领域之前，曾在军旅中度过他的青年、壮年时代——他也一度走入政治权力的核心，最后在地动天变的剧变之后，他毅然脱离现实政治。但这些曲折、繁复的生命历程，加上他"任天而动"的性格以及洞察的睿智和丰富的人生体验，他与一般纯粹在书斋中孕育的思想家、学者可说迥然不同。

师母常说徐师其实是一个爱热闹的人。他爱国家、爱家庭、爱朋友、爱学生，甚至敬爱他的"敌人"——如果他笔战的对手真有学问，他也懂得敬重对方。他教的学生只要有一点点表现，他是最会鼓励学生的老师。学生替他做任何一点校对、整理的工作，他都要送优厚的酬劳；替他的论著找出几个误植的错别字，他都要一再地致意。在别人心目中也许会以为徐师自负、孤高，然而在我印象中徐师始终是诚恳、谦虚、好学不倦、不耻下问的一位长者。

在俗世上，徐师不屑做一个躲在象牙塔里，不食人间烟火的学究。他个性耿直、鲜明，"嫉恶如仇，从善如流"是他人格上强烈的印记。他看透人性复杂的葛藤、机微，能进入热闹的人际关系中，却坚守在孤独的学术领域中，进行扎实的名山之业。他在并不很好的环境中、繁重的教学工作里，展开他的著述劳作，却能获致非凡的成就。他的论著愈入晚年，愈形精辟，始终未表露体力的衰颓。这份执著、努力和生命力，贯彻在他充满智慧、识见的论著里。

徐师毕生用勤最多的是思想史、史学、文学、艺术。他的散文绝对可以荣列当代前五杰之内；但不包括那位五百年内第一的文化太保。这位自己界定声名的文化顽童常使我想起当年诬蔑薄伽邱（《十日谭》一书的作者）的那些俗辈们。时间早已使这些俗辈与草木同朽，可是《十日谭》却在世界文学史上名垂不朽。大凡真正精粹的论著，都是扳不倒的雄辩。时间是残酷的审判者。它不但清楚地划定了高下、真伪，而且很快地使狂言者不攻自破。

徐师生前写给师母、儿女及少数弟子陈文华、翟志成等人的书札，十分真挚、动人，充分流露他的真性情。这些书札来日或可由徐师的爱女徐均琴整理搜辑，并做脚注的工作。深信这些书简将有助于读者更深去认识这位思想大师的人间性。儿女私情为我们揭开严肃的论著之外徐师温煦、关注别人，在生活的琐屑中突显的赤子之心，如同徐师在怀旧以及一些动人的散文中表现的那种温情。这是徐师最可爱、入世的一面。我甚至认为这是他强韧的生命力的源泉，是他完成一切工作的发轫。

最后谨在此向学生书局历任的主持人及参与搜辑工作的朋友表示衷心的谢意。相信这两本译品的重刊对青年学子将有实质的裨益。中村元与萩原朔太郎二人都是日本极负盛名的学者。徐师在繁忙的教课写作之余，选择这两本书介绍给国人，当然经过慎重的选择。此次的修订和补译使这两本书呈现了崭新的面目。陈淑女学姊的苦心，居功厥伟，陈昭瑛参与校对工作，诚挚可感，不可不再次谢谢她们的辛劳。

一九九一年元月十日

诗的原理

译　序

　　这几年来，我偶然从日文中翻译一点东西，一是针对某一文化问题的争论，想借此以帮助大家的了解；一是出于心情上的烦躁，想把这种工作当作精神上的镇定剂。前岁暑假，毫无计划地着手翻译此书，其动机完全是出自后者。因此书"内容论"的前八章，都是关于艺术上最基本的理论问题，所以每译成一章，将其中特别关连到诗的若干"过门"性的文字删掉，使其保持相当的独立形式，以"艺术上的若干基本问题"为总标题，用内人王世高的名字，在香港王贯之先生所办的《人生杂志》上，分期发表。发表到了第十章，因忙于研读其他的东西，遂尔搁笔。后来看到钱宾四、牟宗三两先生时，都认为此一译文颇有意义；但我则已意兴阑珊，没有继续翻译下去。一年来教授大一国文的经验，深深感觉到我们过去每喜欢用"可意会而不可言传"一语去形容好的文学作品。而初学的人，只靠再三熟读的方法，以达到"意会"的目的，因而得到作文的门径。现在的青年，很难得有像过去那种熟读的机会，于是讲授的人，若对艺术的基本理论毫无了解，不能把过去认为不能"言传"的，通过概念的分解，大体上把它言传出来，则要使学生于字句解读之外，更接触到文学自身的意味，以启发其思路与技术，几乎是不可能的事。因此，又时时想起此一未完的工作。现因东海大学创办伊始，开课稍迟，乃得抽暇把未译完的译完，已译而曾经有删节的地方重新补足，使其成为完璧。惟"形式论"中之原第十章"诗中的主观派与客观派"，第十二章"日本诗歌的色"，第十三章"日本诗坛的现状"，都是切就日本的和歌与俳句等立论，与我国文坛的关系太少，所以只好割爱。幸而有"特殊的日本文学"一章，已概略地叙述了日本文艺的特性，且可作我国有关文艺反省的借镜，所以对于其全部结构并无损害。

著者觉得诗的这一语言，从来都是暧昧模糊，不易把握其真正意义；而一般诗人所作的诗论，又不过是各为自己的诗作说明辩护，十人十义，缺乏理论上的普遍妥当性。他的目的，是要写成一部任何人也可承认的、有普遍共同性的诗的原理。并要从现代自然主义、唯物主义的氛围中，回复诗的主观性，以唤醒诗之所以为诗的灵魂。他经过了十年以上，镂心铢骨的思索，闯过了多次令他绝望的难关，才写成这一部理路整饬的著作。所以此书本来在大正八年九月（一九一九年）已经预告出刊，但一直延迟到昭和三年十二月（一九二八年）始行问世。中间改写三次，并将写就的八百张稿纸，压缩为五百张。即此一端，已可想见此书成立过程中的艰苦。他刊落艺术理论中的一切枝叶，深深地把握住最基本的主观与客观的两条线索，条分缕析，以发现诗在整个艺术中的地位。更将艺术中，尤其是文艺中的其他部门，细心剖白比较，以凸显出诗之所以不同于其他艺术或文艺的特性。所以这是以诗为中心的一部文艺理论著作。诚如著者在其自序中所说："此书所思考的，不仅是诗的这一部门，而是要判别在文学艺术及人生的全体中何处有诗的正当位置。所以此书所论的范围，不仅限于韵文学之诗，而是涉及到在诗的本质上所能包括的一切文艺。从某一意义看，本书也可以说是一种"小说论"。因此，他认为读者"至少可由此书而了解诗这一观念所意味着的真正根本的定义。并且，了解了这一点，便也了解了文学中最重大的精神"。同时，因其文字的特别洗炼，所以深刻的思索，依然能明白简当地表达出来，使读者从环绕于艺术理论的云雾中，可以很清楚地把握到最基本的意义。本书出版之初，引起日本文坛不少的争论。作者对此，只希望读者从头到尾，一字不遗地读了下去；觉得这样便可对那些争论能与以解决。作者的自信力，毕竟获得了证明。此书出版后，十年之间，重版了十多次。前岁创元社收入"创元文库"，成为日本文艺理论中销行最佳的读物，与日本文艺界以很大的影响。

我国系孤立语（isolating language）民族，在韵文上的修辞特为便利；而每一字所具之四声或五声，亦最易适合于韵律的要求。著者在文书中特别指出"诗是文字的音乐"，此语用在我国，真是最为恰当。同时，我国数千年的文化精神，概括地可以说是性情之教。而性情正是诗的灵魂。因此，我国可说是天然的诗歌之国。事实上，以纯文艺的眼光看，在诗歌这一方面的成就也特别丰富。西洋文化，在每一部门中，都闹着主观与客观的对立，诗歌也不曾例外。我国的诗歌，则常常是把主观的情绪，通过客观事物的形相以表达出来。由"情象"与"描写"的合一，以构成主客两忘，浑茫绵邈的境界，著者在本书最后特设"诗的逆说精神"一章，想由此以得到诗在主客对立中的精神的统一、理论的统一；这可说是著者追索到最后的苦心孤诣。但这对我国的诗而论，简直可以说是多余的，因为在我国的诗中，并没有主客对立的问题。

所以译者认为我国在诗这一方面的成就，是世界诗中的最高的成就。但文艺的继续发展，有赖于由理论反省而来的精神上的提撕。而一切理论上的东西，必须通过概念性的思考；这恰是我国文化中的缺点。因此，我国自古以来，关于诗的评论，虽是作者如林；然下焉者仅是枝节片断的直感，很少接触到根本的全般的问题。上焉者则依然是以诗的表现方法来评论诗，例如锺嵘《诗品》，其本身即是一首好诗；因其缺乏概念性的陈述，不易达到理论反省的目的。假定能通过概念性的思考，把几千年诗的遗产中所蕴藏的真正精神，重新发掘唤醒，借以激发人生内在的性情，润泽人们枯槁的生命，因而增进民族精神的活力，我想这将是一件很有意义的工作。此书的介绍，我不认为它对此一工作，能提供以现成套用的格架；但它可从正面、反面，乃至侧面，与此一工作以启发，则是无可怀疑的。同时，若因此而能对目前的文艺批评界，稍尽点推进澄清之责，这倒也是译者一种附带而也是可能的愿望。

　　　　　　　　　　一九五五年十月十五日译者于台中市

概论：诗是什么？

诗是什么？对此解答，可以从内容与形式两方面提出来。实际上，许多诗人，自古以来，即从此两方面与此问题以解答。若此类的解答是完全的，则我们听取（形式或内容的）任何一方面的东西都好。因为艺术中的形式与内容的关系，是镜子里面的映像与实体的关系之故。

然而，吾人不论从哪一方面的解答看，也不曾听到一个满足的东西。特别是在内容方面。一般，都是很独断的，不过仅仅站在个人的立场以主张个人的说法。例如：或者说，诗是灵魂之窗，是天启之声；或者说，它是自然的默契，对记忆的乡愁，是生命的跃动，是从郁抑中的解放；十人十义，没有一个普遍妥当的说法。毕竟，这些东西，乃是各个诗人主张各个人的诗论，而不是一般的"诗的原理"。吾人在本书所要说的，不是这种个人的诗论，而是对于一般，任何人也能承认的普遍共同的诗的原理。

从内容方面所作诗的解答，虽十人十义；但从形式方面所作的解答，却不可思议地，多数人的意见都是一致，而归结到古来的定说。即是以为所谓诗者，是由韵律（rhythm）所写的文学，即是"韵文"。① 试想，以此种解说作为诗的定义，再没有比这简单，而且再没有比这更能得到普遍的信任。然而，此种解说，果能把诗之所以为诗的本质，从形式上加以完全的定义吗？首先的疑问是韵律是什么？韵文是什么？在辞书上，固然对此已有完全的答案。但古来许多诗人，在此点上，却态度暧昧，极力避开字义上所下的定义。因为在他们的认识中，知道诗与散文之间，并没有严格的分界线；韵文向前延伸，便常常混进到散文的那一方面去了。他们在这一点上是有些困惑，因而只好把语义暧昧地放下，这是他们的偷懒打混。

所以，rhythm，或韵文一语，由各个诗人而解释与意见各异。恐怕谁也知道此一语言在辞书上的正解吧。但是，许多诗人还是任意给它加上各人随便的附说，结果还是与自己的诗连结在一起。因此，关于诗的形式的解答，究其极，仍然是与内容方面的解答相同，找不到共通普遍的一致，不外是各人的独断说的推论。然而，在这里不妨先假定各人的意见是一致，承认以辞书所正解的韵文，为诗之所以为诗的典型的形式吧。但是，即使是如此，此种解答依然是可疑，使人不能作为定义来接受。

若诗之所以为诗即是韵文，则大体由韵律式形所写的一切东西，必然的是皆应属于称为诗的文学。然而，世上还有一面具有正规的格律、押韵的形式，而在本质上却不能称之为诗的文学。例如，据说是苏格拉底，作为韵文修辞的练习，在狱中所写的伊索寓言（*Aesop Fables*）的押韵翻译，据说是亚里士多德所写的

---

① 有人解释诗的韵律，为心上所起的音波；这是把形式移到内容的说法；由此一说法，而产生自由诗之所谓"内部韵律"的观念。但是，这样一来，"韵文"的意义更成为不可解的了。

　　　　　　　　　　　　　　　　　　　诗的原理

押韵的论理学；或者像我国（日本）常看到的道德处世的教训歌，为便于学生记忆历史地理的和歌等等。此等文学，谁也一见都可承认它确是如文所示的正规韵文；但从本质上说，却不能称之为诗。相反的，在另一方面，像屠格涅夫（Turgenev）或蒲特雷（Baudelaire）们所写的诗文，虽然是散文的形式，但本质上，却是被称为诗的文学，即所谓散文诗。①

所以，诗的解答，非与散文（prose）相对而称为韵文（verse）的这种单纯断定所能尽其意义。至少，此种解答，若非对于"散文""韵文"附加以特殊的解说，即使仅作为形式上的看法，也没有合理的普遍性。若实在是合理的东西，则形式自身既是内容的投影，那么，在本质上不能认为是诗的文字，便不可能从外表上混了进来。由此可知不论从形式上说也好，从内容上说也好，古来对是诗所作的一切的解答，没有一个合理的普遍性。对于诗是什么的这一问题，过去人们所作的解答，都是执著于部分偏见的谬误。或者是通过特殊之窗所看到的个人独断的主张；从来就没有一个一般的，对于任何诗，任何诗人，都可以相共通而为真理的解答。

本书为了要提出此一普遍的解答，想从内容与形式两方面加以考察。因为所谓诗者，是"诗的内容"，采用"诗的形式"的东西。故在这里，将本书的前半做为内容论，后半做为形式论，想将前者的肖像，映出于后者的镜面之中，以组织此一论述。

①诗与韵文，若是同义语，则所谓散文诗又是什么呢？散文（不是诗的）与诗，（韵文），用一句话连接起来，好像同时想到北与南，善与恶的这两种反对物的矛盾。

内容论

第一章　主观与客观

诗这一语言所指的内容上的意味是什么呢？例如某一自然风景，某种音乐，或某种小说，有时被称为是"诗的"，被称为是富有诗意；此时之所谓"诗"，究竟意味着什么呢？吾人在本书之前半部，想解决此一问题。然而在解释这以前，不能不就表现（按：即艺术）的一般性东西，看看其原则之所根据。何以故？因此种意味的"诗"，不是由于其特殊的形式，乃是关涉到所有的一切东西，而指谓着其内容的本质之点。以下，吾人想暂与诗的这一观念别开，对于表现原则的公理，试作基本的考察。

一切艺术，都可分属于两个原则之下。即是，主观态度的艺术，与客观态度的艺术。实际，一切的表现，总不出于所属的两个范畴之外。当然，我们所想了解的诗，也不能不属于二者中之一。所以在这一点上应认识清楚，作彻底的研究。可是，什么是艺术上的主观态度？什么是艺术上的客观态度呢？这里，有一点自始就很明白的，即是主观意味着"自我"，而客观则意味着"非我"。

一般的常识，却以单纯的想法去加以解释。即是，由于作者以自我为表现的对象，或以自我以外的外物为表现的对象，遂称之为主观的描写或客观的描写。然而，此种解释，实在是浅薄，不能算作真正的说明。假定照这样解释，则画家以自己为模特儿的自画像，不能不常常看作是主观艺术的典型。难道有这样荒唐无稽的看法吗？同是自画像，也有主观态度的画风，也有纯客观的画风。对画家而论，模特儿是自己，或是他人，并没有关系。文字也是一样，描写作者自己私生活的作品，不一定可称之为主观的文学。某一浅薄的解释者，把用一人称的"我"所写成的小说，概称为主观的文学；但是，若以"彼"字代替此一小说中的"我"字，或者换入青野三吉这类旁人的固有名词，难道只因将文字这样掉换一下，主观小说，就立刻变成为客观小说吗？

有常识的人，谁也不作这样愚笨的想法。某一小说，其主人公是"我"或是"彼"，与文学的根本样式无关。某一作家，若以科学冷酷的态度，纯批判地观察自己，挥着写实主义的刀锋，作成自己的解剖像，你尚能把他称为主观的描写或主观主义的艺术吗？此时的模特儿虽然是自己，而实际，却是客观的描写。反之，某一作品，虽然以自己以外的第三者或自然外界事件为对象，却常常可以看作是主观主义。例如雨果（Hugo）们的浪漫派小说，专描写广大的人生社会；然而一般的定评，皆视为主观派。反之，日本自然派小说的大部分，都是以作者自己为模特儿的小说，可是当时文坛的批评，都认这是客观文学的代表。更举一个例子吧，西行（日本诗人）是个自然诗人的典型，专歌咏自然的风物；然而，在过去与现在，都以他的诗格是高扬主观主义。

所以主观与客观的区别，不必是对象的自我与非我；它有其更深的意义，而系决定于某种更根本的东西。此处所不能不首先提出的问题，是"自我究竟是什么"的疑问。主观既是意味着自我，则此问题的究极点，不能不落在这里。自我是什么呢？第一，我们可以了解自我的本质并不是肉体。为什么？画家可以把自己的肉体映在镜子里面，当作一个客观的存在而加以描写。还有，自我的本质，恐怕也不是生活上所能记忆的经验。为什么？许多小说家，常以自己的生活经验为题材，作极客观的描写。

所以，自我是什么？最低限度，在心理上所能意识到的自我的本质是什么？对于此一困难的大问题，恐怕任何人也不容易解答。但幸而近代大心理学者詹姆士（William James, 1842—1910），对此作了判然的解决，给了有名的答案。他说，在同一寝室中老大和老二一块儿睡觉。早上老大醒来时，怎样能把自己的记忆和老二的记忆相区别呢？因为自我的意识，是"温感"的，有某种亲切温暖之感。但非我的记忆，是"冷感"的，有与自己无关的生疏之感（詹姆士：意识之流）。

由于詹姆士的解释，我们开始能自觉到在意识中的自我的本体。所谓自我，实系一种温热之感；而所谓非我，则为不伴随着温热的一种冷淡疏远之感。所以凡是伴随着温热之感的，在我们的语言上，便称为"主观的"。而且温感之所在，它自身即是感情（含着意志）；所以凡所谓主观的态度，必然是意味着感情的态度。相反的，缺乏人情味，充满知的要素的，因为它是冷感，所以便称为客观的态度。例如看见虐待可怜的小动物而生悯悯之情，出以感伤的态度，这可以说是主观的态度。反之，若采取毫不相干的态度，用冷静的知性之眼去加以观察，这可认为是客观的观察。

这里所能想到的，是语言做解释的一般样式。一般人爱这样地想，主观是执著于自我的态度，而客观是离开自我的态度；谁也会以这样的想法是对的。但试想想看，世上再也没有比这更奇妙的想法了。为什么？人既不知道分身术，则自己离开自己的奇迹，实际上是不可能的。然而，此种想法，人们总觉得是理所当然似的，非常的流行，这是因为此处的所谓"自我"，常系指的是"感情"。所谓"离开自我"，指的是排斥感情，采取理智的冷静态度。而所谓"自我的执著"（我执），是意味着采取感情的态度。

如上所说，所谓"自我"与"感情"，在心理上，成为同一字义的解释。所以主观的东西，必然是感情的。例如，在前举的例子，西行的歌，雨果的小说，虽然是以外界的自然或社会为题材，然所以都被评为主观的，是因为它表现的态度是感情的；作家是以其情绪或道德感，一往情深地来看着世界。反之，自然派的小说，虽然是写着作家的私生活，但一般都评之为客观的，是因为它描写的态度冷静，采取"知的"没情感的观照。所以艺术上的主观主义，指的是强调着感情或意志的态度；而客观主义，则指的是排除情意，由冷静的知的态度以观照世界的态度。

因此，正如一般所说，客观，一定是"冷静的客观"；而主观，常常是"热烈的主观"。像"冷静的主观"，"热烈的客观"的这种逆说，宇宙任何语言中也不存在。热与主观是一语；冷与客观是一义。因此，一切主观艺术的特色是温感，一切客观艺术的特色是冷感。在许多艺术品上，是如何现出两种显明的对照，将在次章加以说明。

第二章　艺术的两大范畴——音乐与美术

构成人类宇宙观念的东西，实际是"时间"与"空间"这两个形式。所以我们一切的思维及表现形式，毕竟不出这两个范畴。就我们思维的样式看，一切主观的人生观，是关涉于时间的实在，一切客观的人生观，是关涉于空间的实在。所谓唯心论与唯物论、观念论与经验论、目的观与机械论等人类思考的两大对立，终究，都是以此为基准。

若就表现来看此种对立，则音乐是属于时间，而美术是属于空间的。实际，音乐与美术，是一切艺术之母，是一切表现范畴的两极。即是，属于主观主义的一切艺术文学，以音乐的表现为典型；属于客观主义的一切，则以美术的表现为典型；所以，对音乐与美术的比较鉴赏，自然通于文艺的一般的认识。

音乐与美术，是何等显著的对照。在一切表现中，再没有像这样对照得显明，典型地规范着艺术的南极与北极。先听听音乐吧，贝多芬的交响乐、萧邦的乡愁乐、舒伯特（Schubert）的可怜的歌谣、圣松（Saint-Saens）的雄壮军队进行曲，是以何等热情的强大魅力，煽动着各位的感情啊。音乐好像是在人的心中注入酒精，在烈风中点着火一样。音乐的魅力是酩酊，是陶醉，是感伤。它或把人心导向感激的高峰，使人像热风样的狂乱，或令人泪湿青衫，情怀怅触，哀感呜咽，情不自胜。若假借尼采的比喻说，音乐才是希腊的酒神。是那个希腊式狂暴，好破坏，热风的，酩酊而陶醉的好酒之神。

对于这，美术该是多么静观的、安详的，以智慧深湛之眼所造成的艺术。各位试着在听了音乐会演奏之后，立刻向美术展览会去吧，在那种静的、柔和、安详的光线气氛之下，一面慢慢地走，一面慢慢地鉴赏的时候，大概便会了解音乐与美术，在艺术的根本立场上，是如何站在相对的两极。连会场空间的本身，音乐演奏，是热的；听众是癫狂的感激。而美术展览会，则是静寂无哗，深具意味的，闪着鉴赏的智慧，聪明的眼睛。一边是"狂热"，一边是"静观"；一方的热情燃烧，一方是智慧澄澈。

实在，美术的本质，是突入到对象的本质，想要把握"物如"实相的直觉的认识主义的极致。锐利的智慧的眼珠，澄澈于客观的观照。所以当鉴赏绘画时，常有寂静的秋空，澄莹的直感，不纷扰的静观，和睿智的普照不遗的慧眼。使看的人，感到一种冷澈清凉的"水之美"。在这种关系上说，音乐正是"火之美"，而美术则正是"水之美"。一方是由燃烧而来的美，一方是由澄澈而来的美。并且不止是绘画，一切的造形美术，都是这样。例如建筑之美，是在其几何学的、数理式的，保着均齐调和，静立于大地之上的那种清冷静寂的感触。这是理智的静观美，而不是热风的感情美。若用尼采的比喻说，美术正是由智慧的女神阿波罗（Apollo）所表征的端丽静观的艺术。

由音乐与美术所代表的这样显著的两极的对照，是普遍于一切艺术之中，而成为主观的东西与客观的东西的对照。即是，主观的一切艺术，是类属于音乐的特色；而客观的一切，其本质上则都属于美术的范畴。就文学说，诗与音乐相同，是高扬着情热的，温暖的主观；相反，小说大体是客观的，与美术同样是知的，冷静描写人生的实相。即是，诗是"文学的音乐"，而小说是"文学的美术"。

然而，语言所表达的意味，常常是关系上的比较；所以由关系的不同，语言所指定的东西也随之而异。例如函馆是在日本之北，而台北是在日本之南。但从北海道的地图来看，则函馆在南；而从台湾地图来看，则台北又是在北。所以进到诗和小说的各个内侧的世界里面看，则主观主义与客观主义，在各部门中又是两相对立，而各成为音乐型与美术型的两个分野。先就小说看吧。称为浪漫派人道派的小说，大体是主观主义的文学；属于自然派写实派的，多半是客观主义的文学。因此，前者的特色，为沉溺于爱或怜悯之情，或强调道义观、正义观的意志，一切像音乐样是燃烧的。反之，客观派的小说，是想以知的冷静的态度，描写社会现实的真相。

在诗这方面，还是同样有这两派的对照。例如，西洋诗的抒情诗与叙事诗的关系，便是如此。如一般所说，抒情诗是属于主观的诗，而叙事诗则属于客观的诗。然而，说叙事诗是客观的者，并非因为它是写历史或传说的原故，实因具有更深更本质的意味。这一点，留在以后再讲。再就各个的诗派说，属于欧洲浪漫派象征派的诗风，概富于情绪的音乐感；而属于古典派高蹈派的东西，则重视美术的静观与形式美。

所以主观主义和客观主义，在一切的艺术部门，各表现着显著的对立。实际，即使是美术与音乐之类典型的艺术，在其各自的部门中，也有左右两党的对立。先就美术看，一方有高更（Paul Gauguin, 1848—1903）、梵谷、姆希（Edvard Munch, 1863—1944），及诗人画家布雷克（William Blake, 1757—1827）等，代表典型的主观派。即是，这类的画家们，对于对象不是描写它的实相，而是以热情的态度将主观的幻想及气氛，涂写在画布上，像诗人样地加以咏叹、激赏。所以他们的态度，与其说是以画作画，无宁说是以画奏音乐。然而，另一面，则有米开兰基罗（Michelangelo, 1475—1564）、罗丹（Rodin, 1840—1917）、塞尚（Cezanne, 1839—1906）等，纯粹以观照的态度，想确实抓住事物真相的美术家中的美术主义者。

音乐也是同样的，有主观主义的标题乐，与客观主义的形式乐相对立。所谓标题音乐，是想在情绪的气氛中表达乐曲标题上的"梦"或"恋"的音乐；其态度纯粹是主观的。然而形式音乐的态度，由对位法的乐式，则重视乐曲的构造、组织，去构想造形美术那样的庄重美，是极理智的静观的态度。即是，形式音乐，可说是想对位法的赋格（Fuga）或加农（Kanon）乐式"音乐的美术"；而内容主义的标题音乐，则正可说是"音乐中的音乐"。

第三章　浪漫主义与现实主义

上面讲过，一切艺术，都可分为主观与客观两派，这成为表现上决定性的区别。实在说，这两派是划分艺术旷野的两个范畴；二者互相对阵，各立旗号，以各自的武器互相攻击。

人的好战性好奇心，常使两者彼此冲突，想看出它的优劣胜败。然而，两者的冲突，一开始就没有多大意义，实无优劣可言。为什么？主观派的大将是音乐，而客观派的本营是美术。谁能够判定音乐与美术的优劣呢？若有人勉强判定，这不过是表示个人趣味的好恶罢了（一切艺术上主义之争，结局，都不过是个人的好恶）。

虽然是如此，但古来两派的对垒，在文学上一直循环着一胜一败的争论。此种不可思议的斗争，也可以承认它有另外的一种意义。因为由此而可使表现上的两大分野的特色更为明了，使彼此的旗帜能特别鲜明显著。所以，在激战的阵地上，不妨听听左右两军的主张，查查在突击中的文学信号。

文学上主观派与客观派的对立，常称为浪漫派与自然派，或人道派与写实派的对立。文学上的客观派——即写实主义与自然主义者——常这样地说：

　　勿沉溺于情感；

　　应该排斥主观。

　　生根利现实中去吧；

　　就其原有如实地描写自然。

对于，文学的主观派——浪漫主义或人道主义者们——却这样地说：

　　用你的热情来写吧；

　　高扬着自己的主观。

　　应该超越现实，

　　高揭你的理念。

试将两派的主张加以比较，便知道双方是怎样地正相对峙，而且形成鲜明的对照啊。前者认为是正的，后者认为是邪。后者的主张恰是前者所否定的。然则二者为什么要这样正面冲突呢？盖两者议论之所以不同，是因为对于人生哲学——人生观的本身——在根本上的异致。文学上一切的异论，实际都是从人生观的差别而来。

试就客观派的文学，即自然主义，写实主义来看吧。人生是一个实在：正如现实中的所有，正如现实中的所见。而且生活的目的，不外乎是在现实世界中观取自然人生的实相、观照真实（real），以把握存在的本质。所以他们作为艺术家的态度，乃在于其对"原有的世界"作"原有的观照"。此种生活态度，是知的，是认识至上主义的，是一切"向真实观照"的。即是，这是"为了观照的艺术"。

然而，在另一方面，浪漫主义等的主观派文学，却抱着和这不同的人生观。对于这一派来说，人生不是"现实的"，而是"应当的"。现实的世界，对于他们是不满，是缺憾，是充满了罪恶与虚伪。"应当的"人生，决不是这样的。真正实在的，不是这样丑恶不愉快的现实；而应当是不能不是，超越此等现实的其他"观念的世界"。所以在这一派的人看，艺术乃是向这理念（idea）的祈求祷告；或者是为了脱离现实之苦的悲痛而热情的呼号。这不是什么"为了认识"的表现，而是情意燃烧着的"为了意欲"的艺术。

这两种艺术，一开始，在人生观的根底上便不相同。一方认为现实的世界是真的；是美、完全与调和的一切，皆在现实的观照中而可成为实在。据他们的主张，实在并非在"现实以外"，而系在现实之中（因此而提出"凝视现实"的标语）。然而，另一方的人生观，则以实在（real）不在"现实之中"，而系在自身理想之中，观念之中。换言之，这个现实世界，是不满足的东西——不能肯定的东西；应该考虑的世界，是由主观构成的"观念世界"（因此而提出"超越现实"的标语）。

这两个不同的思想，读者马上会联想到希腊哲学的两个范畴，即柏拉图与亚里士多德。实际，柏拉图的哲学，自然是代表艺术上的主观主义；而亚里士多德则系代表客观主义。系照柏拉图的思想，"实在"并不在现实的世界中，而是存于形而上的观念界。同以哲学的思慕，实在是向此理念（idea）憧憬，向此理念鼓着羽翼，驱着热情，吹彻乡愁的横笛。反之，亚里士多德，则认定实在系存于现实世界之中。他驳正柏拉图的说法，把真理从"天上"落到"下界"，从"观念"落实到"实体"。他实系现实主义（realism）的创始者。他代表着与柏拉图的诗的浪漫主义的相对的两极。而且这两个思想，从古到今，一贯地成为哲学上的两个分派，恐怕一直到遥远的未来，还是贯穿哲学历史中的两个争论阵营。只要哲学上这两派的争论无穷，艺术上这两派的争论也永无止境。

到这里，总算把"主观主义"与"客观主义"在艺术上两派的宗趣弄清楚了。要之，两派的不同，不过是由于它们所认定的宇宙，或者以为是在自我的观念，或者以为是在现象界的实体的，这种内外两面的区别。（试把这照着音乐与绘画来想想看看吧）然而存于观念界的东西，常认为是自我（主观）；存于现象界的东西，常觉得是非我（客观）；这便产生主观派与客观派的名目。在其他的章里，已经从心理学上的见解，说明了所谓"主观"到底是什么。这里更可从实在论的见地来弄清楚了主观的本性。即是，主观即系观念（idea）；是自我的情意所希求的最高的东西；仅有这，才算是真实、实体，成为所规范的自我（ego）。因此，所谓"高扬主观"者，是揭举自差的理想或主义，坚强地主张观念的意思；所谓"舍弃主观"者，是舍弃这种理想，或先入之见的一切意识形态的教条，以非我的冷淡态度，正视此"现实世界"，正视此"原有之姿的现实"的意思。

这里的所谓"舍弃主观"，是自然派乃至其他客观主义文学所常常揭示的第一个标志；但对于主观主义的文学而论，则主观的自身即是实在，是作为生活目标的观念；所以舍弃主观，是自杀行为，是全宇宙的毁灭。就他们看，此种"原有之姿的现实世界"，是充满了邪恶与缺憾的地狱，是存在的谬误，是在认识上所不能肯定的虚妄。因为他们认为可称为"有"（real）的只有观念（idea）。此外，都不过是虚妄的虚妄，影子的影子。

然而，在客观主义那一方面，则认为只有现实的世界才是真实，才可称之为"有"：存在于主观观念的世界，不过是不实的由观念而来的构想物——空想的幻影，虚妄的虚妄。所以两方的思想正正相反，同是 real（有）这个字，恰是相反地使用着。

最能说明此两方思想之不同的，莫过于柏拉图和亚里士多德的美术论。照柏拉图的意见自然是理念（idea）的摹写；然而美术是摹写此种摹写的，所以是虚妄的表现，是卑贱的、劣等的技术（他以音乐为最高的艺术，以美术为劣等的艺术，很像柏拉图这个人，是自然的，反之，亚里士多德虽同样认美术是自然的摹写，但正因为如此，所以认为它代表真实，是智慧深湛的艺术。

要之，客观主义，是立足于现实世界中肯定一切"现在（sein）的东西"，就中看出其生活意义和满足的现实人生观之上。客观主义的哲学，本身就是现实主义。反之，主观主义，是不满现实世界，追求一切"不现存的东西"。他们在现实的彼岸，不断地追求生活之梦，热情于此种梦的追寻。所以主观主义的人生观，是浪漫主义。

在艺术上的主观主义与客观主义的对立，毕竟归结于人生观的浪漫主义和现实主义的对立。他若是浪漫主义者，则必然是表现上的主观主义者；他若是现实主义者，则必然是表现上的客观主义者。然而言语是概念上的指定；不是指的具体的事物；所以概称为浪漫主义者或现实主义者之中，却混同着各有特色的许多别种。例如，普通称为现实主义者的作家中，也有在本质上却是浪漫主义者。又在浪漫主义者之中却有理念不同，气质各别的人人。以下，再把这些区别逐项地弄清楚。

第四章　抽象观念与具象观念

如前章所述，主观主义的艺术，不是"观照"，而是在不能满足的现实世界中，揭示出自我所情欲的观念，由其对此观念不能自已的思慕而来的控诉、叹息、悲哀、愤怒、叫号的艺术。所以世界之对于他们，不是现有的东西，而是应当有的东西。

然则"应然的世界"是什么呢？这即是主观上所揭示的观念，由各人的气质、个性、境遇、思想而内容随之不同。并且各个主观的文学者，都想从各个特殊的观念去构想各自的"梦"与"乌托邦"，以创造各自所认为美的世界。然而在这种观念（idea）之中，也有概念的定义非常明白，极为抽象的观念；也有观念上几乎全未言明，某种缥缈而象征的、具象的观念。

首先，观念上最为清楚的，是一般所说的主义。凡是称为主义的东西——不论任何主义，都是观念由抽象的思想，而将主张给以定义的概念化；所以在一切观念之中，以这最为清楚。但是，艺术的本质，本是具象的，而不是抽象，不是概念的。所以如后所述，大凡艺术所揭示的观念，不是属于称为"主义"这一类的，而是观念上较为漠然的，因之，是具象上较为实质的另一种稍稍不同的观念。这姑且留待后述，在下面，还要对主义稍加解说。

诚如大家所知道的，主义有各种各样的，简直是数不完的无数之多。但一切称为主义者，是各人所揭示的观念；是主观上的"应然的世界"。各个主义者，想由此而指导世界，改造世界。所以任何主义，其本身不能不是"理想的东西"。然而世上也有反理想主义的主义。例如"现实主义""无理想主义""虚无主义"这一类的主义。

这是如何的矛盾；人的主观上假定没有倾向某种理想的观念，如何能称之为主义。至于说他自身确是主义，而且是拒绝理想的主义，这又是什么道理呢？实际，这并非不可思议。因为"否定理想的主义"，在其否定理想的这一点上也可以看出其自身的理想（观念界）。例如佛教的幽玄哲学，它否定一切的价值，以主张其最高的价值（涅槃）。又如达达主义（dadaism，未来派之极端），一面说它"不信奉一切主义"，而实即信奉其"不信奉主义的主义"。所以，在绝对的意味上说，世上没有无理想的任何主义。一切的主义，其自身即是理想的，观念的。

然而，如前所述，艺术不是抽象的，而是具象的，所以纯粹的艺术品，并没有可称为"主义"的这种概念上的观念。艺术家所有的观念，是更漠然的，在概念上几乎是不能反省的，而仅是某种"感触的意味"。艺术家——只要是纯粹的艺术家——决不是任何的主义者。因为艺术由于有主义而会失掉真的"表现"。为说明此一事实，以下将观念上"抽象的东西"和"具象的东西"，即是，观念的抽象物和具象物，究在何处不同，试加说明。

一切具象的东西，是从各种复杂的要素成立的。所谓具象的（具体的）存在，实系"多"融合于"一"之中，是部分有机地渗透混和于全体之中，因而得到统一的东西。然而理智的反省，则是把具象的东西，由概念加以分析，把有机的统一，换为无机的各部分，将各部分放置于各个壁柜之中，在抽斗加上卡片，以便索引。有必要时，吾人可由索引找到一个壁柜而抽出之。这就是"抽象"。所以概念上所抽象的东西，不是真正具体的东西；而是从全体加以分离。设置壁柜，经过人为整理的东西，它没有任何生命的有机感。真正有生命感的"事实的东西"，常是具象的而不是由概念所抽象的东西。

在吾人生活上，常常为吾人所感、所思、所恼的东西，其自身都是具体的东西。这是由环境、思想、健康、气氛等等的许多条件所构成的。然而，人的言语，都是抽象上的概念，不过是事物的定义而已。所以只要言语被用为概念——即说明或记述，毕竟就不能传达这种实际的想法。为表现这种具体的想法，只有绘具、色彩、音律、描写、文学等等。而且吾人称这些为"表现"。表现即是艺术。

一切艺术家们，对于人生所保有的理念（idea），都是从这种生活感觉上的欲求而来的真正具体的东西。所以这不是像信仰主义者所保有的，能加以议论、说明，概念化的东西。作为主义的理念，其本身是抽象上的观念，是具有由人为所区划的壁柜，及附有容易寻找的卡片的思想；所以不论何时都可以反省地照出，自由地辨证，并能在定义上加以说明。然而艺术家所有的理念，不是这种无机物的概念，而是有机的生命感。此种生命感，不是由分析所能捕捉的，所以完全不能说明，不能议论；仅作为气氛上的意味，在意识上能够感觉到罢了。

所以艺术家对于他自己的理念，常没有反省上的自觉。换言之，艺术家对于人生是在追求着什么以成为理念，在他自己并意识不到。向他人说明这种理念是什么，更为不可能。他们的理念，仅通过他们的音乐、绘画、小说等的表现而说了出来。例如看歌磨①的画，可以很清楚地知道他的理念是向着色情主义的纤艳的没落。所以艺术仅有靠表现才能作真实的理念的说明。而且所能表现的，也决非具有何等的概念。有概念的理念，已经不是具象的东西，而是抽象的；因之，这是属于"主义"范畴的东西。

　　所以艺术及艺术家的理念，和"观念"②这一语言所具有的文字感并不适切。观念这一文字的本身，即暗示着某一个概念，其自身即指示一种抽象观。然而艺术的理念，是真正具象的东西，所以不适切于这样的语言感。用"vision"或"思"字，到还觉得适切些。而且更适切的，还有"梦"字。在这里，以"梦"字代"观念"二字，此时，其实体的意味，倒可清楚地了解了。即是，艺术家的生活，不是指示"观念的生活"，而是"抱持梦的生活"。假使是属于前者，则不是艺术家而成为主义者。③

　　许多有生命感的艺术品，在其一切的表现上，都在说明这种具体的理念。例如托尔斯泰、杜思妥也夫斯基（Dostoevsky）、史特林堡（Strindberg）们的小说，在各个作家的立场，对于人生，

---

① 译注：歌磨名善乡川歌磨（1754—1806），日本著名浮世绘画家，以画女性美著名。
② 浪漫主义与理想主义两个类似名词的分别，正可表示理念的具象与抽象的差异。所谓理想主义，是意味着对被概念化的某一个具名称的观念的理想；浪漫主义，是意味着某种漠然的，不具名称的理念的憧憬。所以在艺术家的主观中，不是理想主义，仅常有浪漫主义。
③ 哥德在其与爱克曼对话中，曾如次地说：
　"观念（idea）？我不知道这种东西。"
　"德国人来到我这里，寻问在浮士德中你将具体化一种怎样的观念？好像自己完全能够知道这，而且能将之说出一样。"
　"我自觉地想表现一贯的观念的唯一之作，恐怕是《亲和力》这本作品。因此而可使某一小说容易理解；但并不能说因此而能使它成为好的。文学作品，越不可测，越难用悟性去理解，便越是好的。"

内容论

总蕴含着有某种的理念。吾人通过他们的作品，可以触到了这种理念的热情，可以直感到某种的意味。然而，若想把它移到语言上作定义式的说明，便是不可能的。为什么？因为这不是主义，也不可说是理想，而仅是作为具体的"思"，使读者发生非概念的直感。艺术批评家所应做的事，则是分析这种具体的观念，从抽象上去衡定它，于是或者发现托尔斯泰是人道主义，史特林堡所保有的是厌世观。

同样的理念，对于绘画、音乐、诗，都一样可以发现：它们的本质都是相同。然而，诗在文学中是最主观的东西，所以像诗和诗人这样的真正高调着理念，而与以深刻表现的，可以说是没有。诗人生活的理念，纯粹是具体的；完全不能由概念说明，而仅作为一种气氛，可以完全地感受到。芭蕉（日本诗人）把对于理念的思慕称为"绵绵之思"。他由此而动了羁旅之情，走遍了僻地的细路三千里。西行也和这一样，从某种不能满足的人生孤独之感，而常常吟咏着萧条的山原，追求着某种的理念。他们所追求的，在任何现实中也无法满足，这是向柏拉图的理念——灵魂的永远的故乡——的乡愁（nostalgia），是思慕之梦的真实化。

我想，这样的理念，恐怕是许多诗人共同的本质，是诗的灵魂的本源。因为古来许多诗人所歌咏的，在其究极，只是倾诉着跃动于生命深处，怎样也不是情欲所能满足的某种孤独之感。实际，像啄木（日本诗人）所歌咏的一样："没有生命的可悲的砂啊，把你轻轻地握住，又从手指间落下去了。""这好似从高飞下的心，就无法消磨这一生吗？"他所追求的是什么？恐怕连啄木自己也不知道。仅仅在何地、何时，追寻着燃烧样的生活意义，如群蛾扑火，投出全主观之一切的心的永恒憧憬，追求实在的理念的热

　　　　　　　　　　　　　　　　诗的原理

情。所以他们的生涯，由艺术也不能满足，由社会运动也不能满足，他们所过的，是追求人生之旅的思慕的生活，是心境没有着落的伤心人的生活。

诗人有何处而不会伤心的吗？中国诗人以懊恼之情，而叹息"春宵一刻值千金"。这是向快乐的无力冒险，向追也追不上的生命的意义的叹息，向通于一切人心的叹息。毕竟，诗人的理念是较优于其他艺术家，深深燃着热情的"梦"中的梦。

第五章　为生活的艺术　为艺术的艺术

一

艺术家的范畴有二，主观的艺术家与客观的艺术家。前者常是追求观念，对于人生采取"意欲"的态度。后者常是保持静观，对于存在采取"观照"的态度。这是前面已经说过的。

主观的艺术家们，由于对人生是怀抱着意欲，梦想着更好的生活，所以常不满于"实然世界"，而常憧憬着"应然的世界"。而且，这种"应然的世界"，才是现示于他们艺术中的vision（光景），是揭示于他们主观中的观念。所以这种艺术家们，是生活于观念，希望在观念中实现其希望。他们真正所愿望的，是在主观所热切期盼的梦中，实际地生活着。即是，理念（idea）是他们的生活目标，规范，愿望的一切理想。而且艺术（表现）不过是对于此种理念的憧憬、勇跃的意志，或者是叹息、祈祷，或者是绝望而卑微的安慰——可悲的玩具。所以表现之对于他们，不是真正第一的东西，而是到达理念的真正生活过程中的"为生活的艺术"。若是他们能达到希望，听取了他们的祈祷，实现了热情的理念之梦，则已经没有表现的必要，艺术也马上被抛弃了（但是真正艺术家的梦，是接触到理念深处的实在，永远无实现的可能，所以，结局，他们还是终生的艺术家）。

然而客观的艺术家，则以另一态度来考虑表现的意义。他们不以主观来看世界，而系认真观察对象。他们的态度，不把世界拉到自己这一方来，而是从原有之姿的现实中看取其意义与价值。所以，对他们而论，生活的目的，是在于价值的认识，真或美的观照。然而，在艺术，观照的本身就是表现，所以生活与艺术，他们认为完全是同一义的东西。即是，生活即艺术，从事艺术即生活。艺术不在生活之外，在艺术自体之中即有其目的。为什么？因为他们以为生活的目标即是表现（观照）；艺术与生活，不过是言语的二重反复（tantology），可以说，艺术正是"为艺术而艺术"。

二

文坛所说的"为生活的艺术"和"为艺术的艺术"，真正的本质，实如上所述。此即为"为理念而艺术"与"为观照而艺术"的别语；究极地说，是从主观主义与客观主义，浪漫主义与现实主义的人生观的见地而来的，对于艺术的看法。凡是站在主观的浪漫主义立场的人，必然是"为生活的艺术"；站在客观的现实主义立场的人，必然是"为艺术的艺术"。但应该注意的是，这样的见解，是态度上的东西；在艺术作品的批判上，并无何等关系。

为说明此一事实，试另取一例来看看吧。做学问的人，有各种不同的态度。有许多人是为了立身处世而学问；另有笃志之士，为了社会民众的福利而想利用学术，因而从事学问；还有的人是想由学问以解释生活上的怀疑，以得到安心立命的所在。并且，也有什么目的也没有，纯粹因学问的兴味，为学问而学问的人们。

作学问的人的态度，虽有种种不同，然把学术仅视作学术而加以批判时，则仅问其真理的学术价值，而不关涉到其他的功利价值、实用价值。例如电信、汽船等，其发明的目的，不论其为了社会福利，或纯出于科学的兴味，但其发现的价值不变；学术上的批判，不问其利用上的有益无益。

艺术也与此相同，作家在主观上的态度，对于价值上的批判并无关系。所以诸君只要有志于艺术，则为了卖文求活也好，为了肥皂广告也好，为了社会风气或国民福利也好。若只从批判上说，则不关与到这些各个的解说与立场，而只问其表现自身的艺术价值；若站在各个主观的立场以听取艺术的批判，将一无所准据。为什么？或者会主张宣传的效果，或者重视商品贩卖的效果，或者强调教育上的效果，于是各个价值的批判标准，将纷歧不一。

所以作艺术批判，不问作家的态度如何，而仅从其所表现的作品，问其艺术的纯粹价值——作为艺术的艺术价值。仅问其在艺术价值上有无魅力。对于所谓教育电影，及预防传染病的宣传海报等的批判基准点，也与此相同。在此等场合，假定以其他的理由——如革命、社会意识等——而想提高作品的价值，这是怎样也不能接受的。

在对"为生活的艺术"和"为艺术的艺术"的批判上，也是同样的。作家自身的态度，不论其以艺术为安慰的"可悲的玩具"，或者以其为拼着生命的"庄严的事业"，这对于批判一方来说，并无关系；只要其有表现的魅力而给人以感动，那便是好的。因为艺术的批判，仅应在艺术的本身。换言之，艺术——不论任何态度的艺术——必须从艺术自身的立场，以艺术的目的去加以批判的。

然则以艺术的目的去批判艺术，是含着什么意义呢？换言之，艺术批判的基准点，究竟放在什么地方呢？对于这个问题的答案，正如大家所知道的：即是，艺术的价值批判是"美"；只有从这基准点，才可决定作品的评价。在这里，发然不容许有任何例外。除此以外，无所谓艺术的评价，这是不能加以拒绝的。

然而美的种类，有特色不同的两个显著的对照。一个纯粹是艺术的纯美，另一个是接触到人性生活感的某一别种的美。"为艺术的艺术"者所追求的，主要是属于前者的美。所以他们喜悦纯美的明净智慧，追求周到的描写与观照，加以表现艺术的洗炼，而且什么地方有种冷然非人性的感觉，追求一种冷静澄澈的美。另一方的人们，则不喜欢这种非人性的美。他们在艺术中所追求的，是更接触到人性的情怀，高调宗教感或伦理感，深彻于生活感情的更是"意欲"的，更有温感的美。

一切所谓"为生活的艺术"，都是追求属于后者之美。所以他们从这一点反对艺术至上主义的审美学，主张较为动态（dynamic）的艺术论。

"为艺术的艺术"者所追求的是睿智澄莹的观照的纯美，正是属于美术范畴的冷感之美。而"为生活的艺术"者所追求的，是更燃烧的，富于温热感的，属于音乐范畴之美。然而"为生活的艺术"，一开始便是站在主观主义的立场以思考人生，所以他们所求的，不是美术的纯美，而在于音乐的陶醉，这可说是预定的、当然的归结。这一点，对于另一方面，也可以同样地说。所以，称为"为生活的艺术"，称为"为艺术的艺术"，毕竟是主观派与

　　　　　　　　　　　　　　　　　　　　　　诗的原理

客观派对于美的趣味之不同，从本质看，可知道他们都是艺术主义者的一族。

<h2 style="text-align:center">三</h2>

由上节所述，我们已经解明了什么是"为生活的艺术"，什么是"为艺术的艺术"。在艺术上所说的这一对语，由以上所述而完全指出了它的本质。除此之外，决无其他的解释。然而在日本文坛，很不可思议的，从昔至今，流行着一种可笑的俗解。以下，对于这种愚稚的俗见作简单的启蒙。

过去的日本文坛，将"为生活的艺术"解释为"描写生活的艺术"。因此，有所谓"生活派"的文学，竟僭越地自称"为生活的艺术"。若仅仅"描写生活"而即可称为"为生活的艺术"，则古今中外，一切文艺作品，将皆属于"为生活的艺术"。为什么呢？不描写生活——human-life——的艺术，实际上一个也不曾有。或者是描写思索的生活，或者是描写求道的，或者以性生活为对象，或者所写的是孤独生活乃至社会生活。

然而，在过去的日本文坛，将"生活"一词，只作狭义的解释：主要是指为衣食的实生活或者是起居茶饭等的日常生活。所以他们的所谓"描写生活"，是以盐米奔波，或起居茶饭等的身边记事为题材之意，这即所谓"生活派"的文艺。但是，"为生活的文艺"，是本质与此不同的文艺。若是这种文艺可称为"为生活"，则此时的"为"字，是含着什么意义呢？这是 for 的意味，是向生活，而不是为了生活的目标。为什么呢？饮茶、聊天等的日常生活，或仅为盐米奔波的生活，即是为了"生的"生活，根本也没有任何理念，也没有任何目标。这个"为"字，可以成为"利用""作用"的意味吗？文艺不是因"描写生活"而称为"为生活"；是因为生活有理念，有追求理念的意欲，而始称为"为生活的艺术"。把家常便饭的生活记录，作没主观的平面描写，这分明不是"为生活的艺术"。日本文坛常识所说的生活主义的艺术，只是茶余酒后的小说，与真正"为生活的艺术"，是完全站在反对立场的文学。

真正意味的"为生活的艺术"，是如前所述，追求主观的生活理念的文学。例如哥德、芭蕉、托尔斯泰等，是典型的"为生活的艺术"的艺术家，沉溺于异端快乐主义的王尔德（Wilde，1854—1900），也是这一类的文学者，是"为生活而艺术的艺术家"，因为他是诗人的浪漫热情家，他一生是追寻着梦，追寻着某种异端之美的理想国。但世人每以他为艺术至上主义者，称他是"为艺术而艺术的艺术家"。对于此种谬误的俗见，应顺便在这里提撕一下。

原来，"为艺术而艺术"的标语，是由文艺复兴时代的人文主义者所提出；这是对于当时基督教教权时代，文艺受宗教或道德的束缚，因而宣布艺术的自由与独立的标语。人文主义者所想的是，艺术不是为了教会，说教，而是为了艺术的自身，应该作为"为艺术而艺术"地去评判。所以在当时所含的意思是，主张正统的艺术批判，并非对于"为生活而艺术"的另树一帜。

然而当时的人文主义者，因为一开始便是基督教的叛徒，所以"为艺术而艺术"的这句话，自然含有反基督教、反教会主义的异端思想。即是，当时的人文主义，故意写冒渎神圣的思想，追求基督教所厌恶的官能的快乐，赞美被基督教视为恶魔的肉体；因其反抗一切基督教的道德，所以他们所主张的"为艺术而艺术"

的口号，自然觉得含有异端的恶魔主义或官能的享乐主义。然而艺术自然是意味着美，所以像唯美主义、艺术至上主义这类的词句，必然与异端的快乐主义，或反基督的恶魔主义连结在一起。今日依然把十九世纪的王尔德或波特莱尔（Baudolaire，1821—1867）称为唯美主义者，称为艺术至上派，说他们是"为艺术而艺术的艺术家"，这实是文艺复兴以来人文主义在文坛上的传统。

然而不待说，这样的称呼，已经不是今日的东西，这和哥德（Gothic）式建筑的寺院一样，同样是属于旧式的中世纪的遗风。今日的时代思潮，"美"或"艺术"这种词句，已经不含有背叛天主教的异端意味；所以若我们文坛上还是以这样古风的意味来说唯美主义或艺术至上主义，实是很愚笨的事。今日可称为唯美主义的艺术，应该是超越人间感、生活感的真正超人的艺术至上主义——即是，纯粹的，彻底的"为艺术的艺术"。

第六章　表现与观照

我们已经把艺术上的两大范畴，即主观主义与客观主义，加以对照。并且以一切显著不同之点对照了艺术的南极与北极。然而地球的极地，是一个地轴的两端，较之一般人所想象的实更为相近。艺术的两个极地，决非如外表所见那样的相去很远；实际，在其共同的本质点，是互相共通的。这种共同点，即是艺术之所以成立，而形成表现之根本的观照的智慧。

我们已经说过，主观主义，是情意本位的艺术；客观主义，是观照本位的艺术。然而，任何主观主义的艺术，同样的，没有观照，便不能成立的。为什么呢？因为艺术因表现而始能存在；

并且有观照才能有表现。不管感情的热度是怎样高，决不能产生表现。感情不过是艺术的动机——产生艺术的热情。要表现的并不是感情，而是把感情照在镜子上，反映到音乐、文学上的知性的认识上才能办到。

为了解此一事实，试先对音乐加以考查吧。音乐是主观艺术的典型，是纯粹感情的表现。然而若没有优秀智慧的观照，则最单纯的小调也作不出来。何以故？因为音乐的表现，是通过音的高低强弱的旋律与韵律，照着原有的气氛以描出心之悲或喜的。音乐家以音描出内心的情绪，也和画家以色与线描出外界的物象相同，都是对象的观照。两者所不同的，仅其对象有内心与外界、时间与空间之别。

抒情诗也与此同样。诗人若非捕捉住感情的机密，无遗漏地表现其呼吸或律动，则诗如何能给人以感动呢？而"表现"的自身即是"观照"。所以若只是感情高扬，缺少观照感情的智慧，则将成为未开化的人或野兽的狂号乱叫罢了。盖诗人与一般人的分别，艺术家与一般人的区别，全在乎此。前者能够表现，而后者不能表现。

所以只要有表现，有艺术，则必定有客观的观照。实际如意大利的美学者克罗齐所说的一样，无认识（观照）即无表现，其表现即其认识。我们不能写出我们所不知的事情。而所谓"知"，即艺术上的所谓"观照"。所以观照与表现是同义字；因之，亦即等于艺术。实际，人的一切生活，都是同样的思，同样的恼，同样的感，同样的经验。然而多数人不能将其表现，仅艺术家能够，这是什么原因呢？因为仅有艺术家具有天惠的特殊才能，即所谓"艺术的天分"的原故。

所以一切的艺术，不问音乐与美术，不问诗与小说，皆由观照而始能成立。然而被观照的东西，在其观照的范围内，必是客观的；[1] 所以，在语言的纯粹意味上的主观——若可以这样说的话，是艺术上所不存在的。然则作为表现的主观主义与客观主义，其特色又在哪点上有所不同呢？更不能不再作一次考察。

第七章　观照的主观与客观

任何纯感情的主观主义的艺术，但无观照即不能有表现，已如前章所述。然则主观主义与客观主义，在什么地方而态度、特色不同呢？具有表现的观照，这是两者所一致的。然而自然派等现实主义的文学，常常非难浪漫派为感伤的，没有客观性的。可见两派在观照中的态度，其根本确有不同的地方。

是的，这里有一个很明显的不同。在主观主义的艺术，观照不作为观照而独立，常把观照与主观的感情连结起来。换言之，他们不就对象来看对象，而常将对象引入于自己主观之中，融合于自己气氛感情之中，例如写恋爱诗的人，沉溺于恋爱情绪之中，以其高的感激之情来作表现。此时的表现，常是和把感情照映在智慧上的不断的观照，同时并行，而常为自己意识所不自觉。对象不在内心而在外界时，也是一样。例如西行这样的诗人，对于

---

[1] 相传李白斗酒诗百篇。这大概是一面饮酒，一面赋诗，不是在泥醉中作诗吧。酒醉时感情亢进，常深一层地看世界，但实际不能作任何表现。何以故？酒精的麻醉，会遮蔽了观照的智慧。醉人无艺术。译者按：李白的清平调，似乎是泥醉中的作品。酒可以使人把生活中许多杂乱的东西忘去，而独将藏在诗人感情深处的东西，无牵无挂地表露出来，以其平时已经熟练的表现技术加以表现，于是酒确有时可与诗人以助力。不过与诗人以助力的酒，总是微醉以后的酒，或者是醉后乍醒，天地寥廓，却只剩下洗拭不掉的一副苍凉情绪的酒。似乎不能笼统地说"醉人无艺术"。

自然风物，不是观照自然的本身，而是高扬主观的感情，融合自然于感情气氛之中。

所以他们的认识，不是知的冷彻的认识，而是在感情温暖的薄霭中，像是罩着温情而显得模糊。这是融入于主观的客观，不是知性可以分离的。然而现实主义的客观派，排斥这种感情的态度。他们是就物来看物，以科学的冷静态度来使观照明彻。所以排斥主观，不以感情看物，由冷酷透明的睿智，作真正客观的观照。因此，前者的态度是"为主观而观照"，而后者是"为观照而观照"。

然而，真正"为观照而观照"的艺术，实际是非常之少。文学方面尤其是如此。大抵人在其观照的背后，另有其主观以形成其"意味"。详细地说，是想由如实地描出这种真实的世界，将作家情感的某种主观暗示之于读者。归结地说，两者的不同，前者是直接露出主观，而有所主张；后者则是像绘画样地描出，使人看见人生的缩图，将作者主观的意味暗示于读者。即是，前者的办法是音乐，而后者的办法是绘画。

像这样地想，则所谓客观主义的文学，毕竟也是"为主观的观照"，与其他并无分别。许多主观主义者常常这样想，哪一方面最后的目的既都是主观，都以描出主观为主，则不采取间接的慢慢的绘画式的描出，而径把主观直接摆出来，露骨的控诉、叫唤、主张，岂不是更为好些吗？因此，他们常直揭主义，或作演说，或评论人生观；还有更进一步像主观的诗人们，径行直率吐露自己的真情，尽情地呐喊。他们实在是脾气粗暴的急性人。而这种急性的诗人们，常被客观主义者怜笑。因为客观主义者，对描写人生真相的本身，即具备着艺术的特别的兴味。恰如一切的科学

诗的原理

者，虽以探求真理为自己的理念；但实际上，对科学的自身，从事科学的自身，惟有学者的兴味。若没有这种兴味，恐怕什么人也不想当科学家了。同样的，艺术家们，对于从事艺术自身，对于观照世相的自身，即有特别的兴趣；否则恐怕一开始便都成为主义者，思想家，而不成为艺术家了。

这里即是主观主义者与客观主义者的分别。在前者，首要是吐露主观，尽情倾诉；后者则同时与描写为其主眼。因之，后者的良心，在于得到客观的明澈，使真实能够确实；所以他们之排斥主观主义者的感情的态度，乃出于重视对"真实"认识的良心，但在前者，则较之真实而更重视感情，于是要求向主观作一直线的表现。

这两者的关系，恰似两个旅行者。主观主义者认旅行是为了急于到达目的地，不是为了旅行而旅行。他们慌忙地前进，似连四围的风景人情，都无意观察。反之，客观主义者，是对于旅行的本身便有兴趣的旅行者。当然，他们也会有一定工作的目的的。但是能够到达与不能够到达，他在主观上是无所谓的；所以他当前的兴趣和工作，是观察周围的社会，调查人情风俗和凭眺世态。而且，旅行本身的真正意义，实在于此。所以后者是"为旅行而旅行"，是真正意味的旅行家。而前者则是不认旅行的自身有意义的旅人：人生中慌乱而性急的脚夫。

属于此一典型的，多半是宗教家、求道者、主义者、哲学家；在艺术家中颇为少见。因为艺术家是对艺术的自身——为艺术而艺术——有直接兴趣的种族。小说家、戏剧家，哪怕是最主观的作家，还是观察人生，描写风俗，对表现之自身有其兴趣（不如此，即不能产生任何小说与戏剧）。所以他们认识的态度，常常纯粹是客观的，从主观的情意而独立。真正由主观的态度，以感情之眼来看世界的，在一切文学家之中，惟有诗人。诗人才是在语言正当意味中的纯粹主观主义者。

第八章　感情的意味与知性的意味

自然主义的写实论，是就世界原有之姿，不作丝毫主观的选择，用物理镜头样的忠实地加以描写。当然，他们的艺术论，是对于当时浪漫主义文学——这是以褊狭的道德观与审美观作过分的选择——的一种反动；在此一限度内，固有其启蒙的意义。但是，这样的写实论，除了它的启蒙意义之外，世上真正像这样缺少意念（sense）的思想，恐怕实际上是不会有的。何以故？因为没有主观的选择，即没有任何性质的认识。毕竟，认识这种事情，不外乎是对于混沌无秩序的宇宙，随着主观的趣味、气质，一面选择，一面创造其意味的事情。

所以由人所看的世界，它自己本身就是"作为意味的存在"。并且，所谓"价值"，是指意味在普遍中的价值而言。一切人类文化的意义，不外乎是在宇宙的意味上，发现真善美的普遍价值。所以，道德、宗教、学术、艺术——所有人类文化的本质，结局，都是在其普遍的价值上，发现意味的最深的东西，与人生以一种创造。

然则意味最深的东西到底是什么呢？主观地想，意味是气氛、情调。人在酒醉的时候，感到世界的意味特深。在恋爱的时候，觉得世界充满了色彩和影像，到处都是意味深长。并且燃烧着道德感正义感的时候，在宗教气氛高涨的时候，人生的一切都是意味无穷，觉得汲也不能汲尽。因此，倒转去唤起主观上的这种气氛的东西，即是传音波于感情的高空线，以诱导心的电气的东西，都有作为意味的认识价值。然而，这些气氛感情，都是使心境高翔、波涌，使人感到是向某种普遍伸展的东西，即是属于美学上之所谓"美感"；这和普通私有财产之无价值的感情，即是美学上之所谓"实感"，[①]是两不相同的。实感，是没有意味之感，是除了私人以外，再没有价值的；而美感则是普遍的，响彻于万人之胸，并且使人感到想表现的强烈冲动。一般说来宗教感、伦理感，及艺术的音乐感的本质，正在这种地方。

这样，从一方看，意味的深浅，比例于感情的深浅；越能给情线以振动的东西，越是意味深长的东西。然而，在另一方面，站在客观的立场看的时候，意味的深浅，也比例于认识的深浅。更深地触到真实，触到事物及现象背后的普遍法则的时候（科学真理），或触到在科学真理之上，与法则以法则的根本原理（哲学真理）的时候，吾人即称这为意味深长。此时的"意味之感"，不消说，是一种合理感，是理性的抽象概念。但是，理性作为理性自身而直接与以意味之感的，是艺术上直感的理性（观照的智慧）；其认识越深，直感的意味也觉得越深。而且，此直感的理性，除开它概念性之有无，本质上，与科学上哲学上的认识相同，常常总想把藏在事物与现象背后的某一普遍实在的东西——即自然人生的本有相——在观照之面，反映出来。

---

① "实感"一词，今日文坛上转用为"体验"或"生活感"的意味。但当初使用它是自然主义，是照美学上的原意来用的。即是，当时所谓"以实感写"的意味，是用没有美的陶醉的感情，以散文的现实感来写的意味。文坛上，此一名词虽经转化，但一般社会，依然常常照它的原意使用。

内容论

像这样，"意味的深浅"，一方可用感情测量，一方则由理性测量。然而理性的自身，恐怕不能测量意味吧。意味，是一种"感觉"，是属于广义的感情。所以归结地说，一切都是归属于主观上测量。然而，"感情的意味"与"知性的意味"，在其意味所感的色度、气氛上，确不相同。例如吾人陶醉于音乐，感到人生的意味很深的时候；和开始学习爱因斯坦的相对性原理，感到世界的新的意味的时候，虽同为"意味之感"，而其感的色彩则相异，在某些地方有着特别的不同。而就是因这种"意味之感"的解释不同，遂使柏拉图和亚里士多德之间分手。

　　柏拉图和亚里士多德在哲学上的浪漫主义者和现实主义者的差别，已经在另章说过。但这里不能不更触到根本的本质。最紧要之点，是柏拉图与亚里士多德，在本质上是完全一致的，他们同是形而上学者，同是追求在现象背后的本体。可是，不同之点，在于前者的态度是瞑想的、哲学的；而后者的态度是经验的、科学的，换言之，前者在时间的"观念界"中，想直接由瞑想达到实在；而后者则想由空间的"现象界"通过物质的实体去看实在。然而，在究极，两人所想看的东西是一个，都是形而上学的实在。虽说如此，但他们师弟之间，为什么最后终于引起争论呢？因为，此一悲剧，是来自弟子不能理解老师的"诗"，而老师则没有读弟子的"散文"，这是因于气质所难避免的运命。

　　想到柏拉图时所思维的，首先应了解他是一个诗人。在他，不能思考冷的，结冰的纯理的东西。他的理念是诗的，带着情味深的影像，是神韵缥缈的音乐。反之，亚里士多德，是气质性的学者，是古代典型的学究。他完全没有诗的情趣。所以他的哲学的实在，是纯理的、智的概念，是冷的、无情味的纯学术上的观念。换言之，亚里士多德的观念，是纯理的意味；而柏拉图则是宗教的意味。柏拉图的理念，是融于感情之中，包着一层富有情趣的轻霞薄霭。因此，以亚里士多德的纯理去理解它，乃不可能之事。在那里，是感情与智慧相融化而无法分离的。

柏拉图的这种观念，它本身就是文艺上主观主义者的观念，也是观照的法则。如前章所述，主观主义者的观照，常是与感情共同活动，融化于感情之中，不能和主观分开去思考的，情趣温暖的东西。反之，写实主义的客观主义者们，一面是感觉到智慧的透明，一面是意识到为观照而观照。所以他们要把致使透明的东西模糊，所有主观的，情感的东西，都加以放逐。他们是想以亚里士多德的，没主观的认识，深透到事物的本知。

所以，主观派与客观派，结局，是他们观念着的"真实"之意味，有了不同。一方是追求宗教感的，接触着感情之线的真实；而另方则在探求纯知的，观照上很明澈的真实。因此，两派关于真实的意见，常在此一点上发生差异。自然派之非难浪漫主义，写实主义者以空想的文学为虚伪，毕竟是因为它站在客观主义的意味上来了解真实；这与柏拉图的不幸弟子亚里士多德之不能理解其老师，正复相同。若站在柏拉图的立场看，则不论怎样观照彻底的写实主义的文学，在其真理的深度上，连带着感伤情调的一篇恋爱诗也赶不上。所以哲人巴斯噶（B. Pascal，1623—1662）说过："感情知道理性所不知道的真理。"[①]

---

① 巴斯噶的话，许久都被人认为很神秘。因为"知"都是属于知性。感情知道理智不知道的东西，好像盲者之能见物样的不可思议。然而巴氏此言的意味，不是指的那种无智的感情，指的是与智慧之认识共相融合的感情——即主观态度之观照。

第九章　诗的本质

现在吾人开始解答本书最初标题的题目，诗是什么。诗是什么呢？不就形式来说，而就内容来说，所谓诗，到底是什么呢？吾人对此的解答，好像在前面某章的什么地方已经暗示过，又好像不曾说出来。总之，这里，将作一个决定性的解答。

在广的意味上，对自然或人生，到处所意识到的一种不可思议的所谓"诗"到底是什么呢？吾人大胆地把它称为不可思议。何以故？因为此一语言虽常由许多人使用，并到处被人思维，但它没有一个判然的定义；它的正体在哪里，并不分明；在无从捕捉的薄雾中，它是作为暧昧茫漠地存在。吾人于此应解明其不可思议性以确立诗的本质的定义。

第一应解明的，这种意味的诗，不是指的形式上的诗，而是指的诗的这种文艺所含的本质的，普遍的本体上的精神，即"诗的精神"这里，为解决问题，试将一般场合，大家普通所认为的诗的精神来看看。若观察多数场合中的例证，而看取其一切共同的本质，则吾人将意外地，自然地，可以达到诗的定义。但此时，一方面须对于与诗的精神相反的，即世人所说的"散文的东西"，①作对照的同样的思考。

人们把什么认为是诗的，把什么认为是散文的呢？当然，如后所述，此种感觉，乃因人而各异。但为使思考简明起见，特别

---

① "诗"的对语，或者不一定是"散文"。因为"散文"是对于"韵文"说的，未必是诗的对语。但是，一般依然是把散文作为诗的对语使用。所以，一般所谓散文（prosaic）者，乃指不是诗之意。这里用的 prosaic，当然是用此种普通解释的语意。

对于在一般场合中，拿多数人所一致感觉的例证来看。并且尽可能地举多数的例证来看。若先就自然而论，一般人常把青山绿水、风光明媚的风景，而称之为诗。或把月光之下，苍茫的夜色，而称这是有诗意；或者把轻霞薄雾所笼罩的朦胧景色，而称之为诗。并且，把与此相反的，即是平凡而无魅力的景色，照耀于白日之下的街道，或一览无余的凭眺，都称为不是诗而是散文的。

由同样的感觉，而人们常称某一都会为诗的都会，某一都会为散文的都会。例如，一般的定评，皆以奈良或京都为"诗之都"；以大阪东京为"散文之都"。或称意大利的威尼斯为诗的，而称曼彻斯特或纽约为散文的。还有，热带无人的非洲内部或原始的南洋塔希提岛（Tahiti）等，只要吾人一经想到，即会感到诗的兴奋。而与此相反的，则是吾人到处司空见惯的文明社会。

就人物来说，丰臣秀吉或拿破仑的生涯是诗的，而德川家康则为散文的。纪文大尽的巨富是诗的，而许多勤俭成家的人则是散文的。作为法国革命原动力的卢骚，觉得他是纯粹诗的人物；而作为革命实行家的罗伯斯庇，则觉得他是散文的人物。更就一般来说，数奇而富于变化的人们的生涯是诗的；平淡无奇的人们的生涯是散文的。

更举其他的例子来看吧，乘飞机以横断太平洋，或乘旧日的篮舆而旅行原野，这是诗的；坐普通的火车去作平凡的旅行，则是散文的。恋爱、战争、或牺牲的行为，是诗的；而结婚、家计等单调的日常生活则是散文的。一切，历史的往古的东西是诗的；而现代的事物则是散文的。并且一般地说，越是神话的东西越是诗的；而越是科学所实证的东西越是散文的。

以上，吾人尽可能的，就许多场合中，一般所认为那是"诗的东西"与那是"散文的东西"作了相互的对照。但是,如前所述,这种感觉,乃因人而各异;所以甲觉得是诗的,乙未必觉得是诗的。此方的人认为是诗的东西,另方的人也可能认为是散文的东西。上面的例,毕竟是假定那是大多数人的一致,仅仅是照着世俗的一般的见解。所以,若以特殊的个人立场看,当然可以有和一般见解不同的看法。以下,我们再看看在特殊场合之下的情形。

在前举的例子中,一般人以奈良或京都是诗的;以意大利的威尼斯为"诗之都"。然而住在奈良或京都的人们,果然感觉自己所住的街巷真是诗的吗?再举其他的例来看吧。欧美人常以东洋为"诗之国",特别把日本看作是太虚仙境一样。因为,在他们看来,日本的神秘的牌楼、佛寺、和服、艺妓、纸屋,一切都使他们感觉是梦幻的诗。但是,就我们日本人看,像和服、纸屋、木屐这类的东西,更是散文不过了。对我们而论,欧洲的一切,倒很有诗意。意大利威尼斯的艺术家们,宣称要烧掉平底船(gondola),破坏水市,建设以汽车与飞机之爆音所充满的,几何学的钢筋水泥的近代都市。盖在他们看来,宇宙中再没有像那种做霉臭的古都之无趣味而毫无诗意的东西。

正与这相同,都会人的诗常在田园;而乡下人所想象的诗则常在都会。前例所说,以非洲内地或热带孤岛为富有诗意,是被烦琐的社会制度所烦恼,因机械煤烟而神经衰弱的一般文明人的主观。相反的,住于那种未开地的人们,眺望着近代文明的稀奇机械,魔术样的大都会,或掩映于玻璃宫之窗的不夜城的美观,觉得这才是无上的诗境。在现代的我们看,坐轿子旅行才有诗意;而昔日的日本人,则觉得这再散文也没有了。他们倒以坐西洋的火车旅行，有无限的诗意。

因此，站在个人的立场想，各人的思维都是互不相同。所以什么是诗，什么是散文，不能下一明白的判定。毕竟是因各人的环境或主观之不同，而所见的诗之对象亦因之而各异。像这样，我们对于诗的定义只好绝望了吧。然而，这里所要认识的对象，不在于什么东西是诗的；而是要认识关于诗的精神之本体是怎样的性质。换言之，问题不在于山的景色是诗？海的景色是诗的这类对象之区别，而是在于对这些一般的对象，为吾人之心之所感，而觉其为"诗"的本质，是具有怎样的一种本性呢？

现在，试就一般的场合，而探求其各个的共通的本质点。当然，此时的思索，不是就一切诗的对象看，而仅观察感物而动人的心意。所以，一开始作为例题的多数人的普通解释，及以后所说的在个人特殊场合的各个解释，在这一点上，则都是相同，都可以无所差别而作一样的想法。然则，诗的本质是什么呢？第一，可明白解明的是，凡是在看的人的立场上，觉得是平凡的、见惯的，感到是无聊的，毫无意义而不能使人感到刺激的东西，决不能唤起诗的印象——即是，这些都感觉是散文的。

大凡感觉为诗的任何东西，都是某种稀罕的、异常的，在心的平地上呼得起波澜的东西；在现时环境中所没有的，即是"现在所无的东西"。所以吾人常憧憬于未知的事物，对于历史之过去而感到有诗意；对于现时的环境土地，对于非常熟悉的东西，对于历史之现代，都没有诗的感觉。这些"现在的东西"，都是现实感的，所以都是散文的。

因此，诗的精神之本质，第一是"向着非所有的憧憬"，是揭出某种主观上之意欲的追求。其次，应解明的是，凡给人以诗的感动的东西，在本质上，都有"感情的意味"。试以例子来证明此种事实吧。神话较之科学更是诗的；月夜较之白昼更是诗的；奈良较之大阪更是诗的；恋爱之家常生活更是诗的；丰臣秀吉较之德川家康更是诗的；一般人这样的认定，到底是什么理由呢？

先把神话与科学来考查看吧。昔人见月而想象里面住着有嫦娥这样的美人，想象它是天界之理想国。然而，今日的天文学，说明月是死灭了的世界，不过是暗淡的土块。科学的知识，使吾人对于月的诗情幻灭了。因为在科学中，没有可以唤起自由的空想或联想，没有丰富的感情的意味，而只有冷冰冰的知性的意味。一般觉得夜色，或带雾的风景，比之于白昼的东西，更感觉其有诗意的理由，正与这是相同的。即是，前者有空想与联想的自由，可以强烈地唤起主观的感情；而白昼所照出的东西，没有那种感情的意味。反转来，是强制人以知的认识，使人要作现实的观察。奈良与大阪的关系，也和此相同；前者有怀古之幽情，而后者则没有感情的意味，只是实务的商业都市，一切是属于知性的计算。

有空想、联想之自由，可以唤起主观之梦的一切东西，本质上，都可以认为是诗的。反转来看，无空想之自由，不能有梦的感觉的一切东西，本质上便是散文的。所以，形成诗之本质的一切，究其极，好像可以用"梦"一语而将其包括尽净。然而，吾人之任务，是要把"梦"一语的意味，到底是概念些什么，加以考查。

"梦"是什么呢，梦是向"现在所无的东西"的憧憬，是不由理智的因果所规整，向自由世界的一种飞翔。所以梦的世界，不是属于悟性的先验范畴，而是属于与此不同的自由之理法，即属于"感情的意味"。① 诗之本质的精神，是由此感情之意味所倾诉着的，对现在所无的东西的憧憬。所以，至此开始渐渐弄清楚了诗是什么。诗是什么呢？所谓诗者，实系由主观态度所认识的宇宙的一切的存在。若是生活中有理念，而且在感情中看世界，则一切对象都令人有诗的感觉。倒转来说，触上这种主观精神上的一切东西，不论任何东西，它的自体都是诗。

所以"诗"与"主观"，可以说是言语上的等号（equal）。一切主观上的东西是诗，客观的东西不是诗。然而，这里我们可以提出一个疑问。何以故？因为诗的自身，也有主观主义与客观主义的对立。诗若是与主观同义，则无所谓诗中的客观派。其次，还有许多艺术品，是极客观的自然主义，但它有使人强烈感觉是诗的魔力。这又是怎样的一回事呢？这些问题，下面再慢慢地解说清楚。

第十章　人生中的诗的概观

诗的本质，已如前述，是"主观的精神"。然则此主观精神的"诗"，究在人生中的何处呢？这里所说的人生，是就人类生活在文化中所显扬的价值而说的。吾人试在此章对道德、艺术、宗教、学术等而概观诗的精神之所在。

先从道德的精神来看吧。道德精神，无论如何，在本质上是一种诗的精神，是包括在诗的广义的含意之内。何以故？伦理感

---

① 康德将理性区分为二部，使因果之理性与自由之理性对立，即所谓"纯粹理性"与"实践理性"。在康德的意味，自由理性仅关于伦理。然而，在其系指"感情之意味"的范围内，不仅是单纯的道德感，尚应当加入艺术上的美的理性。

的本质，其本身不外是揭示感情之理念（idea）的主观精神。特别其中如爱的情绪，是与恋爱相结合而成为抒情诗的根本，与人道结合而成为主观主义文学——例如，浪漫派等——的主要主题。爱以外的其他道德感，也都是扣着人的心弦，使人感到普遍精神的伸展。即是，一切的伦理感，在本质上都是属于美感；在其"感情的意味"中，都强调着与诗相同的高翔感或陶醉感。这里，顺便将道德情操中各有特色的两种不同的德目加以叙述。

道德情操中一般所称为"善"的东西，各有其内部的分类。例如，"爱""正""义"等，其伦理之内容不同，因而其情操亦随之各异。其中最纯粹属于感情的，而且系实践的东西，不待说，是"爱"。爱里面完全没有论理，其情操是纯洁的感伤，是女性的柔和，是温情的眼泪。普通所说的"情绪"（sentimental）的美感，在此种道德情操中是最高调地被表象出来。人道主义、爱他主义，乃至其他的博爱教等道德，都是根源于情绪。"正"、"义"，则系立足于某种主义信念之上，所以含着相当思想的要素。

因此，一切称为主义的东西，都是出发于伦理的正义感。而且此正义感的情操，乃与爱相反，而是男性的，有反拨力的，强调意志，有使人高翔于云汉之上的感觉。康德说明伦理感的本性，谓在天有光辉的星辰，在地有不易的善意，其语调中正明示此种伦理的情操。它与爱的情绪相并对立而为道德感之二大德目（此种对立在文艺上是怎样表现出来，随后可以了解）。

像这样，道德情操，其本质是诗的精神，所以一切以伦理感为基调的文艺，必然的，被摄入于"诗"的观念之中。然而，具更真切之诗的，不是道德而是宗教。为什么？因为宗教里，"感情的意味"更浓，理念之梦更深，有着永远思慕实在的柏拉图的哲学。宗教的本质，实际是向某种超现在的东西的憧憬，是向灵魂的理念之倾诉（祈祷）。所以宗教情操之本质，是与诗所有的第一义感之要素符合，表象着艺术的最高精神。实在说，诗与宗教，本质上是相同的东西。其不同之点，一方是表现，属于艺术的批判；一方是行为，属于伦理的批判。

较宗教更为思辨的，较主观更为瞑想的，即是所谓哲学。狭义的哲学，是对于科学的哲学——认识论、形而上学、论理学、伦理学等。然而，此语的广泛意义，则并非这些特殊的学术，而是就一般有"哲学精神"的一切思想或表现来说的。此种关系，恰似"诗"一语，有的是就诗学之形式来说的，有的是就内容上一般具有诗的精神来说的一样。广意味的哲学——即是有哲学精神的东西，本质上是揭明主观，想突进到某种实在的东西或普遍原理的东西的思想。例如，卢骚、哥德、尼采、托尔斯泰等这些大的诗学的人生评论，都是属于此一类的。

然而在哲学一语的更本质的广泛范围，是包括一切有理念的主观，及主观表现之一切。例如，由此而说"李白的哲学"，"华格纳（Charles Wagner）的哲学"，或者批判某一艺术，文学是有哲学或没有哲学等。这种意味所说的哲学，是就哲学精神中究极的东西而说的，即是，就"主观性"而说的。所以，说"没有哲学"，乃是说没有主观性所揭示的理念，即是，在其本质上不是诗之意。哥德说"诗人不能没有哲学"，当然是就这种意味说的。

最后，在与诗的精神最为遥远的极地，闪耀着科学的没主观的太阳。谁也知道，科学是排斥主观的精神，抹杀一切"感情的意味"。所以一触及科学道德、宗教，都无所取，而以知性冷酷之眼去批判。科学一词似具有将诗从"人生"予以抹杀的恶意任务。

然而，这种科学精神，却是出发于对宇宙不可思议的诗的惊异，及想探求未知的超现在的诗感，这是多么奇妙的矛盾。盖科学是诗的精神的最大胆的反语，从它所否定的东西中，反将创造出其他的"梦"。所以有了科学，便有飞机，有磁力，有收音机，有电信，有不断的新发明与梦。假使没有科学，则人生该是如何干枯而无变化，成为没有梦的单调的东西。像这样的想，也可以逆说着科学才是"诗中之诗"。

一般的观察，宗教、道德、科学、人生价值的一切东西，其本质皆是诗，皆可认为是诗的精神之所在。实际，在其本质上的意味，诗是人生的"普遍价值"，一切文明由此出发，以此为基调的实体。至少，没有诗的精神的基调，不能感到人的生活的意义。这实是使生活成其为生活，人成其为人，使人回向于真、善、美之高贵的人性的本源。——诗的精神之本质其实就是人性（humanity）。

然而，我们应注意到语言的使用。若是扩大"诗"的语言，一味茫漠地延伸，使诗的外延达于无限，则诗在此种无内容的空无中，恐将成为毫无意味，而告消灭。语言，都是一种比较，仅在与其他的关系中才有其意味；所以将诗一语，在正规说法的范围中，切断掉与其他的关系。换言之，我们是对于较客观的东西而提出较主观的东西，俾限定诗在此一狭窄范围之中。至少，先应从诗的范围中逐出科学。其次，则将拒绝某种哲学——笛卡儿、黑格尔。为什么？因为这些东西，是过于干燥无味，知性的意味太浓，可以称为诗的气氛太少。

然则，从学术的那一边可以进入于诗的范围呢？对于此一限定，以一般共同认定的常识较合适为准。世间的定评，是称柏拉

　　　　　　　　　　　　　　　　　　　　　　诗的原理

图、布里诺、尼采、叔本华、柏格逊、老子、庄子等为诗人哲学家。因为他们的思想是主观的，不像其他学究，作纯理的思辨；其意味是经由有情趣的气氛说了出来，所以此等思想家，是公认的诗人。诗一语言所能扩大的广泛范围，也应在这种思想、学术的边缘上切断。若再向前延伸，则将使诗的语言消失于空无的里面。

这里，我们可以先描画出诗的圆周线。接着，再向内去求圆的中心点。什么地方是诗的中心点呢？不消多考虑，其中心点即是文坛之所谓"诗"，即是指吾人之抒情诗叙事诗。所以，以诗这一语言为中心地去想，则真正可称为诗者，乃吾人所说的诗（抒情诗，叙事诗），其他一切的文学、思想，仅系类似于诗，不过可以称为诗的东西（按："诗的"两字系形容词）而已。

第十一章　艺术中的诗的概观

在艺术以外的东西中，诗的精神之概观，已经说过。现在特别对于艺术来作一查考。在艺术世界中，什么地方有"诗的东西"呢？应预先申明一句，此一质问，乃对艺术自身而言，并不涉及其他关系。若是对照着其他的关系来说，则艺术都是属于本质上的诗。因为艺术的意义是美，而美的自身，即系"感情的意味"，纯粹是属于主观上的东西。常常有某种艺术，标榜着"像科学样的客观"。但是，此时之所谓"像科学"，只是修辞上的比喻，并不是文学上的正解。任何艺术，决不会像科学样的没情味、没主观的。

所以对照着科学来说的时候，艺术的自身，可以用"诗"的观念来称呼。并且广义的"诗人"，是指人生中的一切艺术家的。因为艺术在人生中最是主观的东西，最是"诗的东西"。然而言语仅在其相对的关系中始有其意义。我们在这里所要问的，不是艺术对照着其他的关系，而是在艺术自身的各部门中，何处有比较上的诗呢？

试进行考察吧。何处有艺术中的诗呢？最初了解得最清楚的是，诗一语，其本源是实在的文学，即是叙事诗抒情诗等。但除了此种最清楚的解说外，试从其他形式之表现中，来探求诗精神的最高的东西看看。第一应首先想到音乐。音乐，——不论是西洋的或日本的——本质上都是属于主观艺术的典型。像音乐这样强烈诉之于感情的意味，使人感觉其为诗的表现的，可以说是没有。在此一意味上说，音乐可以说是诗以上的诗，诗中之诗。

然而人常常指音乐中的某种特殊音乐为"诗"。例如：人常常称萧邦、贝多芬、杜布西（Debussy）们为诗人音乐家。但是不以此称呼海顿（Haydn）、巴哈、韩德尔（Hândel）们。这是什么原因呢？因为已如前面另章所述，在音乐部门中，也有主观派与客观派的对立，而萧邦等是属于前者，巴哈等则属于后者。诗这一语言，常在一切关系之比较中，仅是属于主观的东西（参照"音乐与美术"）。

然而，我们在这一章，将特别考察文学中的情形，因为诗的形式，本来是属于文学；与小说、剧曲，有密切的关系。可是，文学，诗以外的文学——在何处有诗的表现呢？第一所想到的爱伦坡（Poe）的小说，梅特林克（Maeterlinck）的剧曲。如一般所说，这些都是"散文诗"，是以小说剧曲之形来表现诗精神的最高的东西。我们读爱伦坡《阿夏馆的没落》，梅特林克的《坦塔纪尔之死》的时候，感到与其说是在读小说戏曲，无宁说是在读纯粹的诗。至少，此等文学的本质，与诗中的第一义感的精神是相共通的。并且诗之第一义感的精神，是想要接触到宇宙实在性的形上学之宗教感——所以宗教是诗精神之最高部分，——这在前章已经说过。

这种从宗教观来的情操，在艺术上普遍称为"象征"。关于象征的其他解释，后再详述。总之，爱伦坡，梅特林克，由此而被人称为象征派。次于这种象征派，而强调着诗的精神的文学，如人所周知，是浪漫派、人道派的文学。实际，哥德、雨果（Hugo）、大仲马、托尔斯泰、杜思妥也夫斯基们的小说，使人感到有着诗精神中最热情的东西。因为他们的主题，主要系立足于爱情、人道、道德情操之上。如前章所述，一切伦理感的本质，其自身都是诗的精神。所以由伦理观念——包含恋爱——所写的东西，必然会刺激情绪，与人以一种抒情诗的陶醉魅惑。一切伦理感的文学，其自身都是诗的。

然而，这里有排斥此种宗教感、道德感，在一切上，都拒绝"诗"的文学。此即人们所知道的，自然主义的文学。真的，自然派的文学，是想从艺术中抹杀掉诗，否定一切主观精神的文学。他们觉得自己是由冷静的客观态度，真正"像科学"样的观察，以贯彻纯粹的写实主义（realism）。"排斥主观"，这是他们叫得最响的标语。实际，他们以为艺术是由科学的没主观的态度所创作的。并且排斥一切的情绪与感情。尤其是排斥爱、人道等的伦理感。在自然主义的语汇中，以这些东西为"感情主义"（sentimentalism），而投以无限的白眼。

这种自然主义的文学论，根本是与诗势不两立，正是诗的敌人，诗的精神之虐杀者。但是我们暂时不问文学的主张，而观察实际的作品看看。因为艺术常常是作品与主张并不一致；有时且有完全矛盾的情形。自然主义的文学正是如此。例如，我们看看左拉吧，看看莫泊桑吧，看看屠格涅夫吧。他们的作品中，真正没有主观吗？恰与此相反，岂不是使人感到伦理感、宗教感太强了吗？他们一切作品，都由热然的主观，主张某种正义；对于社会的因袭，咬牙切齿，燃烧着憎恶的强烈感情。

对于这种不可思议的矛盾的自然主义的文学，应稍稍谈一谈。法国十九世纪所发生的此一文学运动，正是对浪漫派的反动，而代表时代思潮的启蒙运动。他们压根儿讨厌浪漫派的过度甜美化，及沉溺于爱及人道的伦理主义之中。他们信奉当时的科学思潮与唯物观，偏于采取怀疑的态度，反对前代浪漫派的乐天观。而且从这种虚无的人生观，向一切的道义、风俗挑战，故意描写人生的丑恶，强调人性的本能，揭露人性中被隐蔽的东西，散布着性的实感。

所以自然主义的出发点，一开始便是站在人文主义者的反对的立场；究竟地说，是反道德的道义主义。这里，读者试再想想前章前述的吧。在前章，我已说明了伦理情操中的两个种类。即是，以"爱"为动机的道德感，和以"义"为动机的道德感。前者以女性化的泪为其特色，而后者则以男性化的反抗为其特征。而且两者是在一条伦理线上相对的。自然主义的伦理感，不待说，是根据于后者。他们的意志，是反对浪漫派的感伤道德，站在怀疑的见地以叫唤另一种的正义感。这不是"没道德"的态度，而是"反道德"的态度。

这种自然派的文学，不待说，本质上是属于主观主义的。它是热情很高，主张教条，而充满诗的精神的文学。他们的作品，根本上与其主张相矛盾。他们自身的文学论，一开始，在认识上便是矛盾的。原来，艺术上的客观主义，本质上，是观照本位的文学，所以写实主义的立场，必然的，应该是"为艺术而艺术"（参照"为生活的艺术为艺术的艺术"）。然而，自然主义，一面主张科学的没主观的写实主义，而另一面又主张"为生活的艺术"。这种自觉上的矛盾，成为上述的结果而表现出来的，便是所谓自然派的文学。

要之，自然派的文学，是"否定主观的主观主义的文学"；是"相对于道德的伦理主义的文学"，而且是逆说的诗的精神的文学。若是"像科学"这一词的意味，是指着非人的没热情、冷静无私的没主观而言，则自然派文学，恰是与这正相反的东西。他们的文学，无宁是太充满了人的情欲，过于主观的"为生活的艺术"。连他们中间最彻底的艺术至上主义者——因之，也是最彻底的自然主义者——的幅楼贝（Fulbert），也常常说"我最憎恶平凡，所以却描写平凡"。由此，应可了解自然主义，是如何的系本质上的逆说文学。因此，自然派文学的本体，可一句话说尽，它是被逆说着的诗的文学。

由此看来，不论浪漫派、人道派、自然派，大概的文学都是诗的。实际，没有诗的精神的文学，事实上是不存在的。我们试举所知道的知名的文学者来看看吧。高尔基、安德列夫（Andreiev）、史特林堡（Strindberg）、契诃夫（Tchechov）、巴尔札克（Balyac）、阿特西巴舍夫（Artsybashev）、易卜生、托尔斯泰、罗曼罗兰、哈蒲特曼（Hauptmann）、屠格涅夫、左拉、班生（Bjornson）、梅特林克、丹纳塞翁（D'Annuyio）、雷尼科夫斯基（Neryhkouskii）

等，怎么样摆着看，也是相同的；他们中间，发现不出一个人不是诗人的作家。再就文学的流派看，浪漫派、人生派、人道派、自然派、象征派等全部，本质上不是诗的东西，一个也没有。标榜客观主义，主张写实主义，而实际是主观的"为生活的艺术"，其不能成为真正纯粹的观照主义的文学，正如在一切自然派中所看到的一样。

实际，西洋的文学——至少是西洋文学——显著的，在本质上都是主观的，高扬着宗教感伦理感的诗的精神的。我们的困难，倒不是在他们之中发现不出是诗的东西，而是很少发现不是诗的东西。因为西洋的文学史，是从古代叙事诗、剧诗开始；小说等的散文学，都是以后自希腊诗的精神发展出来的。"诗"这一观念，从古代到近代，贯穿西洋的所有文学史；小说、戏曲、论文，都是从诗的精神立脚于此一母源之上。实在，"诗"是西洋文学的基调；没有诗，也没有任何散文。

我们已经观察了艺术中两种东西，即是音乐与文学。知道两者都把艺术安放于诗的精神之上，而且都是艺术中的诗的东西。然在艺术中有没有"不是诗的东西"呢？当然，已如前所述，艺术的本质既是诗，则广义地说，便没有不是诗的艺术。但是，从比较的关系说，我们可以想得到会有和诗的主观精神相对峙的纯客观的艺术。至少，在艺术的范围中有使自然主义的主张，认真使其彻底的东西。即是，可能有超越一切人间的温热感，以纯冷静的知的态度所客观化的，真正彻底的观照本位的艺术。

我们在某种美术中可以看到此种艺术。如本书以前曾屡加谈到的，美术是艺术的北极，是属于客观主义的典型。诗与音乐，在这点，是站在与美术对峙的南极。但是，如前章所述（"音乐与美术"）美术自身的部门中，也有主观派与客观派的对立。属于主观派的——密雷（Millet）、德纳（Turner）、高更（Gauguin）、科赫（Kach）、蒙卡契（Munkagy）、歌磨、广重等——与其说是画家，无宁是属于诗人。所以，在这里，把他们作为例外；这里特别谈谈美术中的客观派的纯粹美术。

实在，艺术 art 一语，没有再像对于美术着想的时候，更为真正恰合。尤其是对于建筑、雕刻的造形美术来看时，更为适切恰当。因为美术的态度，才是彻底的观照主义，正是"为艺术的艺术"。它排斥一切的主观，对于物，是真正很现实的观照物的真相。"像科学"一语，仅在美术家的态度中才能正当地被思维到。诗或小说这等文学，比之于美术，人的臭味过强，是世俗的，过于走向宗教感伦理感的感伤主义。文学都不是科学的。

所以，在语言的严正意味上，真正可称为艺术 art 的，世间只有美术。此外，不过都是诗 poem。即是，在表现中，只有二种。即"诗"与美术。一切表现，皆属于二者中之一。不是诗，便是美术；不是美术，便是诗。并且若是属于前者即是艺术生活主义（为生活的艺术）。若是属于后者，即是艺术至上主义（为艺术的艺术）。所以作为艺术记号之"美"一语，也不能给音乐，也不能给诗，只能冠在美术之上。美术才是美术中之美，艺术中的艺术。

第十二章　特殊的日本文学

（一）

在前章，我们概观了艺术中的诗的精神之所在。并且认识了文学之本质，都是"诗的东西"。但是，当时，吾人特别说明是

"西洋的"。为什么呢？日本的文学，是特殊的，其性质与西洋完全不同的原故。日本从古到今，像欧洲那样的文学，几乎全未成长。第一，文学起源的历史，就已经不同。西洋的文学史，如前所述，起源于希腊的叙事诗。然而在日本，则远如古事记等所见，诗与散文相混，而两者是同时发生的。

所以在西洋，散文都是精神于诗，都是站在诗的精神的母源之上。但在日本，则无此成长上的关系；诗与散文，分别并行；交互之间，并无关涉。所以在近代日本文坛的情况，也是同样的；诗与散文，如风马牛之不相及，各走各自的路。恐怕这两个并行线，走到什么地方也是并行线，或者永无相交的机会。因为一直在今日，我们的诗人与小说家之间，还挟带着怎样也不能互相理解的某种东西的原故。

日本文学与西洋文学，既使现代仍有多么不同的特色，这只要从人物的印象来看看西洋的小说家与日本的小说家，便立刻可以清楚。西洋的文学者，即使于左拉、屠格涅夫、托尔斯泰、史特林堡，尽管是小说家，但就人物来说，都强烈地与人以"诗人"的铭感。然而在日本的小说家中，使人能感觉这种风貌的作家，几乎很少。日本大批的作家，仅与人以文士 writer 样的杂驳之感。因为日本的文物与国风，都与西洋不同，三千年来的与世孤立，完全是独特发育的国。不过，最近因外国文化之渡来，成为紊乱的混合线。以下，为了考察日本的文学，先从日本的国民性说起。

（二）

由"诗"的风貌透视日本人的性格也是有必要的。"日本人显著的特色，是极现实性的国民。当天气清明，鸟啭澄空之日，再不为明天的任何事发愁的这种极乐天的现实思想，自古以来，即一贯于日本人的性格之中。日本的一切文化，自昔即是以彻底的现实主义为其特色。例如，从诗来看，这一点也与西洋显著的不同。西洋的诗，一般是观念的，瞑想的。但日本的诗，则是极现实的，是关于日常生活的别离或爱慕的。尤其是俳句，更是现实性的诗。几全以自然风物之描写及日常茶饭之吟咏为事。在世界中，像日本俳句这样现实主义的言情诗，一个也没有。还有，西洋除了瞑想诗以外的大部分几乎都是恋爱诗。但日本诗，这一方面的比较少，主要是自然描写的诗。恋爱的本质虽属于伦理感；而日本人在气质上是超道德者，没有像西洋人那种基督教的强烈之伦理感。"

在诗中的此种情形，相通于其他文化，都是相同。日本人没有宗教感和伦理感，然而宗教感及伦理感本身就是主观主义文学的根据，所以自古这类文学及艺术并不发达。日本的艺术，自古以来，仅是贯彻客观主义的现实主义的东西。例如，在日本，音乐一向不发达。第一，日本人先天地不爱好音乐（日本人的讨厌音乐，是世界有名的）。反之，美术则几乎是世界性的发达。公平地说，日本的美术几乎是世界无匹的。然而音乐是主观艺术的代表，美术是客观艺术的典型。所以再没有像这样可以证明日本文化特色的东西，像小说，江户时代，已经到了现实主义的极致，贯彻了真的写实主义。但是，此种现实主义，与西洋文学的现实主义，在本质上，两者的精神是不同的。

西洋的文明，是艺术、宗教、哲学与科学的文学。然而，在日本，没有哲学、科学、宗教，唯独艺术发达。何以故？因为哲学与科学，一开始是对宗教的怀疑，是主观的诗的精神之逆说，所以（在日本），一方面，没有可以引起反动的主体；由此而来的怀疑精神也没有引发起来。应该有这种怀疑的日本人，却是过于乐天的现实家。所以日本自古便一点也没有发达过抽象观念。

缺少这种抽象性的国民，另一方，直感的睿智应该发达，这是当然之事。并且在这一方面，实在创造了惊人的世界性的文化。此即是像美术这种观照本位的艺术，今日表现为世界性的优秀，其原因正在于此。更彻底的东西，则飞跃过现实主义的山顶，遂到达了象征主义。所象征的到底是什么东西呢？这到后面再说。但在世界最早，而且最彻底创造了象征艺术的，实仅有我日本人（译者按：此全系吸了一点中国文化余波的原故）。而且，因为贯彻于这种象征主义，所以很不可思议的，日本人从距离诗的精神最远的北极的现实主义，反转来逼近到西洋诗所到达的南极。

要之，日本人是仅彻底于客观性的一方，几乎完全缺乏主观性的很稀奇的国民（日本人的语言，是日本人缺乏主观性的最好的证明。例如在我们日常会话中，常常说"赞成"，"要水"。而"我"的这一主格常常省略掉），所以日本所能有的艺术，必是限于客观主义的艺术；即是，美术、写实主义的文学、现实主义的文学。主观主义的文学，除了抒情诗以外，日本一个也没有成长。明治以后也是如此；早期所输入的浪漫主义，仅玩弄作为少年少女的幼稚的感伤文学，在还没有生好根之中，已经像浮草样地枯死了。而且一直到今日，长期间的文坛，实由特殊日本化的自然主义所贯串，深深地生根在地下。以下将略述此种自然主义传来以后直到今日的绵长历史。

（三）

十九世纪起于法国的自然主义，到底是怎样性质的文学，前章已经详述。一言以蔽之，自然主义，是启蒙思潮的文学，是充满了逆说的反语的，一个倒说僻论（paradox lcal）的伦理主义的文学。然而这不仅限于自然主义。原来，西洋人是主观性极强的国民，与日本人正站在对峙的地位。所以西洋客观主义的文学，不独限于自然派，一切都是对主观的逆说：内有强烈的主张，而表面却说是客观的内外矛盾的现实主义，可以说是"排斥主观的主观主义"，"诗蕴藏在内面的观照主义"的文学。

反之，日本人本是没有主观性而仅发育着客观性的人种；所以一切从西洋移植来的文艺思潮，一来到日本，便变成特别的东西。明治的浪漫派是如此，到了自然派文学更甚，几乎变形为完全拔去灵魂的一种奇怪而特殊的东西。但当新输入之初，西洋的牛油臭味尚强，多是原物照样地直译。即是，如人所知，初期我国的自然主义，是由独步、二叶亭、藤村、啄木等所代表，极强调着诗的精神（田山花袋等初期的作品，也是极主观的，诗的精神很强的）。在日本，发生过真意味的浪漫主义的，想来，实系这个时候。自然主义初期的文坛，在吾人所知的限度内，是第本最初，而且也是绝后的高扬着主观的时代（所以当时的诗坛出有像蒲原有明、北原白秋那样优秀的人物）。但是，在日本，这样的现象，不过是一时。舶来的自然主义，失掩了新鲜的牛油臭味后，忽然融化于日本传统风气之中，完全没有主观精神，而成为纯粹的客观的观照主义的文学。失掉了此种逆说精神的自然主义，其艺术论所主张的现实主义，换言之想从文学的根本和根拔掉一切的主观和诗的精神。这样一来，于是初期的热情性遂被排斥，连左拉、莫泊桑等开山祖师们，都被斥之为过于感伤的。

这样的文学立足点，是真正彻底的客观主义，而有志于纯粹艺术的态度——即为艺术而艺术的态度。并且古来日本文学的立场大多是如此。即是，日本的文学者，没有像西洋人那样的人生观的诗人的热情，艺术至上主义的"名人意识"较强。在名人意识的这一点上，不独限于文学，是广及于所有的艺术而成为日本人可夸耀于世界的长处。在这里，吾人想说说艺术中必然的两个人性。

如前章所述，艺术的种目，只有两个，"诗"与"美术"。所有一切的艺术，从是本质的特色看，毕竟是在此两个范畴之中，而不能不属于就中某一范畴。若系主观的东西（为生活的艺术），即属于前者；若系客观的东西（为艺术的艺术），即属于后者。并且，若是前者的艺术，即不能没有热烈主观的诗的精神；若是后者的艺术，即不能没有如美术家所有的真正观照的艺术良心——即名人意识，这两个东西，才是艺术中必须的人性。所有的艺术家，不能不——至少——有二者中之一。若是两方都没有，则诗、美术、主观艺术、客观艺术，在精神上一齐没有了。

如这里所说，西洋多数的艺术家，都是保有前者的人性，即是诗的精神，由此而给作品以生命。相反的，日本的艺术家，自古多属于后者，是艺术至上主义的名人意识，到达了观照的妙境。吾人在二者之间，不能作价值的批判。因为哪一方都是同样的伟大。然而，谁也明白的，哪一方都没有的人们，即是没有作为艺术家的人性，站在任何批判的立场，除了投以轻蔑之眼以外，是无价值可言的。

然而，日本现在的文学者们，就中之任何一方，都没有真正保持着。当然，或多少在某一轻微的程度上，两方共有一点也未可知。但是，真正强调人性的，除了极少数人外，实际看不出来。

例如，诗人作家仅有岛崎藤村、谷崎润一郎，武者小路笃实、佐藤春夫、室生犀星几位；而且真正的艺术至上主义者，只数得出自杀了的芥川龙之介、志贺直哉等。大概地说，现代的文学者，既不是诗人，也不是美术家，都不彻底仅只是杂驳的文士。

比之于这种杂驳的文士，使人感到昔日以名人意识一贯下来的日本艺术家，是如何优秀伟大。"现代日本的堕落，是在于生硬地输入西洋的主观的生活主义，而不能本质地加以理解，仅以皮相的概念彷徨无着时。一味抹杀自家艺术的良心，结果，既不成为西洋风的生活文学，也不成为日本风的名人艺术，而终于成为似是而非的暧昧文学。我国现代的文坛，实际正在这样的蒙昧期。"

所以，从这样的文坛来说，则诗的常被虐待，可说是当然之事。文坛若是真的彻底于现实主义，站在强烈的艺术至上主义之上，则至少，日本的诗人，今日也能得到稍好一点的境遇。因为艺术的南极与北极，正因其系极端的关系，反而可以相通的。——试看芥川龙之介吧，他是文坛上唯一理解诗的人。——自然派以来的我国文坛与文学，因失掉了艺术的人性，于是和诗的精神，便毫无交涉。

第十三章　诗人与艺术家

"诗人是艺术家吗？"的这一质问，好像"梵哑铃是乐器吗？"的质问一样，听来实近于胡闹。但是，此一质问，不论何时，对于我们的诗人实系很认真地提出来的疑问。为什么呢？因为我们认识有许多实际不是艺术家的本质上的诗人。他们没有艺术的表现，然而，气质上并不亚于任何诗人，有着热情高的理念，不断憧憬着浪漫的爱，常常高扬着纯一的主观。例如耶稣、穆罕默德样的宗教家；哥伦布、马哥波罗样的旅行家，苏格拉底、布鲁诺（Hiordano Bruno）样的热情哲学家；孔子、老子样的人类思想家；吉田松阴、云井龙雄样的志士革命家等。他们实际不是艺术家，或者多少带一点艺术家的才能亦未可知。但是，写过一二首呆拙的诗的苏格拉底，写了纪录性的旅行记的马哥波罗，与有定评的文学者相比时，实不足称道。若是什么人问何者是艺术家，当会毫不踌躇地答复为后者。然而，若是，换一个质问的方式，而问谁是诗人的人物，则恐怕任何人也感到困惑，不经过踌躇便答复不出来。实际，那位浪漫空想的旅行家马哥波罗和哥伦布，比之于职业的文士，从人物上说，谁能说他不是诗人呢？从著述这点来看，宗教的经典，柏拉图的哲学，老子的道德经，马哥波罗的旅行记，比之于写实主义的美术或小说，实更有诗意，更接近到诗这一语的本质感。

从这样想，诗与艺术，诗人与艺术家，不必是同物异名的语言；好像在什么地方，有某种性质不同，精神各别的东西一样。至少，"诗"的定义，与"艺术"的定义并不相同。若是如此，则宗教的经典，某种哲学书，在纯粹的意味上，不能说是艺术品，但比之于真艺术品的美术或小说之类，却值得称为是"诗的"；这是一种不可思议，而成为认识上的混乱矛盾。所以诗与艺术确系属于各别的语言，在严格的意味上被区别着。这里接着而来的问题，即为何谓是诗人，何谓艺术家的两个清楚的质问。先从前一质问来答复吧。

什么是诗人呢？不待说，诗人是高扬着诗的精神的人物。那末，诗的精神是什么呢？这在前面已经说过，即是指主观主义的一切精神。所以诗人的定义，简言之，是"主观主义者"。详言之，所谓诗人者，指的是理想家（idealist），追求生活的幻想，不断做着梦的人类梦想家。指的是常常多情善感，热情激荡的人类浪漫家。所以，真的诗人，常常是发见于空想的旅行家、冒险家、宗教家、哲学者们的范畴；在语言的纯粹意味，他们才应说是真正的诗人。并且，作为艺术家的诗人，在这种本质的气质上，也常与其他的人类梦想家相一致。试举例来看吧。大概的诗人，都是一种求道者、旅行家、哲学者；要之，是热情的人类生活家。

试就世界代表性的诗人来考查此一事实吧。先在日本看，芭蕉、人磨、西行，是如此。他们是人生的求道者；是毕生的浪漫旅行家（日本昔日的诗人，奇怪的，都是旅行家。他们好像要就自然看出心的理念之故乡一样）。在外国看，拜伦是殉身于正义的热血儿，海涅（Heine）是一面歌咏纯精神的恋爱，一面是热心革命的人生战士。哥德、席勒，是哲学家，甚且是一种宗教家。到了爱尔勒鲁、李白，则是典型的纯精神的虚无主义者，赌生命于陶醉之刹那，将殉身于所思慕之高翔感，是真正"诗情中之诗情"的诗人。济慈（Keats）雪莱（Shelley）马拉梅（Mallarme）之徒，都是象征的存在主义者，一种无政府主义的宗教家。此外，蒲特雷（Eaudelaire）是天主教的求道者，同时，又是异端的哲学家；爱尔哈伦、惠特曼（Whitman），是一种社会的志士。并且鬼才诗人兰波，在文坛上仅有三年左右的时间，写了少数像样的诗以后，便和彗星样地消失了。因为他想在非洲的沙漠中实践更是诗的生活。他说："写诗这类东西的人，是无聊的人。""真的诗人是不写诗的。"恰似我们的石川啄木，一面自己嘲弄自己是诗人，一面因为生涯得不到安慰而作诗一样。

所以"诗人"这句话，其自身不外乎是"生活者"的意味。他们实在所追寻的不是艺术而是生活，是可以充心灵饥渴的理念世界的实现。所有一切的诗人，在他欢乐的酒杯中，或者在他想实现的理想社会之梦中，将赌出他生活的高潮（climax）而甘心为它殉死。所以他们的志士，是颓废者（decadant），是旅行家，是哲学家。而所谓"人生"者，对诗人来说，什么也不是，仅是"诗所实现的梦"，对于梦的慕恋而已。所以诗人的真精神常存于生活而不在于艺术，不在于表现。表现之对于诗人，不过是悲哀的安慰的祈祷。

像这样想来，诗人的定义，是"生活者"而不是"艺术家"，应可以清楚了。然而，诗人既是表现者，则在另一方面，当然也是艺术家。所以诗人与艺术家，是由圆的外周切线所连结的两个中心不同的语言。换言之，诗人是作为表现者而始应属于艺术家这一范畴的人物。但是，等等看吧！果真是如此吗？这一定义没有错误吗？若真是如此，则可称为纯粹的诗人的，不是像李白那样的艺术家，而是无任何表现的、纯真的主观生活者，即所谓"不作诗的诗人"。有表现的诗人，一方面，仅因其为艺术家故而不是纯一的诗人。如前章所述，一切的表现都是观照，无客观便不能有的。诗既也是表现，则无客观即无艺术。所以诗人的主观，不是真正纯一的主观（感情的本身），而是被观照所客观化，被智慧所照射于表现之中的特殊的知的活动。可以说是"被客观化了的主观"，"被表现了的主观"。当然这种东西，不能说是纯粹的主观。纯粹的主观者，不是这种表现者的诗人，而是其他想由行为创造生活的"不作诗的诗人"。所以，可说为真正纯粹意味的诗人，不是与艺术家切线的诗人，而是与艺术家之圆完全分离的其他主观

　　　　　　　　　　　　　　　　　　　　　　　　　诗的原理

生活者——宗教家、冒险家、旅行家——的一群。他们的生活是行为。并且，行为之中，无观照、无表现，所以常常作为纯粹的主观，能够一条直线地彻底下去。

但是，我们对于过于抽象，过于论理化的概念，将要敬而远之。因为实际上"不作诗的诗人"的这种命题，等于说"没有脊椎的脊椎动物"样，是奇怪的语言上的欺瞒（trick），是属于事实上所没有的思辨上的抽象概念。实际，"诗"的一语，仅是对艺术的表现而说的，所以没有表现的诗，没有表现的诗人的说法，事实上是无意义的。这种说法，是把诗的本质的精神——诗精神的本身——无限扩大到无形体的世界里面去了。艺术，是肉体与灵魂，表现与精神的结合。所以我们不能想到无肉体的灵魂，不能思维到无表现的"诗的幽灵"。诗仅因其有表现而后始可说是诗。

所以，诗人这句语，又常常是指"表现者"。单纯的"生活者"，决非真意味的诗人。诗人的正确定义，也不是单纯的生活者，也不是单纯的艺术家，而指的是把两方拿到一个中心的某种特别的人。换言之，所谓诗人者，指的是"想要祈诉的主观者"与"想要表现的客观者"的相互调和，坚固结合的人格。然而，此种主观者与客观者，在许多场合是不必一致的。并且这两种天性，常是互相排斥，互相矛盾的。何以故？因为主观者之自身是感情，是表现为激烈爆发行为的，酒神的激情；但是客观者是智慧，是面对着表现的观照，是冷静明澈的日神（Apollon）的理性。酒神与日神，在普通的人格中是不容易并存的。

行为的诗人与表现的诗人，实从这里区别。前者，即是"不作诗的诗人"们，纯粹的主观的、感情的，但没有观照的客观性的智慧。所以他们立刻像酒神的爆发，走向作为行动的诗。然而艺术家的诗人，其背后经常藏着智慧，是微妙的日神的静观者，所以观念不爆发于行动，而移向表现的认识那一方面去了——人愈无智愈显得勇敢、有智慧愈胆怯。并且从此一分歧点，而成为唐吉诃德（Don Quixote 西班牙小说家塞凡提斯 Miguel de Cuantes Saavedra 所著小说中之主人，成为夸大妄想之典型）与哈姆雷特（Hamlet 莎士比亚所著小说之人物，成为冥想忧郁而无实行力之典型）两种的典型。不待说，艺术家都是属于哈姆雷特型的。艺术家谁都保持着由命运所决定，无法成为唐吉诃德的素质。纵然或者有的多少与之接近，但毕竟不过是日神式的酒神，是哈姆雷特型的唐吉诃德。即是，由于他的大胆行为的影子，因而智慧的胆怯蒙住了眼睛。

所以真的"有天分的诗人"，必系主观者与客观者，生活者与艺术者，结合于一个人格之内，以 10 对 10 的比例得到平衡的人。若是一方优于他方，则会成为"不作诗的诗人"，或者反转来，仅有艺术才能，而缺乏诗的精神，无灵魂的"没有诗的诗人"。对于这种不幸的例子，吾人实际闻见得很多。例如我们王朝时期的歌人在原业平，是日本无比的热情的恋爱诗人，而且是愤慨于藤原氏的专横，常抱着最大反感的志士，恰可比拟于德国诗人海涅（Heine）。但是，他的和歌，并不怎么样高明，比之于人磨、西行，只能算是二流的；即是，正如一般的定评，意有余而词不足，表现的才能，仅能达到主观的六分。至于他的哥哥行平，尽管更是诗人的热情家，但作为诗人来看，几乎是无能的，仅有点末流的才能。并且与他们相反的，有表现才能，但缺少诗的灵魂的诗人，则例不胜举，在我们周围随处可以发现。

所以可具备诗人资格的方程式是：

主观者（生活者）＋客观者（艺术家）＝诗人

而且主观与客观的数值，应尽可能的是同等。古来一切伟大的诗人，在此调和上是完全，并多量保有二者的数值（其数值愈大，二者相加算之和亦愈大）。例如，芭蕉、[①]哥德、尼采、李太白，都是如此。他们一面是热烈的生活者，一贯地追逐人生之梦的诗人；另一面，又常常是纯粹的艺术家，苦心于表现，彻底于观照的真正的艺术家。假使他们不是如此，恐怕不能由他们留下那样有价值的作品。要之，所谓诗人者，是生活者与艺术家的混血儿，而且多量的含融着两者之血的矛盾中的美丽调和。

第十四章　诗与小说

在吾人称为文学之中，有诗、评论、随笔、论文、戏曲、小说等种类。然而，在这些中，代表文学两极的形式的是诗与小说，其他不过是在二者之中间的东西。实际，诗与小说，是很明白的，对照着文学中之南极与北极，即是，对照着主观主义与客观主义的两极。吾人特对此点加以叙述。

如前章（艺术中诗的概念）所述，大概的小说，本质上，它的情操都是主观的诗的精神。所以，在此限度内看，则小说也与诗相同，不能不说是广义的主观的艺术。然而，此时的主观性，是在创造背后的态度，而不是面对事实的观照的态度；作为观照的态度，几乎在小说所约束的形态内，一切作品，都是客观的。

[①] 芭蕉是 10 的生活者与 10 的艺术家的完全的调和。然而他的亚流者们，只看到他艺术至上主义的一面，仅仅学他这一点，所以使芭蕉俳句堕落为后世那样的恶流。

实际小说之所以为小说，可说是存于此观照中的客观性（若小说不是客观的，那便成为诗——散文诗）。

诗与小说，在这一点上，实有判然的区别。诗在本质上是主观的文学，这不仅在态度之上，其观照的自身即是主观的。即是，在诗，对象不是作为对象去观察，而是由主观的气氛、情绪，作为感情，去加以眺望。相反的，在小说，则对象与主观分离，以纯知的眼去加以观察。所以，即使同样是以恋爱为题材，在诗，则由感情与以歌咏；而在小说，则作为事件或心理的经过，由外部的观察加以描写。因此，从这点看，诗可说是"感情的东西"，小说可认为是"知的东西"。

但是，从此一关系看，若以为小说家比之于诗人更是知的人物，则实是可惊可笑的谬误。假定就智慧的优劣说，则诗人是优于小说家，而不会劣于小说家。何以故？如前章所述（观照的主观与客观），在认识上客观与主观的不同，不过是智慧在感情中结合，及智慧从感情中独立的不同；其知性活动的实质，并无所变。仅因样式之不同，于是诗是由感情所歌咏，小说是由客观所描写。而且，此一样式上的不同，是决定区别诗人与小说家的根本态度。

诗人因为常常是主观的眺望世界，认识与感情结合，所以不能像小说家样，现实的观照真正客观的存在。反之，小说家则对任何东西也是客观的，从外部作知的观察。因此，小说家不能进入到诗人所住的"作为心情（heart）之意味"的世界。所以，结果诗人不能创作真的小说，小说家不能作真的诗。小说家作的诗，大概彻底是观照的，尽管辞句凝炼，意思周到，但在某种根本的地方，没有诗的生命的要素，使人感到有"无音的钓钟"之感。因为他们不是用"心情"作诗，而是用知的"头脑"作诗的原故。

相反的，诗人写的小说，因为它的观照为主观之霭所蒙住，总是觉得不很够劲，缺乏真正小说的现实感。

这样想来，诗人与小说家的一致点，仅是在人生观中本质的"诗"；在作为艺术家的态度上，其素质是全然不同的。小说的立场，是要现实地看人生的真实，所以至少在观点上，不能不排斥主观的情感（sentiment）。在这一点上，自然主义，教示了小说之所以为小说的典型的规范。为使小说成其为小说，在观照的形式上，与诗距离愈远愈好。是小说，而又是诗的东西，不过是一种"没有气力的文学"。然而，在精神上看，真的小说，不可没有诗的精神所高扬的东西。究竟地说，好像科学是在人生中的诗的逆说样，小说是在文学中的诗的逆说。这种自然主义的主张，其所以说小说"像科学"，并且向一切诗的东西挑战，其原因在此。实际，自然主义的文学论，是由逆说所说的小说之道的极致。

在前面其它的一章里，吾人把表现中的主观主义与客观主义，譬喻为两个旅行家的态度。即是，前者是"为目的之旅行家"，后者是"为旅行的旅行家"。现在，诗与小说的观照的态度，和此一比喻很相适合。诗应该是祈诉着主观上的情欲或生活感，向目的作一直线的表现。然而小说与此不同，它是对于观察人类生活中的社会相感到兴味。对于小说家来说，主观的人生观或理念，不成为表现的直接目的。表现的直接目的，乃存于观照社会的实情，通人情，知风俗，旅行所到，皆有真切之观察。所以小说是人生中的一种"学习"，且是真正的"工作"。

诗在这一点的态度上，与小说大不相同。诗人是"为目的之旅行家"；对于旅行之自身，艺术之自身，并无兴味。他们仅常揭示主观，诉说自我（ego）。所以作诗都是一种"祈祷"，"咏叹"。

诗人不要像小说家那样，观察人类生活之实情，研究社会之风俗。即是，诗人没有真的艺术的学习与工作。艺术之对于诗人是"祈祷"；既不是什么"工作"，也不是什么"学习"。诗人是真正的"为生活的艺术家"。而小说家则是把艺术当作毕生事业之真正"为艺术的艺术家"。

像这样，诗的目的，是诉"生活之情欲"而不描写"生活之事实"，所以诗几乎完全没有所谓"生活描写"的这种东西。诗的内容，常是主观的呼唤、祈祷；并且是纯一的感情——气氛、情调、情欲（passion）。在诗，任何思想、观念，都用这种感情表达出来。并且，愈是更纯粹的诗，其观念愈是融合于气氛、情调之中。所以诗没有像小说所描写样的生活描写，没有生活事实的报告。这里，若是把艺术上的"生活"一语，使用作"生活描写"的意味，而且将"为生活的艺术"解释为"描写生活事实的艺术"，则诗倒无所谓"生活"。反之，小说倒成为"为生活的艺术"。但是，这种思想的胡闹，有如小孩般的无常识，已如前述。诗不属于日本文坛之所谓"生活派的文学"（参照"为生活的艺术，为艺术的艺术"）。

像这样，诗有祈祷而无生活描写；小说有生活描写而无祈祷。从这种关系看，诗的世界，是属于"观念界"，"空想界"；小说的世界，是属于"现象界"，"经验界"。前者是柏拉图的世界，而后者是亚里士多德的世界。也可说前者之态度是哲学的，后者之态度是科学的。所以小说的表现，常是科学的，分析的，对于部分的细节也详细描写出来。然而，诗的表现是哲学的，综合的，直感到全体的意味。并且，从这种特色说，诗的表现，必然会走进到象征。象征的说明留在后面。

最后应该提到的是，一般人以为诗是贵族的，小说是大众的，这种见解。此一普遍的见解，当然有其相当的真理。因为诗不像小说那样，有多数的公众读者；至少，在此种意味上，诗比之于小说是超俗的。但是所谓"贵族的"，"大众的"，我们先应常识地知道在这种地方到底含的什么意味。举例看是吧，在苏格拉底与柏拉图的比较中，大家说前者是平民的，后者是贵族的。因为苏格拉底站在街头和谁也可以谈话，至少，他不是个装腔作势的人。而柏拉图则是深居于学园之中，以典雅持身的人物。

在这里，此种定评是适当的。但若在作为哲学家的态度说，则苏格拉底决非大众的，倒比柏拉图更是贵族的。实在，此一有风义的哲学者，憎恶一切俗众的愚劣的东西，憎恶俗众的先入之见，由此而在狱内被毒死。所以，在此一态度上说，他与柏拉图都是贵族的（超俗众的）人物。并且，若是这种意味，则此处所称为"贵族的"的语言，正是耶稣、佛陀、托尔斯泰，乃至一切的志士与生活者所共通的，而成为其人格本质的特色。不仅如此，艺术本身的目的，本来便是贵族的。因为艺术不是献媚于俗众，而是启蒙俗众，指导俗众的。

所以在诗与小说的比较上，以小说为俗众，恰如在柏拉图与苏格拉底的比较上，仅注意到后者，是更乐易可亲的这种表面上之气质或趣味性；至于艺术上的本质，则应系别一问题。从本质上说，小说也和诗一样，有超俗的贵族性，并且也非如此不可。实际，诗人与小说家的分别，不关系于此点之高贵性，仅在于风格、趣味上的人物的不同。即是，小说家的趣味，大概是世俗的，风俗是通俗的。所以他们倾耳于男女之私情，乐闻市井之闲话，混入于社交或家庭之中，作新闻记者的观察。他们的小说题材，都从这种地方出来的。

反之，诗人因为大概都没有此种世俗的趣味，要写小说也没有题材，便走进更超俗的诗的这一方面去。在此一限度内，小说确是俗众的。然而，在作为艺术的本质，则未必是俗众主义的东西。吾人不能认为托尔斯泰的小说较之哥德的诗为更非贵族的。不论是小说家，不论是诗人，艺术家在本质上不是俗物。并且这里的所谓"俗物"，是指的缺乏关系于全般价值意识之人性（humanity）的人物。故芭蕉说："要高而归于俗"，大概就是小说家的金科玉律吧。[①]

然而诗在别的意味，还是有着小说所没有的特殊的艺术的超俗性。因此，诗不能像小说样的普遍，没有公众的广大读者。在这一点上，诗或者是像一般人所说的，是贵族的东西。然而，诗的本质的精神，不可思议的，却是站在与民众相通的完全同一的线上。下面就来说明这种"诗与民众"的关系。

第十五章　诗与民众

诗这种文学，本不是公众的文学。在日本也好，在西洋也好，诗的读者是有限的，不像小说有多方面的读者。从这点说，诗到底非小说可比，没有大众的通俗性。因为诗是站在文学山顶的东西；仅仅在精神最辛辣紧张的空气中，始能作心脏之呼吸的艺术。在诗，则一切精神上涣散的东西，噜里噜索的东西，皆在摈斥之列。然而，在公众这一方面，没有这些东西却不能了解。

[①] 哥德说"诗人不可没有哲学。但是，在诗，是应该隐藏着的"。若将此语转用，则小说可以这样地说"小说家不可以没有诗。但是，在小说，是应该隐藏着的"。

所以从公众的眼来看，诗是站在山顶的哲学家，觉得是不容易亲近的很辛辣的东西。然而，这一位大人先生，却不是与民众绝缘，是属于与他们气质相同的人种的同一类。而且，此一位大人先生，愈轻蔑民众，则愈可了解它的真诚的本性，是公众的党徒。何以故？因为在此种场合，双方反对冲突的东西，是在同一线上相对的原故。并且，两者立脚的同一线，其自身正是诗的精神的本质。

民众在任何场合，都是诗的精神的所有者。从此一意味说，世上像民众那样真正爱诗的可说没有。但是他们是教养不够的孩子，不能理解真正高贵的、美丽的、像样的东西。他们永远是充满稚气的孩子，所以他们只能喜欢诗精神中的最低级的东西，最愚劣的东西。然而，在任何场合，民众喜欢的，总是诗的精神。诗的精神以外的什么艺术，他们都不想要求。民众所要求的只是诗的本身而已！

所以，民众所读的文学，常常必定是有诗的精神的文学。例如，恋爱、人道、冒险、怪异等本质上是伦理感或宗教感的，抒情诗的，或叙事诗的浪漫主义的文学。试想想今日世界上被人读得最多的文学，是谁人的作品吧。作为艺术的高级作品，常常是雨果、托尔斯泰。特别是《悲惨世界》（ Les Misérables ）和《复活》，或是大仲马和巴尔札克。到处由人民所读的东西，是强调伦理感宗教感的文学；是与人以抒情诗或叙事诗的陶醉感的浪漫主义倾向的文学。民众不要客观的艺术。他们常常需要的是热情的主观主义的文学，有诗的精神的文学。

所谓"大众艺术"的东西，由此而得到民众的喝采。不仅是文学，在演艺、电影，在各种世界中，吾人都可发现这种艺术。

这是一种使民众快乐娱乐的艺术。但是，就他们的目的说，到底是做什么呢？无非是以一切最高的手段，去激起民众的伦理感。失恋、流血、义士被杀、善人被迫害。若不是这样，即由一切浪漫的冒险，与怪异，以激发宗教感的情操。然而，尽管这种感激的强调，但一切都尽量使其无内容，尽量使其愚劣胡闹，做好充分的准备，以诉之于民众浅薄的理解力。

我们谁也轻视这种艺术。但民众却最喜欢这些。何以故？民众永远是充满稚气的孩子，不能理解真正高贵、美丽的东西。然而，他们是如饥渴样地追求诗。只要那里具备有诗——诗的感激——就是好了。他们好像饥着肚子的孩子。什么都好，只要是诗便想吃。然而，不幸的是，他们的味觉低劣，而胃口则由坏点心所伤害了。民众是最纯良而又是可怜的孩子。

所以，吾人对于民众，同时不能不矛盾的有两种不同感情——爱与轻蔑。他们有"好的素质"，而养育于"坏的环境"。从另一方面看，像他们这样爱诗，尊敬诗的可说是没有的；但从另一方面观察，像他们这样冒渎诗，不理解诗的也可说是没有。所以正义是在于教他们以价值，教他们以更高内容的真正艺术的诗。我们的教育，不是要抹杀民众的唯情主义，而是要使其发扬，导向更高的山顶。

所以，在这一点的结论，吾人完全与罗曼·罗兰相一致。罗曼·罗兰认为艺术的健全发育，仅仅由民众，由民众的精神，才能建设起来。此一思想，是正确、含有真理的伟大的东西。对于日本的国情是特别的适切。何以故？现时在日本真正有诗的精神的，只有民众。不管它如何的幼稚与俗气，但民众常常是健全的，理解艺术正当的途径。他们由指导而可以变好的。然而，日本的文学家们，素质中，什么也没有，不仅没有诗，连艺术的良心也没有。而且日本的文坛与思潮界，正由这种胡闹所支配着。很难得救哟！吾人宁舍弃他们而走向民众的群里去。仅仅民众，才能创造新的日本文学与文明。

这样的结论，吾人又成为一个民众主义者了。但不要误解，著者不是谄媚民众的民众主义者，而是骂倒他们的民众主义者。因为民众是会由娇惯而更堕落，由鞭策而得向上的。吾人希望于今日之社会者，不是与民众站在一起而作演说的人；勿宁是须要有一面对抗他们，站在与他们相反的一边；但在根本的立足点上，却是与民众站在同一诗的精神线上，有一种毅然风骨的人。

形式论

第一章　韵文与散文

所谓诗，已如本书开头时所述，是诗的精神采取诗的表现的东西。诗的精神属于内容，诗的表现属于形式。诗的精神是什么，上面已经详说。以下，吾人主要考查诗的表现形式。

然而，艺术中的内容与形式，好像一张木板的表与里，人物与映像，实体与投影一样的，翻转这一面，那一面便出来了；这一面有变动，那一面也会变动；彼此是形成在相互不离的关系；所以，已经学过诗的内容的学者，由内容所映像出的诗的形式大体是怎样，在说明以前，大约可以推察得出来。但是，还得继续加以说明。

首先应该说明的是，言语都是关系，仅在比较中始有其实在的意义。所以，在绝对意味上可以分别出诗与非诗的关系，事实上决不存在。仅仅作为抽象的概念，吾人始能想到这种东西。这里，广泛地就事实来看，则文艺在大体上都可称为广义的诗。因为如前所述，本质上没有诗的精神的文学，事实上几乎不能存在；并且既有其内容，则应当具备其映像的形式——诗之表现的本身。然而，吾人仅在比较的关系中使用语言。以下，所说的"诗"，指的是较之其他非诗的表现而比较纯粹的东西。

那么，诗应当有的实在的形式究是怎样？换言之，为使诗真成其为诗，应当有怎样的言语表现呢？不待说，诗的形式，不能不是诗的精神的投影。然而，所谓诗的精神，是指其自身主观的精神而言，所以在与其他文学比较上，凡由主观性最纯而最被强调的东西所投影的，其自身大约必会采取"诗的形式"。然而吾人不可不由更具体的思考以作形式的说明。

第一，我们都明白，诗是文学，是言语的文字的表现。所以像音乐或舞蹈，其精神不论怎样是诗的；但它不是属于"诗"的语言。在语言正当意味里的诗，常指的是作为文学的诗。其他，不过是"诗的东西"而已。所以考虑到诗的问题时，必然从言语的表现上去着想。这里，言语有两个思想的表达的要素。一个是辨功用，说事实，使人知道事情之意味的要素。即是语义——或语意——这是语言的实体的要素。但是，语言还有其他的要素。此即是给谈话时以机势，而与思想以勇气、情调的东西，即所谓语韵语调。此两要素中，前者是说明言语的"知的意味"，后者是说明"情的意义"。但是后者的本身不能独立，仅在与前者之意味相连结时而始能存在；可是，诗本来是情的主观艺术，所以这一点被视为特别重要，被作为表现所必须的条件。

这里还要重复说一次，主观艺术的典型是音乐，客观艺术的代表是美术。所以诗常像音乐样的歌咏，小说常像绘画样的描写。并且，不论东西古今，诗之所以以音乐为规范，以音律为形式者，原因正在于此。此即"韵文""散文"的差别；诗之所以异于其他文学，被认为在于其韵文的形式。然而，本来的意味，诗所学于音乐者，在其精神而不在其形式。换言之，诗虽然要音乐样的歌，

形式论

要有音乐样的魅力，但不必完全袭用音乐所具备的乐典之法则。因为诗是文学，是用语言表现，所以它自然有不同于音乐的独自的东西，应该另有其特色。

然而，称为韵文的东西，是把音乐乐典中，节拍的形式，直译为语言，是极定规的形式主义的东西。所以仅以此种形式的韵律之有无，作为诗与非诗的判然区别，吾人不能赞成。当然，这种思想，与诗的形式相关联，是长久以来的一般传统思想。然而传统的思想，不一定是真理。何况在今日称为自由诗的无韵诗，一般都承认其为诗，所以吾人最客气的意见，也能断言韵律不是诗的绝对条件。

然而，如开始时所说，诗本来是感情的文学；所以，若是没有作为语言精华（spririt）的音律，当然不能有真正的表现。并且，既是有音律，自然不能不与音乐的法则有某种默契上的一致。详细地说，不是符合乐典形式，而是和在乐典背后的音乐的根本原理——在音的关系中的美之根本法则——应该有某一本质的大体的一致。① 因为言语的语调语韵，在其作为"音"的范围内，必然是属于音乐的本质的原理。在这里，不可把"韵文"这一语言，解释为形式定规的狭窄的意义。大体上若适于根本音乐原理的——因之悦耳的美音——一种有节奏的文章，即可称之为韵文，则一切的诗才可说皆是韵文，而且也不能不是韵文。

然而，这样一来，问题还是困难纷乱。何以故？此种意味的

---

① 所谓"大体的法则"，不是 10 中之 8 是正则，10 中之 2 是变则的这种数量上的计算。此时之所谓"大体"，是指法则背后之大原理。即是，自由诗之原理，是存于"无法则的法则"，所以与普通意味的律格的形式，全然性质不同，不能以此律之。再看注二之注解吧。

韵文，却不仅是诗，散文也可同样地说得上。文学都是语言的"联缀"；而且有所联缀，便必然有文章的调子、节奏、抑扬（accent）、机势。而且在这一点上，小说、论文，都是相同的；任何文学，不能完全没有言语的音调，也不可能有完全忽视音调的文章。并且这些散文的音律，虽是没有一定的节拍形式，然而，在根本却适于音乐原理——不如此，便不会好听——的真正自由律的形式。

所以，把"韵文"这一语言，如用前面所说广义的意味，作粗杂的漠然的解释，则一切散文，皆包括于此概念之中，而语言完全成为打胡说。今日诗坛的认识不足，实在是对于"韵文""散文"这一语言，大家缺乏一种定义。这里，希望大家抛弃个人的观念，先在常识上，不可不知道辞书的正解。辞书所正解的韵文是：有一定的规则严正的节拍，押着法则化了的押韵或韵脚，由对比调整音节（syllable）语数的特殊的定形律的文章。并且，没有这种定形律的以自由音律所写的东西，即是所谓"散文"。

所以，称为自由诗的诗，照辞书的解释，一开始便是属于散文。至少，是不属于辞书正确意味上的韵文。然而，自由诗在某一本质之点上，觉得与普通的散文不同。这里，自由诗的解说，常被称为"无韵的韵文"，"无韵律的韵律"。① 但是，自由诗的解

---

① "无诗律的诗律"这类的语言，宾辞否定主辞，是暗示着其他新的定义。例如在"无道德的道德"这种场合，宾辞的道德，是意味着与过去所谓道德完全不同的其他新的道德。而且由新道德 A 否定旧道德 A，所以"A 是非 A"这样矛盾的命题于以成立。说"无韵律的韵律"的时候，也是如此；宾辞意味着的韵律，与过去言语所意味着的韵律、韵文，完全是不同的东西。

韵律这一语言，是意味着以一定的规则在正常反复着的时间上的进行。例如时钟的摆动，心脏的鼓动，海洋之波浪等，本来是指规则严正的东西。所以自由诗之无韵律，从一开始便是很清楚的。并且自由诗是反对此种形式主义，主张破坏韵律的。此种形式主义与自由主义的主张，后面试作公平之批判。

说，不能不作这种言语上的曲辩，有如白马非马那样的强辞夺理，则可以想到根本上是有点勉强存在。这样与其说是"无韵的韵文"，不如干脆说自由诗是散文——特殊的诗的散文——还好些。

然而大家害怕这一断定。怕这样的断定，自由诗便致命地被抹杀掉了一样。何以如此？因为说自由诗是散文，便觉得等于断定了自由诗系属于"非诗的"。换言之，"散文"这一观念，是常与"非诗"的这一观念相连结。这里为了使自由诗成其为诗，不能不极勉强地把它安置在韵文的中间去。

诸位把头脑放清晰一点吧。这种混乱之所以发生，其谬误乃在于一开始便想以"韵文"这种形式主义的规定来下诗的定义。如前所说，诗是必须韵律的。但是诗的表现，不一定要像韵文那种意味的，古典的，定规的格律。诗与其它文学在形式上的分别，不是这种定形韵律之有无，而在于其他更根本的地方。

诗与其他文学根本不同点是什么？不待说，是在于以"音律为本位的表现"。一切的诗，虽然不必是被规约的形式韵文；但是一切的诗——不论是自由诗或定律诗，在本质上都重视音律，以此为表现的生命。然而其他的小说等文学，在这一点上与诗不同。当然，如前所述，其他文学也有音律，也有作为自由律的调子；但这不是他们表现的主要点，仅被作单纯的属性处理。诗以外的文学，小说、感想、论文等，都是"以描写——或者是说明记述——为本位的表现"。

诗与其他文学在表现上显著的特色，实际，存于此一事实。所以若是广义的解释"韵文"，而以诗之特色为"音律本位之文"，始可将自由诗，定律诗包括于此一语言之中；更不须要像"无韵之韵"这样纷乱的谜语，来作自由诗的曲辩。对于此一本质上的韵文的定义，散文的定义乃是"非音律本位之文"；所以，若是在这种意味的语言中，则自由诗决非属于散文。

要之，问题乃关系于对所谓"韵文""散文"的解释之如何？若将此等语言照文字的正解，按照辞书的形式观，则将形成"定律诗"与"自由诗"之对立；诗既是韵文，自由诗便不能加入到诗中间去。然而，在今日，一般人都承认自由诗（以前是很不承认的，自由诗之得到承认，是经过了长期的论战）。因此作为今日的立场，应当废弃辞书的释义，而以韵文为"音律本位之文"，以散文为"非音律本位之文"；不由定规的形式观来下诗的定义，而从本质上来下诗的定义。

第二章　诗与非诗的识域

如前章所述，诗是音律本位的文学；是将自由诗、定律诗都能包括在一起的这种意味的韵文——作为本质观的韵文。然而，若是如此，则这里又发生新的疑问。若诗之特色仅在这一点，则只要是以音律为本位，有节奏可以歌咏的一切东西，在文学的范围内，必然的，不能不说是诗；但是世间并非如此。例如苏格拉底在狱中写的伊索寓言的韵文译品，亚里士多德写的韵文的论理学，形式上确实是音律本位，是不折不扣的韵文；可是我们称之为诗则总觉得有点踌躇。还有，如铁路歌，为便于背诵史地之韵语，及教人道德与处世之教训的和歌等类，同样的，仅在形式上是韵文，而实质上不好称之为诗。这些文学，觉得只是属于"借用诗的形式"的别一种的东西。

因此，诗的形式，非从外部所能借用，而系由内部之必然所产生者。即是说：应是诗之内容取诗之形式者。那么，"诗的内容是什么"？什么是诗的，什么不是诗的呢？在答复此问题之前，吾人对于世俗之误见，不能不加以反驳。因为世俗常常以诗人为风花雪月之徒，视之为一种风流雅士。实在，我们诗人所难堪的是，今日的文坛或杂志社，完全不知道诗是什么；他们所属望的，乃在自然风物之吟咏，当四季变换时，写出美的随笔这一类的东西。而且我们从前的诗人，喜爱这种风流闲雅的趣味，常以吟咏自然为事。可是，在今日时代中的我们，为什么有重复这种事情的义务呢？世间要等到多久之后，才可以从过于是"日本人的"，过于是俳谐的"诗人"的观念中，给我们以解放呢？

"诗的东西"是什么？这在以前已经说过。即是，什么是诗的呢？完全是由个人的趣味来决定。昔时日本诗人，对季节之变换，或自然之风物，感觉其为诗的。但是，今日的诗人们，从人生社会的许多方面，可发现无限变化的诗的材料。例如，他们从酒馆、妓馆、银行、工场、机械、刑场、军队、暴动等而经验到诗的兴奋，在这里寻找新的诗的材料。而且，其他更瞑想的诗人们，对于人生宇宙的意义，更诗学的观念到特殊的诗的东西。

所以诗的本质，存于个人的这一边，而不在物的那一边。若是，有眼光的人看来，则宇宙之一切事物或现象，会觉得完全都是诗的。不是诗的东西一样也没有。实在，诗人所应作的，乃在于对于人，认为是无趣味、杀风景、俗恶、散文的这类东西，也能发现新的诗美，使诗的世界丰富。所以问题之所在，不是问什么是诗的，而是问诗人感物的态度是什么？此种特殊的态度，即是，诗的感动的态度，到底是什么呢？诗的精神之本体是主观，所以诗的感动之本质，其自身不外于是"主观的态度"。换言之，由主观的态度所看到的一切，其自身即是诗的，能成为诗的内容。

那么，主观的态度又是什么呢？这在前面已经再三说明过。即是，所谓主观的态度，是不由客观去认识事物，而使客观融解于主观之中，以感情的智慧去看事物。详细地说，是对于物不见其为物。而由主观的感情加以认识，以融解于心情之感动或情绪之中，因而知其存在之意味。所有的诗人们，皆是由此主观的态度来看宇宙。所以诗人看的宇宙，必定是有诗意的宇宙，其自身即可成为诗的内容。然而，非诗人素质的人们，则不是这种主观的态度，而是由其他的客观来看事物，所以纵使在形式上照韵律的规约，或者借用和歌俳句的格调，也写不出在真正文学批评上称得上诗的东西。

由此，吾人可以很清晰地把本质是诗的，和仅仅有诗之形式的东西，加以区别。如前面所举之例，苏格拉底之韵文或者是亚里士多德的韵文，不是由真正心情之感动而写的；而是纯粹在客观的态度上，以认识为认识，以理智为理智所写的。对于这，尼采的《查拉图斯特拉如是说》（*Also Sprach Zarahustra*——Zarathustra 又作 Zoroaster，为波斯妖教开山祖，一般引以作为超人之意），则是将哲学驱入于主观之中，认识由感情所融解。所以后者是本质之诗，而前者则仅为形式上似诗，而实际不是诗。然而，在这种场合，若使苏格拉底，真正感动于伊索之传奇，由主观的感情加以书写，则这将不仅是形式的韵文，在本质上也可能成为叙事诗。亚里士多德的情形也是一样。哲学而由主观所写出，便也能和尼采一样。

前面所举的其他例子，如铁道歌、地理韵语、由和歌俳句之形式所写的处世训、道德训之类，都与此相同。这些文学的作家们，一开始便没有什么主观的感动，完全为事实而写事实，为教训而写教训。若是作者不是这种客观的态度，对于某种道德或处世的观念，直感到其在主观中的心情之意味，则其表现至少是属于本质上的诗。例如在孔子或耶稣的道德教训中，常常可发现是本质上应当视为的诗的文字。相反的，某小说家们作的俳句，不管他如何尽了技巧与着想之妙，入于观照的化境，但其所以使人觉得好像缺少了一点什么，当作诗看，不曾将其融解于主观之中的原故。

由上所述，读者对于似是而非的诗与真正的诗，借用的韵文与实际的韵文，应该能正确地加以判断。要之，真正的诗，是"诗的内容"反映在"诗的形式"的。所以那种无内容的韵文，不过是无实体的、欺瞒的幻影。但是，吾人怎样能从实际的作品来判断作者主观态度的有无呢？一切的艺术，仅仅通过表现而始能理解。吾人对于在表现背后的作者的心理、态度，是完全不能推察的。并且显现于表现上的一切东西，必然意味着某种的形式，所以真正之诗，与似是而非之诗的区别，还是要在表现上以某种的形式来了解。

然而，此一问题，是属于纵使用数字最复杂的微分法，也不能计算出来的言语的微妙而有机的关系。在这一点上说，艺术的意味，仅由直感才能知道。何以某种诗，应觉其为真正的诗，某种韵文感觉其不算是诗，实由于言语的语意、音韵等在配合中的复杂微妙的关系。并且这是任何人的理性所不能计算的（若是这能计算得出，人便能用头脑创作名诗）。然而在此种场合，也只是大体的原则，通过一般的作品，能普遍地作不致错误的断定。即是，真正用感情所写出的真实之诗，其语言不是作为概念来使用，

诗的原理

而是融入于主观的气氛，情调之中，其自身即系表露着"感情的意味"。反之，似是而非的诗，其言语是作为没情感的概念，纯粹在"知性之意味"上去使用（试将尼采的哲学诗，与其他学术的哲学，在此一点上，加以比较看看吧）。

所以，诗的表现的特色，其根本原理，不外是，不在"知性的意味"上使用语言，而诉之于"感情之意味"。诗之所以必须音律，毕竟也是因为此一原理；所以决非为了韵律而求韵律的形式，不过是因其自然的结果，而使诗成为"韵文的东西"。要之因为音律能表现出语言最强的感情，所以它决定了诗之形式，认为是第一义的东西。然而在音律以外的要素中，言语也能表达"感情的意味"，即是，如现在所要说的，不把语义作为概念使用，而将之融于主观感情之中，所以也能表现语感中的气氛、情调。并且，近代许多的诗（象征派、写实派、未来派等），特别重视这一点，这是大家所知道的。

因此，可以知道，诗的表现形式，不仅是音律，须与音律以外的要素（语感、语调）相结合，方始能完全。并且由此也可以理解到诗的音律性，不过仅系诗的重要之一部，而不必是其全部。实在，可称为具体之诗的，应该是音律、语感等的感情要素，由复杂的有机关系所结合的东西；实不可将其一个一个的要素抽象出来加以思考。所以诗的形式应当如何下定义才好呢？诗是如辞书所说，是形式的韵文吗？当然不是的。那么，就广义地解释韵文这一语义，断定其为可以包括自由诗及无韵诗的本质上的韵文吗？这几乎可以说是正确的。但是，这依然还未能说是十分周全。因为如前所说，世上既有有音律而无诗的精神的文学，这种情形既使在自由诗中亦无法保证其不会发生。

诗的形式是什么？现在所剩下的问题是对此命题的解答。总觉得好像甚么地方有一言而可说尽万事，对诗的表现之全部而提出真正清楚明白的答案存在，应当有此答案存在的。并且，若是此种解答能够完全，此时吾人便可立刻正确而且完全地能知道诗的表现之为何物。因此就能更进而作彻底的思考吧。[①]

第三章　描写与情象

人的思想的表达样式，原则上只有三种。"记述"、"说明"、"表现"。记述是叙述某种事情；在学术中，以历史为代表。说明是关于辩证或解释的东西。一般的抽象的论文，及许多哲学科学属之。所以记述与说明，共属于广义的学术而不属于艺术。属于艺术的东西，仅有最后的"表现"。当然，在广义的艺术，——例如文学评论等——也有类似记述或说明的；但至少在纯粹意味的艺术品（创作），完全无此要素，艺术常常是以表现的样式来表达思想。

这里，表现的形式，有音乐、有美术、有舞蹈、有戏剧、有文学，实在是形形色色。但是，若从本质的态度加以观察，则一切表现毕竟不外于两个样式。其一为描写，美术小说属之。描写者，乃欲写出物的"真实之像"的表现，以向对象之观照为主眼

---

① 最近的世界诗坛，很显然是成为散文的、唯物论的、机械观的，甚至于是倾向于科学的。这表面上好像是诗的散文的没落；但实在并不值得着急。因为这些东西，都是属于诗的题材，而无关诗的本质的精神，换言之，这等唯物界，或机械界，是诗人所新发现的诗美，实属于趣味的选择。然而，趣味（即艺术的题材）与诗之本质的精神无关，常随时代而流动变化的。即是，散文的东西流行的，而本质的东西不变；所以诗的精神是永久不会没落。芭蕉为说明此真理，作成有名的"不易流行"的标语。诗人一定要是不易流行的。

的，知性意味的表现。然而其他的艺术，例如音乐、诗歌、舞蹈等，不是想写物的"真实之像"，主要是诉说感情之意味的表现，所以与前者有根本的差别。此种表现不是"描写"。这是表象感情的意味，所以约言之，乃是"情象"。

像这样，一切的表现皆可分类为两个样式，"描写"与"情象"。一切艺术——在纯艺术的范围内——总是属于二者中之一。所有的艺术，不是"描写"，便是"情象"。此外更无表现。若是有，则是二者的混同，居于二者之间的表现。例如芭蕾（ballet）舞和闹剧（melodram）等是。这些东西，一方是美术般的描写，一方是音乐般的情象。即是，这里是"知性的意味"与"感情的意味"相混合。但是，从大体看，芭蕾舞与闹剧这种东西，主要是以感情为本位，是属于情象这方的艺术。对于这，纯粹之写实剧，是想诉说事实之意味的描写。兹将两派之对象列表示之：

情象——音乐、诗、舞蹈、歌剧
描写——美术、小说、科白剧、写实剧

说到这里，吾人可以把前章所暂且搁下的课题，再行提出。诗是什么？诗的表现的定义如何？诗与音乐相同，实为情象的艺术。诗完全无描写这回事。纵使写外界之风物时，还是诉之于主观的气氛，作为感情的意味而"情象"之。即是，对于表现而言，所谓诗者，乃是将主观的意味，融解于言语之节奏、语调、语感、语情之中，欲具体地加以表现的艺术。所以，给与诗以特色的决定条件，不必是形式韵律的有无，也非自由律的有无，而实关系于其表现的本质，是否是属于情象的；若实是情象的，则其语言必然地会以"感情之意味"去使用，而具备着语韵、语调、语感等一切情的要素；所以其表现也必然有着音律的、韵文的特色；而且在语感或语情之点，也会十分具备着诗的气息。

因此，诗与非诗的区别，在本质上，系决定于其是情象或非情象的这一根本条件。这一点明白掌握住了，则其他一切形式都不成为问题，伪诗与真诗，诗与非诗的判定，作为文学的第一原理而理解到了。归结起来，诗的正确定义，是即作为文学的情象表现。若作成命题，则成为，诗是情象的文学。而且，此一定义，已说尽了诗的形式的一切。至少，在这一点，议论是已告终结了。因此，可以把上述的其他皮相之见的——但为一般人所相信——诗之另外两种定义，与最后所提出的新定义，并列如下：

A 诗是形式韵文。

B 诗是以音律为本位的文学。

C 诗是情象的文学。

三者之中，何者是真的，则只有一任读者的比较与判断。然而，须先加以注意的是：三者之中，A 是最狭义，B 则稍为广义，C 则是最广义的。若加以详细说明，A 之中不能包括 B 与 C，所以诸君若是选择了 A，则自由诗或散文诗当然不能安放在"诗"的中间去；然而，B 则系较广义的，所以其中可以包括定律诗和自由诗。可是，近来某种特殊的诗，例如在未来派等的某些人中所看到的绘画样的诗，^①依然须驱逐于诗范围之外。因为这种东西

---

① 忽视音律，像绘画样的诗，著者不能表好感。这种东西，忘记了语言连缀的特色，分明是文学的邪道。正道的诗还是不能不保持音律的"骨骼"。然而，诗的新定义的包括这一种，却是事实。在此一范围内，作者还是承认这种诗的。

或全无音律，并且也不以音律为本位。但第三种 C 的定义，则将一切的诗完全包括到里面去了。

第四章　叙事诗与抒情诗

诗的历史，是从地球之西与东，同时各别发展来的。在西方，有希腊之诗；在东方，有日本之诗（按：从历史说，只有中国和印度的诗，始可与希腊相提并论，日本则远为落后）。并且西洋始于叙事诗，日本则始于抒情诗。此两诗之历史，无相互的关系，一直到最近，还是各个并行发展的。所以在吾人之立场来看的时候，应同时从两方面作并行的观察。但日本的事放到后面，此处先谈西洋诗之历史及其古典诗。

西洋诗的历史，从荷马的叙事诗开始。如人所知，叙事诗是以韵律的形式来歌咏神话，或历史传说的。究竟地说，是一种韵文传奇，用音律所说的历史。但是，真的学术的历史与叙事诗，在样式的根本精神上是不相同的。历史所要写的精神，在于事实正确的记述。即是历史家的认识，是对于事件看事件，对于现象看现象的真正客观的态度。反之，叙事诗是由主观看事实，由感情的高翔的气氛来咏叹历史。一言以蔽之，历史是记述事实，而叙事诗则是"情象"事实。并且诗与历史的分别，就在于这一点。

顺便在这里一述小说与历史，小说与叙事诗的区别。盖小说乃是描写人生中的某种故事；所以在言语的广泛的意味上，可以看作是一种创作的历史，或者是散文的叙事诗。不仅如此，小说从其他更本质的特色来看，是站在和叙事诗相共同的精神之上。

这里，有人有时指小说为历史（文学的历史）或称为散文的叙事诗。但是，这种说法，当然是语言上的比喻，具体上并不合适。明白地说，小说——不论任何历史传奇小说——与真实的历史是不同的，当然与叙事诗也是根本不同的。因为小说的表现是"描写"历史上的事件，而历史则是加以"记述"，叙事诗则是加以情象的。

叙事诗与小说的不同，有如琵琶歌与讲谈的不同。琵琶歌是乘感情之浪来说故事，而讲谈则恰像真的一样，写实地来描写故事。

类似于叙事诗的其他韵文，则有剧诗。其在舞台的样式，则称为诗剧。此种剧诗或诗剧，其所以和普通的科白剧不同，乃后者系以"知性的意味"为主，将欲表现人生之实相；而前者则以"感情之意味"为主，将欲表现出神秘、庄严、优艳、典雅等情的意味或气氛。即是，后者的表现是"描写"，前者的表现是"情象"。西洋的芭蕾、哑剧、歌剧（opera），日本的能乐、歌舞伎剧等，其脚本的韵文——即是剧诗——应当同属于前者。

然而，西洋的古典诗中，在各种意味上，可成为叙事诗之对象的，实由女诗人萨福（Sappho）们所代表的抒情诗。"叙事诗"与"抒情诗"，实为西洋诗的二大范畴，所以一直到古典韵文已经完全凋落了的近代，依然以变相的形态，从本质上互相对立着。这两诗派的对立，恐怕直到世界的末日也难免的两大系统。然而，姑将此一解说，留在后面，现在就继续着表面的说明吧。

作为古典韵文的抒情诗，其形式、内容，大体类似叙事诗。然而，仅因为某一点之不同，名称也因之而异。其根本的不同，叙事诗是男性的，而抒情诗则是女性的。^① 详细地说，叙事诗的题材是英雄、冒险、战争；其情操则高扬着雄大、庄重、典雅、豪壮等贵族的尊大性。反之，抒情诗为主是歌咏着恋爱、别离；其情操则是哀伤的、情绪的、优美而温柔的眼泪。所以 lyrical（抒情诗的）这句话常指的是哀伤的带着眼泪的情绪。反之，epical（叙事诗的）说的是意志坚强、尊大的斗士，英雄感的兴奋。更换言之，前者是旋律（molodious）的气氛，而后者是韵律（rhythmical）的气氛。

在古代希腊，此一叙事诗与抒情诗的特殊对立——此由荷马与萨福所代表——到了近世的文艺复兴期，也吸收了同样精神之流而传承下来。即是，叙事诗则有但丁、米尔顿这样的诗人；抒情诗则有佩脱拉克（Petrarca）、薄伽邱（Boccaccio）这类的诗人。而且前者的诗材主要是关于神学、宗教、哲学等超现世的瞑想；其情操还是高扬着庄严、雄大、典雅、庄重这样的贵族趣味。反之，后者的诗材，主要是取自恋爱及其他现世生活的实相；所以它是以通俗、轻松、不矜持的平民趣味为其情操的特色。约言之，自希腊一贯下来的是，叙事诗之特色为男性的贵族主义，抒情诗

----

① 叙事诗与抒情诗，何者属于男性。西洋许多文学者有不同的议论。有人以叙事诗为女性，以抒情诗为男性。有的人则与此相反。其所以因人而主张不同者，实因对于叙事诗的解释不同的原故。即是，一方，以此为表面的叙述事件之诗；在另一方，则从诗的本质的特色上看，而以其为英雄感的东西。这里，照前者的解释，便以叙事诗为女性的东西（因为女性，都喜欢事件的细细描写，所以没有真的抒情的表情。在此种意味上，女性的诗，本质上皆是叙事诗）。相反的，在后者的解释，叙事诗是属于男性的。作者是在诗的本质的特色上，——即照后者的解释——使用叙事诗的语言。

的特色是女性的平民趣味的东西。还有，前者是超现世的、超人性的；而后者是现世的、人性的。

然而这些古典诗，到了近代，却遇着可悲的凋落的悲运。特别是从上古以至文艺复兴期，极尽荣华的叙事诗，自十八世纪以来，已渐为人所疏远；到最近连影子也完全稀薄了。另方面，抒情诗的形式情操，也跟着起了变化；今日普通所说的抒情诗，与古典的韵文不同；乃指称单纯的田园风味的牧歌体的短篇诗。实际，今日文坛吾人所说的抒情诗，是近代的短篇诗，与古典的意味，已大相径庭。因此，今日所说的叙事诗，与诗的内容无关，仅指短篇诗相对的长篇诗而已。

于此应当想想，为什么古典的长篇诗，到近代就衰歇了呢？那种从上古到近代之初期，像恐龙群般横行地上的巨大长篇韵文，竟在最近二三世纪之间，一时没落以尽，这真使人觉得是梦样的天变地异。此一事实，定有其深刻的特别缘由。而实际上，就中是有充分的事实和原因的。至于其最根本的、真正第一原因，在后面其他的章再谈；这里特意加以略去，而仅对于其他更表面的错误的俗见加以启蒙。

任谁都明白可见的是，近代散文的发达。韵文的凋落与散文的发达，在近代历史中，实成一反比例。昔日躲在叙事诗及剧诗的繁荣影子下不见踪影，被当作卑陋贱民看待的小说等的散文文学，从十八世纪末以来，一时迅速得势；昔日的贵族，今日反而为新的平民所慑服，被推出于文坛之外。这是什么原因呢？据一般的解说，这个世界变动的真正原因，是由于文明之进步，人变得较科学、理性的原故。理性的人，一切都喜欢客观的、真实本位的写实主义的文学。像叙事诗这样浪漫而情象主义的文学，在这种理智的科学时代，实不能不凋落。

然而，此种解释果然合理吗？若真是如此，则近代应处于凋落之悲运的，岂独叙事诗或剧诗？音乐、歌剧、舞蹈这些所有情象主义的艺术，因其非写实主义之故，也不能不完全没落。但是，像音乐、芭蕾，不仅在近代益加繁荣，而且比之于古代中世，却更倾向于感情的、浪漫的、幻想的（昔日音乐系极理智的，已如前述）。

不仅如此。近代的短篇诗以浪漫派为始，显然都是感情的；比之昔日的叙事诗，此点却是其特色。所以，上述的解说，分明不过是皮相的谬见。盖人的知性与情性，常系并行而两存；所以，一方前进，他方也前进。实无法想象推进一端，而另一端向后。

那么，在近代初期，古典韵文的凋落，其真正原因到底在什么地方呢？如前所说这留到后章去解说，此处暂不深入。但是，至少，作为表面的理由，现在所说的通俗的见解，恰恰得到相反的证明。即是，文艺复兴期以来偏重理智的启蒙思想，在近代初期而发生反动，被深深压抑于各人内心之感情，一时洋溢恣肆，冲破了堤岸，因此而成为十九世纪浪漫主义的运动，对于非彻底韵文的叙事诗等，终因其非主观的而被排斥，非感情的而被疏远。实在比之于近代的新抒情诗，则叙事诗或剧诗等长篇诗，依然是很客观的，不能说是真正纯粹的主观表现。因为这些诗是借材于历史上的事件或寓言，半记述、半情象的；所以在更纯一的立场看，不是真正彻底的主观，而是更近于历史或小说的、半客观的文学。

真的，所谓纯一的诗，不是这类的叙事诗，必需是更率直的歌咏主观感情自体的东西。何以故？因为诗的本质，其自身是在于主观的表现。因此，近代短篇诗所走的路，是向主观作直线的突进，是感情自体的直接的表达。然而，感情这种东西，在不借用其他之事件或题材时，完全是属于无形的气氛上的东西；所以近代的短篇诗，便显然是倾向于气氛的、情调的东西。而且，此一倾向之迫进，遂触到形而上学的认识，必然的，导向"象征"的道路。实在，近代诗的特色，是象征性是与古代的抒情诗等，完全异趣。尤其是象征派以后的新诗——写象派、心象派、未来派、立体派、表现派等——特别以象征为其表现的一义。所以我们不知道象征是什么？便不能论近代诗。次章就对此加以论述吧。

第五章　象征

（一）

　　文坛这一世界，在认识上是披上云雾的不可思议的朦胧的世界。这里，尽管不停地在创造着各种观念，使用着各种语言，却在没有一个意义明了的解释，未能形成定义的确切观念中，不断地流行变化；空令散乱着的许多语言，在不可解的黑暗中，永像幽灵样地迷惑着。此处所说的"象征"这一观念，也是这种幽怨的亡魂之一；而且，尽管老早便输入日本，一时流行于诗坛之上，却很早便已衰退，且今日依然是不可解地残留着。

　　所谓"象征"，到底是什么呢？一言以蔽之，象征的本质，是指"形而上的东西"。本质上，形而上的一切东西，在艺术上都称为"象征"。然而，形而上的东西，也可认为主观的观念界，也可认为客观的现象界。换言之，也有时间上所能想到的实在，也有空间上所能想到的实在。这在艺术上看，前者关系于人生的理念，后者关系于表现上的观照。这种象征便生出两种不同的意味。先从前者说明。

如先前其他章所述，诗的精神的第一义感的东西，比什么都更与宗教情操相一致。宗教情操的本质，是对于通过时空，永远实在的某种形而上的东西之渴仰，是向灵魂故乡的慕恋不已的倾诉。此种宗教感的形而上的东西，特别是在观念上所揭示的东西，在艺术上，普通称为"象征派"。正如以前所述的，爱伦坡——的小说，梅特林克的戏曲，可认为是其代表。然而，在诗坛特别意识地打着此一观念之旗号的一派，出现于十九世纪末叶的法国诗坛，世人特称他们为象征派的诗人。

然而，如前所述，诗精神之第一义感的东西，都是基调于此种宗教情操，所以若称此为象征，则一切诗的最高感，必定都是象征。例如就像在其他一章所说的（具象观念与抽象观念），芭蕉所理念的，石川啄木毕生所追求的，西行祈望在自然之怀中所看到的，哥德浮在观念上的，李白所思慕的，驱使兰波踏上漂泊之旅的，都是不可思议的"灵魂的饥渴"，是向着潜于认识背后的某种未可知的东西的实在的思慕。

事实上，一切诗人都知道这。寻诗的心，是一个难解释的不可思议；是向着不知是什么的某种实在感的痒痒的诱惑。实际，诗自身之本质感，一开始便是站在宗教的情操上，托精神于象征的本身。所以在真正的意味上，诗坛上不应当有"象征派"这一语言。所有第一义感的诗，不论属于任何诗派的倾向——浪漫派、印象派、未来派、表现派——必然的，都应触到灵魂深奥的象征感。在这里，诗坛之所谓象征派，并非指的是一般的象征精神之自身，而是指的特别揭举此一概念的马拉梅（Mallarmé）

这一派的特殊诗格（朦胧诗格）。这是首先应明白的。

象征这句话，另一面，又可从表现上说到观照的形而上的东西。在本章，吾人主要是想从这方面明白解释象征的语意。因为象征的解说，虽然有许多人从这一方面下面下手，但没有一个可与人以满足的。许多人，仅以象征解释为一种的"比喻""暗示""寓意"。当然，这种解说也不能说是错。但是，极为浅薄，一点也没有触到象征艺术的本质。而且更滑稽的是，甚至把象征解释为暧昧朦胧（法国的象征派便是如此）。我们应一扫这类妄见、俗解，在这里，把"象征本身"的本质观，作判然明白的解说使人人都能了解。

（二）

所谓"认识"，就是要"抓住意味"。而且，意味有"感情的意味"与"知性的意味"两种；在艺术世界是相对的，已如前述。然而，不论如何，无认识即无艺术。因为艺术是表现；而且没有观照即没有表现。

那么，所谓认识，即是说要"抓任意味"，这究竟是怎么一回事呢？对于这的回答，就让给康德的认识论好了。要之，意味的世界，是由人间先验的主观，由理性的范畴所创造出的。然而认识的样式，有两个不同的方法。一个是看一部分的方法，一个是看全体的方法。在哲学上，以前者为抽象的认识，以后者为直感的认识。但是，艺术家住的是直感的观照世界，本质上，也与此相同有两个各异的认识样式。例如小说家的观照是属于前者，而诗人的直感则属于后者。以下，就认识样式之不同，稍作说明。

自然主义所教的，美学是要人就世界原有之姿来看世界，作物理的没主观的写实。此种写实主义之愚劣，除了作为启蒙之外更无意味，已如前述。但是，这里尚须加一根本的反驳。艺术家若真以此种方法去作，则艺术家成为无主观的人，和无机物的照像机没有甚么两样。第一，若果真如此，则表现是说的什么？意味着什么？完全不明白。即使是科学，也并非仅仅"照世界原有之姿来看世界"；而是要在事实或现象之背后，看出物质法则的普遍原理；在这里，有科学之所以为科学的"意味"。艺术的本质也是同样的，是要在此现象的人生之背后，抓住某种深切的意味而表现之，始有其意义。若如自然主义所说，则艺术不过是胡说的胡说。

所以艺术的主眼点，不在于仅仅把各个的事实或现象，作无意味的叙述，无宁是直觉到在这些东西背后的真正"意味的自身"，直接将其表现。那么，为了作这种表现，要取怎样的认识手段才好呢？第一，若不舍弃自然主义的观察，而采取与之相反的其他认识，便毫无用处。换言之，不是把对象中一个一个的部分作忠实的写生，而是在本质上，从物的全体来加以直觉。

为说明全体与部分的认识样式观，可以借用柏格森的比喻。实际，柏格森的哲学，在此点上是极力强调绝对观的。他说，就像画巴黎圣母院，既使画匠将一部分一部分的印象加以速写（sketch）之后，再综合而为一，亦决无法全景地描出寺院本身的真相。若真想描出寺院之实景，则应不看各个的部分而直观建筑之全体。还有，吾人若将一首诗，一字一句地切开，再集合各个字句想以此综合全体之意义，若事先不曾读过此诗，则绝无法认识。所以不论怎样集合无数的部分，也不能从这种综合而知道全体。欲知道全体意味，只有直观（引用《形而上学序说》）。

柏格森的认识论，立刻可以用到艺术之下。把自然主义的写实论或其他一般小说家所作的有关人生现象，事件的部分描写，无数的集合在一起，想由这些东西的综合，表现一篇小说的意义，是决无法完全成功的。至少，这种手段，比之于下面所说的方法，不过是艺术上极幼稚的——因之也是效果很少的——认识样式而已。更彻底的、真的艺术的认识手段，不是部分地观察事物，而是从全体上，作为气氛的意味加以直观。换言之，不就物的写实的形体来看，而是要在这种感觉的形体相之上作为全体之意味的直感；即是突入到形相以上，形而上的东西中去。

此种突入向形而上学的认识，吾人普遍称之为"象征"。所以象征才是一切艺术认识的极致；写实主义也好，浪漫主义也好，一切表现能上得去的山顶皆在此处。西洋的写实主义的艺术家们，渐渐触到此一秘密，开始知道表现的山顶的意味的，尚属最近之事。然而，特别不可思议的是，日本从早象征的意味便已发达。

这里，为明了象征的本意，想就作为其代表的日本艺术，作一大略之说明。例如，"能乐"便是如此。日本的能乐，与西洋写实的戏曲及电影之类，其表现精神根本不同。在西洋的演剧舞台，无论背景、人物、举动，都是照事实写实地反映出来。甚至，使真马在舞台上驰走。然而，日本的能乐，则未见这种形态上的写实，其意味是作为全体而不可以感受到，强调着第一义感的东西。例如，在能乐，步行者不作写实的步调，而仅营造一种可以给步行以印象与气氛的某种艺术的"走的人"。还有，能乐中"悲哀的人"，在形上不使见泪或悲叹，只在意味的气氛上，表现悲哀的心境。这与电影中实际流泪的实况相比较，东西地球之相距，真有十万八千里之感。

在美术也是一样的。西洋的绘画雕刻，特用力于部分细节之描写，以实物的风景或人物，作如实的写生为其主眼。然而，在中国日本等的美术，一开始，便完全忽视此种写实，即将物自身所有的本质的实有相，作为全体的意味直接加以捕捉。所以东方的绘画，或画一竹，或画一虎，是从形而上学的本质，直观此植物或动物所有的实有相之真性情或猛烈性，直接强调意味之本身。日本浮世绘的表现，在本质上也同样是象征主义，和西洋的油画，根本不同。然而，将能乐与歌舞伎剧加以比较时，则后者更为写实；同样的，若将日本的浮世绘，与中国的南画或中国式的绘画相比，则前者更为写实，实乃不可争之事实。并且从这一点说，由浮世绘那种程度的象征主义，渐渐成为媒介，向西洋输出。换言之，西洋人因日本浮世绘的刺激而开始有象征的觉醒。

在西洋，对象征主义开始有意识的自觉，是最近十九世纪末叶的事。而且，约在同一时期前后分别为两个艺术群所主张。一是在诗坛的马拉梅等的象征派；一是美术界后期印象派的运动。对于后者而言，他们的美学，分明是由日本的浮世绘所启示。它不看物之形体，而看物之本质；不描写部分的细节，而直接表现物自体之实有相。特别，在此派的巨匠中，塞尚（Cezane）在观照上最为彻底。他把物质本有的形态感、重量感、触觉感等东西，借由绘画，在描写出第三度空间。吾人从他所描写的椅子而直觉到一切物质中普遍本有之实在。塞尚所画的是一个哲学（形而上学）。

对于这，另一方面，诗坛所揭示的"象征"的观念，则极暧昧朦胧。充满了意识的漠然之谜。他们勉强使诗语晦涩，使意味消失于不分明之中，而自信其为象征。盖因为他们，将对于由诗情操的宗教感所说的象征，与对于由表现之观照所说的象征，在认识不足的漠然之雾中，将其暧昧混同了。然而，他们在与近代诗以象征之自觉，及与尔后之诗派以感化和暗示这点上，实留下了永可纪念的功绩。所以，彼等"象征派"虽然亡掉，而象征主义之本身则永远不变。恰与"浪漫派"与"浪漫主义"的关系一样。

最后，应当注意的是，最近的新小说（特别是法国的短篇小说），在描写上，很显然也成为象征的。一方面，由于诗成为自由诗，而诗与小说极为接近，在外观上几乎不能区别。然而还是应该清楚加以区别。诗不仅是因其为象征之故而成其为诗，更因情象之故而始成为诗的。

说得更周详一点，象征不是由知的"头脑"所造出的，而是由主观的感情所温热出的心情之意味。若象征纯由客观的观照而来，则这是属于小说而不是属于诗。在作新文学批判时，有必要把这一条线弄清楚。

第六章　形式主义与自由主义

在诗，音律是重大的要素；这几乎是形成诗的形式之骨干，已如前所述。然而诗所要求于音律的，是在于感情的强烈表露，未必是为了其节拍形式。当然，语言之思想表现，因是以"音"发出来，故大体上是受音乐原则的支配，这固然是不错。但毕竟，文学是文学，语言也不必与音乐之规约相一致，不必常常机械地，规则严正地符合于乐典所定的韵律之形式。若有这种符节，也无宁是偶然之事。

然而，不可思议的是，古今一切诗的规约，都以此偶然的情况为法则，把音乐的韵律形式照着移用于语言，以形成所谓"韵文"。实际，在长期的历史中，诗都是用韵文之形式写成；遂被认为是因有此一形式而诗始成其为诗。说来不可思议的是，古来一切诗之发生，何以都采取这种机械的、法则化的韵律形式呢？

对此的解答极为简单。谁都知道，诗在从前，是与音乐——恐怕也和舞蹈一起——都是配合拍板，或乐器，歌唱的。所以诗的发生，其形成必然是把与音乐和舞蹈相一致的旋律，作机械的反复，以形成其骨干；这种发生的形式，就这样传到后代，随修辞之进步，而成为今天的韵文。然而，在诗已由音乐独立而成为纯粹文学的今日，恐怕没有再拘守作为原始发生形式的韵律的机械规则的必要。我们为什么今日还须要学院的诗学，守着韵律学的烦琐拘束呢？

今日之所谓自由诗，实从此一疑问出发。他们要从拘束的韵文形式中解放出来，而呼唤无拘束的自由的音乐。然而，在今日，自由诗还不过是诗坛上"一部分"，至少，在西洋，自由诗不是全般性的，而是属于某一部分诗人的；其余大部分诗人，今日依然不舍弃规则整齐的韵文形式。这是为了什么呢？是因为他们的头脑守旧顽固吗？不是的。现代最进步的诗人，也常常固守着严格的韵律形式。就算是象征派的诗人，被目为欧洲自由诗之开祖的耶尔哈伦，后来也废弃了自由诗，成为最形式的押韵诗之作家。

只看这种规则整齐的韵律诗，今日尚与自由诗相对立把诗的形式分为二，便可知定律韵文是有其独自的意义。至少今日的定义诗人，不是因单纯的因袭惯例，无自觉地写古典的韵文；而是从中感觉到由自由诗所无法令人满足的另一种适切之表现。那么，彼等定律诗人所感受的特殊表现的满足感，到底是什么呢？盖他们不满足于诗的自由主义，而对于形式主义之精神，发生了美感的缘故。

所以，此一质问，未必是在今日诗坛上所发生的问题，而是很久以前，在还没有自由诗的时候，已经有的旧问题。因为，昔日，韵文中的形式派与自由派，也是以同样的精神相对立。例如，同是古典诗，叙事诗与抒情诗便是如此。叙事诗与抒情诗，在昔日虽然均是定形诗，均遵守诗学所定的法则；但大概地说，叙事诗是形式主义的韵文，押韵的法则特别严重。而抒情诗在这一点却较为宽大，比较倾向于自由主义的精神。

还有，近代诗坛，在自由诗出现以前，也是以同样的精神互相对立。例如浪漫派与象征派的诗人们，大概都是站在自由主义的立场，讨厌诗学上的烦琐拘束。相反的，高蹈派的诗人们，则尊重典型的形式主义韵文。到最近，即在自由诗内部，也有两派之对立，这只看日本今日之诗坛便可了解。日本最近的诗坛上，定律诗一个也不存在，都是自由诗；但还有比较上的形式主义与自由主义的对立；同在自由诗之中，而分派各异。

所以，上述的质问，其归结，不能不触到决定形式主义与自由主义之美的两大范畴的根本问题。并且，不解释此一问题，吾人可说对于诗还是一无所知。因为诗的表现，实关系于此种矛盾的反对精神，在极微中的默契。可是，形式主义的精神是在何处？自由主义的根据又在何处？ ① 以下再继续加以考察。

---

① 艺术的形式，是内容的反映；所以真正说，所谓"形式主义"，"自由主义"，不过是艺术上的妄言。然而，此种语言之存在，因为在此场合所想到的"形式"，不是指的"表现的自身"而是指的由某种数量法则所规定的特殊的古典形式。因此，对于此种形式主义而言的内容主义，自然意味着表现上的自由主义。自由主义与内容主义，在艺术上的语言是一个等号。

第七章　情绪与权力感情

吾人普通所谓"感情"，包括气氛色彩不同的两种异趣的东西。一种是所谓"情绪"（sentiment），充满了幽雅、眼泪、女性的爱情。另一种是充满了男性的气概，使人感到勇气，伴随着某种高翔感的兴奋，普通称为"意志的感情"或"权力感情"。①

人类一切的诗，不外乎是这两种感情当中之一的表露。古来历史上的一切诗，因此而在情操之分类中，判然分为两类。此即前章所说的，古代希腊诗界中的叙事诗与抒情诗之对立。叙事诗以荷马的伊里亚特（Iliad）为代表，抒情诗以萨福的恋爱诗为代表。并且前者是为亚历山大、凯撒的古代英雄们所爱读；在他们的少年时代，便已养成其英雄的权力感情。而后者则更为大众青年所喜爱，养成了许多唯情的恋爱主义者。并且荷马与萨福的对立，到了文艺复兴期之后，更成为但丁、米尔顿的庄严的神曲叙事诗，和另一方面的佩脱拉克或薄伽邱们的民众的抒情诗的对立。这是已在前章说过的。

实在，这种叙事诗与抒情诗的对立，乃表示人类感情——情绪与权力的感情——的两大分野。在有人文之历史的范围内，纵使其形式有变化，但其实质，必以何种新的样式，经常地对立着。然而，因时代与文明的变迁，在某一时期，此方成为"正流"，而另一方成为"反动"，并不算稀奇。并且，在此情形下，被置于反动地位的，因其表面的意志被抑压的结果，常常以某种变形的、歪曲的、逆说的、寓言的，作为一个"可厌的东西"而映出其歪

---

① "权力感情"这一语言，首先用强烈的声调谈论的，实为德国的贵族主义者尼采。

曲的形像。后章所说的近代的立体派、表现派的诗，乃同属此一精神的系统。但是对于这的解释，要留到后面。这里，试就此种诗的情操所当投影的表现形式，加以考察。

感情之属于南方者，即上面之所谓"情绪"者，其自身即是爱的本有感，所以它是以博爱、人道，一切柔和的道德情操为基调。这种感情之本质，是充满了泪痕、甜蜜的气氛，好似小提琴的旋律（melodious）一样。所以，其思想的表现形式，必然要追求柔软而流动的、轻妙的自由性。反之，"权力感情"，则追求有力的，骨骼坚实的，节拍严正的韵律之美。并且从此类精神，而发生古代艺术中所看到的古典主义。此处顺便谈谈古典主义。

古典主义与浪漫主义，实为艺术中的南极与北极，世界终末的两端。浪漫主义的本有感，是爱的旋律的情绪感，喜欢柔软流动的自由，以内容为本位。然而古典主义，则排斥情绪，厌恶感伤的气氛，重视由均齐、对比、平衡、调和、数学法则等而来的形式。古典主义的表现，首先要求的是"骨骼"坚实，有重量与安定及数学的顽固，可以说是"不动于物，直立不动的精神"。它飞越一切袅袅的、柔软的、骨架不结实的、女性的纤弱的东西，而要求男性的严肃之美。

这种古典精神，正是权力感情的表现；一切都夸示贵族的尊大感。即是，其本质是形式主义的，重视仪容威权，而且特重视"庄重典雅"之美。所以古典主义艺术，整个在历史的上古到中世特别繁荣。此一时期不是国家为专制君主所支配，就是政权为贵族所独揽，或社会是由封建武士所形成。故大部分艺术品，都是为君主或贵族的荣誉，或为满足彼等权力感的喜悦之情所建造者。然而，到了近代的平民社会，此种艺术便根本荒废掉了。近代新的趣味性，较之欣赏这种古典之美，实太过倾向于民主的自由主义。

于此，我们可以知道近代古典韵文凋落的真实原因。那从上古到中世之末，像巨兽横行的古典叙事诗或剧诗，为什么在近代的初期，就一时消灭了呢？其真实原因，在于近代资本主义的发达。十八世纪以来，急速进步的欧洲资本主义的文明，一跃而造成平民社会，葬送了过去所有一切贵族的东西。社会成为民主的；而且时代思潮之倾向，到处都充溢着人道主义、博爱主义或社会主义的所谓文化的女性主义。所以在这种社会，像古典韵文这种形式主义的文学，其被废弃乃当然之事特别是属于叙事诗这类的贵族趣味，被时代的先锋判处死刑了。

近代文学的黎明，实由浪漫派的情绪主义开始。其精神是植根于资本主义的平民文化，表象着一切反贵族、反武士道的东西。换言之，浪漫派是代表反古典的形式主义之一切自由精神。他们的新诗，特别重视情绪，赞美恋爱；并且在形式上反对古典诗学的拘束的节拍本位，创造更自由的、悦耳的、内容本位的甜蜜的音律。他们讨厌权威感，做作的、形式的拘谨的东西。凡浪漫精神之所到之处，终经过象征派而遂完全破坏了诗的形式，对于一切韵律的音律，都抱有反感，于是产生了纯粹悦耳的自由律的诗，即今日之所谓自由诗。

然而，如前所说，人类的叙事诗与抒情诗的精神，是常常以某种形式，永久的对立着。[①] 在这一点上，不论近代的文明，怎样

---

① 德国音乐与南欧音乐之特色，恰系叙事诗与抒情诗的最典型的对照。德国音乐的特色，一切都是韵律的，节拍强而分明，有如军队的步伐，潜郁而庄重。相反的，法意两国的音乐，充满了美妙的旋律，柔软自由，富于变化。前者正是定律诗的音律美，后者则是自由诗的音律美。

充满了女性主义，终究无法抹杀，潜在于人心深处的不易之本能。它们会以某种形态，作人所意想不到的伪装，手藏炸弹，窥伺于"反动"的窗口。并且，其他许多东西，则将更露骨的，从正面采取时代逆流的形式。

因为这样，所以即在今日，自由诗与定律诗，依然平分着欧洲的诗界。即是，有平民情操的诗人，多走向自由诗；有贵族的权力感的诗人，大概都走向定律诗。盖贵族精神，其本质是古典的，而要求骨架结构的坚实之美。从他们的趣味看，自由诗好像是软体动物一样，不过是柔软无力，没有骨架的一个丑劣的蠕虫类。相反的，在另一方面看来，则觉得定律诗是形式的，没生气的缺乏时代之流动感的东西。

第八章 从浪漫派向高踏派

在感情中的两大类别，即是抒情诗的情操（情绪）与叙事诗的情操（权力感情），在人文中常常成对流，已如前章所述。文艺的历史，实在，不外于是这两个感情的反复，及其斗争的历史。并且，一切的原则，常常由"反动"一语包括尽净了。即是，这方有压力，另一方立刻便反动；一方占有时代，则在次一时代中便有另一方之兴起。这种循环的反动，是力学所决定的真理；会经由历史永远继续下去的。而非任何时代，都决不可能仅有一方永久决定性的独占人类的文明。

所以像今日，尽管近代文化都是女性主义，但在人心本源的另一部分，其权力感情的狮子，依然会猛然奋起。而且，为了适合于时代的潮流，它在伪装的女性化主义之假面下，随时都磨砺着本能的兽牙。有如聪明的尼采所说，现代的女性化主义者（feminist）——和平主义者、社会主义者、写政府主义者，都是穿着羊皮的狼；以食肉之鸟的猛厉之心，说着柔和的福音的传教人。确实，他们的主义，是人道的；他们的思想，是民众的。然而这些传教人所意图的，乃是在民众身上下工夫，支配民众，以号令文明的，贵族主义的权力感之高扬。并且，不论近代文明是怎样的女性化主义与民主主义，也不能扼杀这些"伪装的贵族主义者"。

回到诗的历史本身上去吧。诗历史中的古典叙事诗与抒情诗，已在前章解说过了。再进而对于浪漫派以后的新诗，与作为文其姊妹的散文历史，稍为加以考察。如前章所述，近代的诗，是由浪漫派开始。浪漫派以前的诗，对于我们来说，是古典的，直接的关系很浅。所以浪漫派实系近代诗的开祖。今日所有诗派中作为母音的东西，都胚胎于此。然而浪漫派的运动，并非仅在诗坛的局部，以小小的波浪开始；实是涉及文学、艺术，乃至社会思潮之全般而兴起的空前的澎湃大运动。这是由卢骚所刺激的法国革命之延续，是资本主义文化初期之自由主义惊人的凯歌。

所以浪漫派的运动，是对贵族主义而起的平民主义的主张，对形式主义而起的自由主义的呐喊。它排斥艺术与文化中的一切的权力感情，抑压一切的叙事诗的东西。以近代的恋爱为主的抒情的小说，一时占新文学的大势力，而驱逐了古典的形式韵文，也正是此时。这里顺便说一句，在古代是轻视散文的；到近代却成为优势，实因新时代的自由主义，对于韵文那种形式主义的文学抱反感，其意味转到更自由的平民的散文这一方面的原故。并且，自由诗的本质的精神，同样是表象着此一散文时代的趣味性。

形式论

所以从此一意味说，自由诗愈是散文的——即是，愈是非格律的——愈是真正本质的自由诗。

浪漫派的时代思潮，是由对过去贵族主义的反感，而抑压了一切的叙事诗的精神。但是，对于这反动的逆流，当然不能不继之而兴起。而且，此一反动，实从艺术之各方面都爆发开来。然而，这里仅对于诗与小说的文学，而看其反动的历史便已够了。先从小说开始吧。在小说中，浪漫派的反动思潮，是大家所知道的自然主义。此一在法国所兴起的自然派的文学主张，在本质上，它是意欲着什么？以什么为特色呢？在其他各章已经屡屡说过了。即是，它是"否定主观的主观主义"的文学；是当时热情的人道主义，反叛浪漫派的人道的感情主义，叫喊着要虐杀爱或情绪的，一种被抑压的叙事诗精神的爆发，这正是文学上权力感情的高唱。

所以自然派的文学论，实系在散文形式的底子上，常常露着古典主义的精神——没有形式的古典主义——。换言之，他们在本质上是要求一种严谨的，坚确踏在大地之上的某种强力的有现实感的文学。并且他们讨厌浪漫派的女性，泪痕的、软软的自由主义的精神，和它那娇媚的旋律之美。所以自然派的文学论，对于浪漫派常作如次的非难："脚跟离开大地""腰是摇摇摆摆"，"溺于浮薄的陶醉"；并且他们正是以"脚跟完全站在大地上"的骨骼结实的写实主义的文学自任。

像这样，自然派所意欲的，分明是向浪漫派的反动，是对于抒情情愫而来的叙事诗的感情的反抗。所以，在伦理感上，他们也反对浪漫派，反对爱、人道、女性化主义，而想到更贵族主义的康德的义务感——据康德说，道德的本质即是义务感——。并且他们从这种伦理感而制作出意气颓废的、逆说的、讽刺的、性虐待狂的、暴露狂症的文学。它们是由描写人生的污秽，暴露社会的丑恶，而自己高翔向一种征服的权力感。

此一向浪漫主义的另一反动，同样也在诗坛上也唤了起来。此即高蹈派（Parnassian）的一群诗人。他们几乎是彻底地从正面高扬于贵族主义。他们在一切素质上是与浪漫派不合的诗人。恰与小说中的自然派并行，敌视浪漫派，申述各种反对的意见。第一，高蹈派彻底排斥自由主义，憎恶浪漫派的悦耳的美妙的音律感。并且他们自身重视根据严肃的法则的形式，自己夸称是"语言上的哥德式（Gothic）建筑"（Gothic 建筑，是古典主义的典型）。他们还排斥一切情绪感的东西，或暧昧茫漠的东西；偏于尊重判然明白，理路整然的诗。

高蹈派的诗人们，正如此派的名称所示，常取高蹈超俗的态度，轻蔑民主的思想，矜夸他们高出于时流之上。他们实在是近代女性主义文化从正面来的反动主义者；是不戴假面的，正直的——或是呆拙的——正牌的贵族主义者的一族，他们憎恶新闻主义（journalism）憎恶时流的东西。并且远慕历史的过去，驰思于中世的怀古。特别是他们中的巨匠李尔（Leconte de Lisle）们憎恶现在人类生活的本质，从否定宇宙一切的叔本华的厌世感的虚无主义中，以狠毒的挑战态度，把浪漫派的感伤的爱或人道主义，视为不洁的东西而彻底加以排斥。实在的，高蹈派的贵族们，是要从诗中完全驱逐情绪，虐杀人情，才觉得痛快。

这种高蹈派的态度，正是诗中的自然主义的态度。唯一的不同点是，自然主义重视社会性，正视现实生活；而高蹈派则系以白眼看人类社会，深彻于真正孤独的贵族主义，而陷进独善生活的云层中。因之，自然主义的憎恶是指向人生；而高蹈派的憎恶，

形式论   305

则指向"宇宙存在"自身的本性。即是，小说走向科学，而诗人则走向哲学。并且，由此种不同，当自然派陷入于"为生活的艺术"与"为艺术的艺术"的矛盾，弄成主张与作品之奇怪错觉的时候，另一方的高蹈派，则标榜着彻底的艺术至上主义。

高蹈派还从诗中拒绝一切的主观，标榜纯粹的客观主义；这与小说的自然主义根本一致。实际，高蹈派与自然主义在艺术本质之点上，是联盟向浪漫派进攻的敌人。然而，吾人对于这种反抗诗派的主张，有一个不能接受的疑惑。因为诗的本质，如以前所说的，是主观的东西，所以吾人无论怎样，不能想到如高蹈派所说的反主观的诗，客观主义的诗。并且，同样的也不能在诗的世界中想象出可称为真正意味的艺术至上主义。诗必定是主观主义的文学，因之，不能不是"为生活的艺术"。所以高蹈派所说的反主观，乃至艺术至上主义，恐怕与吾人所想的多少有点不同。然而，此种辨证，且留待后面再说。次章不能不说高蹈以后的诗的历史。

第九章　从象征派向最近诗派

文艺的历史是反动。诗坛由于过分受高蹈派的形式主义之压迫，接着求表现之自由，高喊情绪之解放的新浪漫主义的复活，亦必然应运而起。实际上，此一反动也很快地到来了。这即是近代诗坛划时代的象征派运动。

象征派的新运动，在其本质上的精神，正是浪漫派的复活；它是要在派中取回被虐待的自由与感情的革命。他们首先反对高蹈派的形式主义。他们讨厌那种炫学的东西，反抗贵族的尊大感；

以民众的不做作的直情主义，坦率地说自己的思想。象征派的诗人们，又特别强调主观。他们爱那种由甜蜜的情绪融入于音乐的旋律之中的诗。并且忽视韵律的形式规约，与诗学派之高蹈相冲突。其结果，由爱尔哈伦们开始大胆行动，完全与诗学派绝交了。换言之，它们破坏诗的韵律法则，产生了今日之所谓自由诗。盖因浪漫派精神的推动，经过象征派而到达这里，乃自然之事。

象征派乃对高蹈派之反动，喜爱朦胧的诗境，讨厌判然明白的东西（判然明白，乃高蹈派的标语）。据象征派的想法，诗的情趣存于"朦胧的神秘"，在于意味之不分明。并且，一般象征派的特色，在这点上，显著地太被夸张了。然而从诗派运动的本质看，象征派的真生命，实存于浪漫派的新的复活。他们把由高蹈派所虐杀的自由与情绪，以一新的哲学形式而将其唤回到欧洲的近代诗坛。所谓新的哲学是，在诗中加深瞑想的实在观念；在这一点上，与浪漫的纯粹情绪主义，有其教养上的区别。要之，他们是浪漫诗人的更观念化的变形。

此一象征派的运动，一时几乎风靡了欧洲的整个诗坛。[①] 好像不是象征派的人，就被认为不是新时代的诗人一样。然而，反动却以必然不可避免的法则兴起。第一，接着而起的诗坛，排斥象征派的暧昧朦胧。并且倾向于要求印象确实，强有力地表现其意味。事实上，象征派以后的诗坛，在其所谓"印象的"这一点上，有其显著的特色。并且最近的许多诗派，即是写象派、未来派、立体派、表现派、达达主义（dadaism，艺术上之虚无主义）

---

① 自由诗之起源，在欧洲是象征派。但在美国，则在此以前，民众诗人惠特曼（Whitman）创造了独自的特异的散文诗。

等东西，一时，相继地出现。以下，试略述诸派所共通的一贯精神。

最近诗派的本质，一言以蔽之，是"向象征派的反动"。即是，他们排斥情绪，强调某种被抑压的权力感情。特别是立体派、未来派、表现派等。他们彼等的诗的情操的本质感，是某种倔强的、歪曲的、奇怪的、可恨的、残酷的东西的表现。在那里，似乎存有以否定权力为痛快的某种逆说的英雄主义；执拗倔强的虚无主义；正在那里浮着冷笑。的确的，近代诗中一个共通的强烈情操，是想以某种虚无的权力感，去歪曲物质的本性，把世界很奇怪地加以扭曲，具有意志力学的意味。就中时常都是以科学的唯物观与宿命观，苦苦地去情象人生，想以机械与铁槌的重压来锤打出诗来。

有这种内容的诗，在形式上反映为何种表现，不待想也可明白的。最近许多的诗，在这一点上，是完全与象征派相敌对的。象征派那种悠闲美妙的柔软的自由律，由于最近诗派的趣味性而引起激烈的反感。表现派与立体派所求的，是要由铁与机械所构成的架构坚实富于韵律的东西，即是，必须是古典的形式诗体。但是，他们已经过了象征派，受过了象征主义的洗礼，所以不想回到与古典主义中除掉其古风之美与诗学及其新样式。

因此，立体派与未来派，由他们独自特异的意匠，而创造出另外的新的古典主义。即是，把言语作机械学的排列，给韵律以力学的法则，或者造出金字塔式的象形诗形，创造一种新样式的函数的古典主义。这些新的古典主义，与过去高蹈派所墨守的诗学的古典主义完全不同，呈现很新奇的外观。新时代的东西，其法则更是变态的，有着更是函数的能够变动的韵律自由。然而这

　　　　　　　　　　　　　　　诗的原理

种诗形所根据的精神原则，本质上与过去的古典主义是一致，同样可以看作是一种造型美术——语言上的哥德式形筑。

这种新倾向的所归，使诗远离音乐，而导向美术①的那一方面。实在的，最近的某些诗，完全忽视了音律要素，只把言语作象征的排列，想由此而得到某种绘画的或造形美术的效果。并且此种新形式主义所到之处，其走向必然倾向唯美主义。即是，从诗里面移去内容的东西，导向形式的纯美，而走向作为艺术贵族主义山顶的唯美主义。此种唯美主义的东西，实系最近诗界中显著的特色；他们许多的哲学，在这里，都是为了"由美与唯物主义所辨证的科学之实证"，尽其保险的任务。但是，我们对于这种过于科学的，过于艺术至上主义这一派之诗与诗人，有一个根本的怀疑。至少，对于他们不能无所警告。其理由可留在次章说明。

要之，最近诗坛，是对前代象征派的反动，是对于抒情诗的诗情，而来的叙事诗的诗情的最活跃的时代。把这作社会性的观照，则是对于民主的东西而来的权力感情的虚无的反动。（前面所说的唯美派与艺术至上主义所以兴起的理由，实在于此）。然而，在此一现状的深处，欲挽回时代的次一反动，欲早已备好的并又渐渐浮现在诗坛的意识。即是，近来外国诗坛所议论着的正统派——欲将诗返回到纯一之情绪的一派，及其他想吸取浪漫派之正流的一派，都是给与即将到来的次一诗坛以意味深长的预言与暗示。毕竟，诗的历史，是"从反动向反动"的一条长流，是无限无际的轨道；所以今日的正流，成为明日的逆流；明日的逆流，

---

① 诗近乎美术的样式，当然不过是仅从外观上看。在本质上，还是由象形的，像音乐样地加以情象，决非像小说样的描写。然而，不论如何，此一趋向，在正道的表现上还是忘掉了语言的特质。

成为今日的正流；关于这点的价值与邪正，是现在的批判者，所不能断定的。

以上所述，是对于欧洲诗坛的观察。但最后想谈谈日本的诗派。因为日本也有象征派、高蹈派，或未来派、达达派等与欧洲的名称相同派别。对于这些日制诗派，吾人没有多说的兴味。在日本的文学流派，大抵是受皮相的新闻主义的影响，不外是好新奇自命为新人，好炫耀学问、轻薄地接受了西洋报纸的文艺及政治栏的东西而已。所以吾人应当说的，日本的象征派或高蹈派等，除了在名称上与西洋的东西相一致之外，是与西洋的原物毫无关系的某种特殊的东西。

第十章　诗的逆说精神

（一）

在诗里面，主观派与客观派的对立，在日本则成为和歌与俳句的关系，已如前章所述（前章略）。在这一章，想根本地解决在西洋诗中同样的对立关系。盖此一问题之解决，乃诗论最后所应提出的大问题，是接触到了诗的最深神经的真正根本的结论。

在西洋诗中，分为内容与重形式的两个系统。然而，诗的内容是属于主观，形式是属于客观，所以在这种地方，与日本相同，依然有主观派与客观派的对立。属于主观派的是浪漫派或象征派的诗；属于客观派的则系古典派或高蹈派的族类。前者是感情本位的自由主义，后者是诗学本位的形式主义。

此一相同的对立，另一方面，也可从诗的情操方面加以考察。即是，已如前面他章所述，欧洲诗的历史，实在是抒情诗与叙事诗之对立，是诗情中"情绪的东西"与"权力感情的东西"的不断交流的二部曲。然而，情绪的东西——浪漫派也好，象征派也好——必然会立脚于自由主义的精神；而凡是权力感情的贵族主义的东西——古典派也好，高蹈派也好——必倾向于形式主义；所以欧洲诗中主观派与客观派的对立，自然不外乎是抒情与叙事诗的对立（所以近代新形式主义的诸诗派——未来派、立体派、构成派等——在语言本质上的意味而言，皆属于客观派的叙事诗。此类诗，实可称为近代的叙事诗）。以下，吾人想把诗中的主观派与客观派，即抒情诗与叙事诗的关系，就内容与形式两方面，从根本上加以论定。然而，在这以前，不能不说到西洋诗中的主观派之对立，是与日本诗中的两派对立，关系不同这件事。

日本主观派与客观派的对立，是和歌与俳句的对立。故在此情况下，和歌应该相当于抒情诗，俳句应该相当于叙事诗。然而，此种比较，根本是错误的。因为和歌纵使是抒情的，但俳句决不会是叙事诗。日本的俳句不论从内容看，不论从形式看，与西洋的叙事诗毫无相似之处。日本的特殊之点，乃一切文学，都是内容本位，无一如西洋之真正意味的古典。因之，日本没有语言严格意味的"韵文"，这种形式主义的文学并未发达。因为日本缺少形成此种文学内容的叙事诗的精神。

（二）

在艺术，内容属于主观，形式属于客观。所以，顺着客观前进，最后必到达纯粹的形式主义，即是古典主义。事实上，古典主义的精神，是艺术所能到达的最寒冷的北极。在这里，属于主观的一切温情感，都随内容一起被逐出。只有纯粹形式美的冰冻的理智，这里结晶。即是，古典主义的方程式，是均齐、对比、平衡、调和的数学的比例；在此一冷酷而没人情味的冰山，任何人性的血液均将冻结。这里有由理智与数学所凝固的，结了冰的结晶的"纯美"；用大理石所雕刻的造型美术，在这里以立体结晶的冷酷姿态屹立着。

实在，古典主义的艺术，是由数学来创造美，想以机械、圆规及尺，制造人模型的真正残忍刻薄的纯美主义的艺术。在这里，一点也没有温情感的主观，只有纯洁客观的知性的形式美。但是，这样的古典主义，为什么会与诗的表现结合呢？实在，吾人所不可思议的是，像这种属于艺术北极圈的古典主义，和属于艺术南极圈，以主观的热情为本位的诗这种文学，有什么结合的必然性呢？在这种凛冽气温之中，我们过于热情的诗人之血，为什么能不被冻死而继续地歌唱着呢？

但是，不妨再想想看。像上述意味的形式主义——这仅重视数理的形式美，想从艺术中拒绝一切内容——到底真的存在诗的世界里吗？纵使有，则这种文学，果能作为诗而得到正当的评价吗？实际，吾人在某种末期的诗派中，可看出此种形式韵文。例如，高蹈派的末期诗人，从他们的诗派中失掉了怀古的浪漫情调或困人的厌世感——这本是高蹈派的诗——偏于走向韵律的诗匠的完美，想把诗建筑为造型美术一样。换言之，他们不是从"心情"（heart）产生诗，而是想由智的头脑（head）去制造出来。

这一种类的文学，真正可以称之为诗吗？的确，它可以成为一种美。但，至少它不是诗。因为美的东西，并非一定是"诗"。诗不应说是纯美的东西，它在本质上，应该有更多的人性温情感的主观。至少，吾人可以确切地断定一件事情。即是，诗是应当从心情产生；而不是仅用机智或趣味所意匠的头脑的东西。所以诗的形式主义，仅在保有作为内容的诗的精神，即是保有主观的限度内，才可被允许；无主观的纯粹的形式主义，虽然是一种数字的纯美，但断不能称之为诗。

那么，何以诗人的主观，在表现上选择这种知的古典主义呢？诗是感情的文学，是在主观之南极的艺术；但却选定了古典主义这种北极的寒冽的形式；互相矛盾的内容和形式，彼此结合，这是多么不可思议之事。然而此一疑问，已在他章（形式主义与自由主义）概略地解说过。即是，诗的形式主义，本来仅与叙事诗的精神相结合。并且，这种叙事诗的精神，从它贵族的权力感情之高翔，在形式上要追求端庄、典雅、严肃，韵律整齐，架构结实等东西，便必然会有此种结合的。尚令人存疑的是，追求这种英雄的权力表现的诗人，果然是真正的英雄吗？

对于此一疑问，吾人可明白答之曰"否"。古来几千诗人中，有哪一个是真正的英雄人物？他们中的某些人，有时表现出像勇士、英雄样的行为，然而这不过是外表上的演剧。真正地说，所有的诗人，都不过是女性的，神经质的，多愁善感的有着一颗纤弱之心的感伤家罢了（不如此，何以能作诗呢？）。若是说出一个决定的事实，则诗中的一切英雄主义，毕竟不过是"逆说的东西"。换言之，所有的诗人，因为他向英雄的憧憬而作出 Odyssey 或 Iliad 那种勇敢的、富于权力感的高翔的诗。事实上，他所"憧憬"的是不属于他自己，不为他所有的东西。

然则诗的本质感是什么呢？诗是向不存在（sein）的东西的慕恋。现存的东西，已经拥有的东西，常常是没感情的东西。诗人之心，常是向着现在没有的东西伸出热情之手。并且，有许多诗人，郁郁于自身的存在，对于自己感到憎恶与嫌忌。恐怕他们对于自己的诗人性格，而自觉其是世界上很愚劣的东西。并且，从这种反动，而憧憬着具有顽强之心、粗壮的神经、大无畏勇往直前的真正英雄的事物。

所以诗中的权力感，常常是弱者对于所无之物，不能自由得到之物的一种人性的奋飞之愿。换言之，诗人是想由作诗以得到从表现而来的权力，得到贵族的现实感。对于荷马来说，在他写伊里亚特的时候，那个难看的放浪诗人，实是特洛伊（Troy）战争的勇士，是阿基利（Achilles）。但是，反之，荷马若是真正的英雄，则恐怕他不会写这种诗吧。他无宁是从开始便成为特洛伊（Troy）战争的勇士，像阿基利（Achilles）那样，在战场上成就功名。再说，但丁、米尔顿，或者高蹈派的赖尔，一切诗人，都是如此。尽管他们有一切尊大的艺术庄严感，而实际，不过是心软的诗人，是神经质而善感的人物。

所以诗的古典主义，是过于热情的诗人之血，在北极的结冰风雪之中，以意志被抑压为痛快的一种逆说的诗学。就中他们所求的，是斯多噶式的严正格律的，坚实的韵律的架构；并且要从一切意志抑制中，压迫一切不彻底的主观，扼杀感伤的情绪。反转来，是要从强烈中飞跃出去的意欲。近代新形式主义的立体派等，其精神正是出于同一的基调。所以在他们的诗里面，常常藏着歪曲的、执拗的东西，对情绪怀有叛逆性的敌意。并且，所有古典式的诗的主观，实际存于此种逆说的虚无的热情之中。

因此，这种诗是由抑压主观而反使主观飞跃，由苛责情绪而却反强调着最强烈的感情。并且，正因为如此，才使"诗"能具有诗的魅力。若是真正抑压了主观，扼杀了情绪，则哪里还有诗之所以为诗的魅力呢？此时如前所说的成为冷的理智的文学，没有精神的形式美的造型物。

吾人不管在任何怀疑思想之"极"，均不能把诗的本质认为是没感情的东西。数学的形式，可以称为单纯的"纯美"，决不属于诗的本质。毕竟不管是在任何古典形式中，都必需是主观感情的燃烧，生活理念的痛切的倾诉。所以诗的本质，常常必是"为生活的艺术"，而不能属于真正的艺术至上主义。可称为真正的艺术至上主义的，是指艺术中的科学家的态度而言。即是意味着那种埋首于研究室之中，超越一切生活感、人情味的真正的学究三昧的态度。在艺术家里面，吾人常常在某些画家或美术家中发现此种例子。他们才真是艺术三昧，真是献身于为表现而表现。然而吾人所知道的任何诗人，却决不可能是艺术至上主义者。何以故？因为诗人甚至在艺术上，应当是科学家的，却过于人性化，怀着一颗过于意志柔弱的心。诗人与其是表现者，无宁更应该是生活者。也因此，艺术至上主义者不是诗人，不过是对于诗人的"英雄"而已。

要之，诗人——任何诗人——毕竟不过是主观的感情家。正因为他们是过于诗人的，所以他们便反动地抑制主观，叫唤着情绪的虐杀。然而，由这种叫唤，反转来，却更得到诗人的兴奋，更成其为感情的（sentimental）。所以诗中的主观派与客观派，尽管表面上是对立，但站在绝对的上位，则都有一个共同的诗观，一副共通的情感。并且，若是没有本质上的情感，则实在没有所谓"诗"的文学。所以尼采所叹息的是，他不管怎样也是诗人，再怎样也无法超越过诗人。但是，他若不是诗人，则会成为黑格尔样的学者；并且他若真正是具有铁的意志的人，则恐怕一开始便没有任何超人的出现。实在的，诗是向现在不存在的东西的憧憬；是希求保有的"自由的欲情"。

所以诗人愈是气质上的感情家，反转来愈能成为英雄的叙事诗的作家。诗人高翔于权力感情之上，乃是骆驼想成为狮子；是超人由没落而开始的人间悲剧的希腊叙曲。一切文明的源泉，都是从此种叙事诗开始。所以诗中的英雄主义，本质上是"悲痛者"的情操。甚至可以说，叙事诗的真正魅力，正来自此种悲痛感。把悲痛感除外，则任何叙事诗也没有诱惑力。像哥德的浮士德、但丁的神曲，是如何地使人感到这是从人的弱小的无力感而想飞跃向某种超人的东西的悲痛的叹息。并且中国诗中的许多东西，正是以沉痛无比的声音，慷慨悲歌着人生社会。正因为这样，像这种诗，才是最感情的，感伤深刻的诗。①

所以叙事诗乃是"逆说的抒情诗"；乃是诗对于诗的反语。恰如科学是人生中的诗的反语，小说是文学中的诗的反语一样，叙事诗是诗中的诗的反语。换言之，这是由对主观的反动所最强调的主观精神。所以真正纯一的东西，是主观中的纯主观；在诗中可称为纯诗的，恰如爱伦坡（Poe）的名言所说的一样，只有抒情诗（实在可称为诗的，不外于是抒情诗）。其他的一切，都不过是反语，逆说。

说到这里，诗的正统派，遂不能不归于浪漫派。何以故？因

---

① 抒情诗的感情与叙事诗的精神，完全是属于同一线上，此种情形由下一事实也可以明了；即是，许多诗人，都是以一人而兼具备着两面的诗情。例如哥德、席勒、拜伦、雪莱，都是情绪缠绵的恋爱诗的诗人；而同时写着英雄的叙事诗。不仅如此：像雪莱、拜伦，一方恋爱，一方像义士样地战斗。到了尼采，则可说是最典型之例，他给他妹妹的书简，真可谓尽了女性爱情的优美。所以公平地说，仅有好的抒情诗的作家，才能写出好的叙事诗。

为浪漫派一开始便是由纯主观的情绪主义所建立的。不仅如此，浪漫派是以恋爱为中心的东西；盖恋爱的情绪，是一切主观中最感情的：有着最甘美的陶醉；然而它的感伤或陶醉感，正是抒情诗之所以为抒情诗的真正本质。在这里，若是把爱伦坡的话附加一句，便可说"实在配称为抒情诗的不外于恋爱诗"而作此主张的浪漫派，才正是诗派中的正统主义。

关于《诗的原理》的翻译问题[*]
——给李辰冬先生的一封公开信

辰冬先生：

大概六年以前，你亲送一篇稿子到台北民主评论分社，我们见过一面后，便没有再见过面了。我在社会上打了近二十年的乱仗，没有好好地做点文字上的研究工作；尤其是二十岁以后，一见线装书便讨厌。但对于时人所著的《中国文学史》这类的东西，还偶然在坐火车、轮船或睡觉前，断续地看一点。来台后，听说你是留法学生，在师范学院教文学史，倒很想找机会向你领领教。及读了你那篇以"仕"、"隐"来作为文学史区分标准的高论以后，才知道足下还躺在文学的大门外面，自后对于足下的一切，只有一笑置之。

前几个月，我看到马抱甫先生所写的陈含光诗案一文，知道足下是此案的主角。由马先生文章中看到足下的高论，知道几年以来足下对文学的了解，尚无进步；同时，更想不到足下以大学教授的身份，竟用政治栽诬的手法，想达到争取奖金的目的。明

---

* 本文原收于《徐复观杂文补编：思想文化卷》（下），现整编《全集》，编者将其收录于此。

初诗文之祸，甚为惨烈；然宋仲敏身历通显，而《过元宫》诸诗，悲凉酸楚，有如庾子山《江南》之赋；当时倾邪之辈，尚未至以此相构陷。其时类此情形者，尚有其他数人（请参阅《静志居诗话·臣士上》）。足下生当民国，何必不堪至此！所以我在马文的前面加上了一段编者的按语。不久，有位朋友拿着一本《笔汇》和一本书来，告诉我："李辰冬骂你对文学没有常识，并说你没有看过他的大著；现在我送你一本《文学与生活》，你应当予以答复。"我说："没有工夫看他的东西，不想答复。"后来旁的朋友又催促我，于是有一天在睡午觉时拿起足下那部大著翻了十几页，便放下睡着了。随后告诉那位朋友说："此书内容皆似是而非，无一的当语，要批评，非来一个通篇不可，没有费这种工夫的价值。"那位朋友说："任举一例吧！"我说："此君以理想与实践的一致来作批评文学的基础，初看，好像也不错。但《诗经》上许多好的抒情诗，只不过是劳人思妇之辞；而中国论诗，始终是以情为主干，因为情是人生最直接的表现，而人生的本身即是价值，并非一定要另假什么理想以为价值。即如西方，因系概念性的文化，所以在文学方面，理想性特强。但必须把理想溶入于感情之中，才可成为诗人；必须把理想隐藏在作品的后面，甚至作者自身，并不自觉有此理想，乃能成为一个文艺作品。而李君的所谓理想，只是从革命八股转来，全无是处。文学家把自己的感情生活，或观想的世界，通过技巧表达出来，这就是实践。而李君却要求行为上的实践，则'陶潜诗喜说荆轲'，便非去当刺客不可。李君认为只有理想与实践的一致才有好作品，但古今中外，多少伟大作品，是来自内心的矛盾、生活的矛盾。此外，中国诗人用典，一以表现其想象力，一以加强其气氛、色彩、

关于《诗的原理》的翻译问题

319

声调，并把读者的感情，也借此投入于可供想象的境界中。但此君却拿着谢灵运的一首诗，把其中所用的典故，一一来和谢的实际生活对照，因此大骂谢的诗与生活不一致，世界上还有这样幼稚的文学批评家吗？"那位先生始大笑而去，我也逃避了这一件苦差。

不久，陈康先生到东大来作学术讲演，随便谈到诗案，并出示质问足下的一篇文章，同时谓有若干朋友不主张发表文章而诉之于法律。我是极力主张文字问题还应在文字上解决，与其打官司，不如发表文章。另有朋友认为打官司对足下是颇不利的，所以我更不同意这种做法。八月间我赴台北，陈康先生说："还是接受你的意见。"所以那篇文章，便在《民主评论》上刊出。

今天收到朋友寄来十三号《笔汇》，内有一整版是《评〈诗的原理〉的翻译问题》。《诗的原理》，我于一九五三年翻译了一部分在《人生》上发表，一九五五年因东大延期开课，又抽空赶译完成，于去年四月间由正中书局出版。这篇评文虽署名"马丁"，但从批评态度看前因后果，是谁人玩的把戏，足下心里会明白。批评译品的起码条件，必须以原著为依据。你们第三项的批评共六十条，完全是信口开河，可知你们不是没有看到原著，便是根本看不懂原著。像这样的批评，原可置之不理。但我是一向提倡批评的，所以不管你们的批评动机如何，及批评的能力怎样，依然负责地仔细看了一遍。

我译此书的动机，在自序中已有说明。并且我认为当前我国文化的状况，大家与其著书，不如译书。但我实在不够译书的条件，因为我除日文外，其他外国文字都不懂。这点足下指摘得并未错误。至有关文学方面，这几年仅断断续续地看些日译的有关理论、批评方面的东西，对于文艺作品，二十多年来，不论是中国的、外国的，都很少看过。前几个月，周弃子先生把托尔斯泰的《安娜·卡列尼娜》的译本寄赠我一部，我非常感激他的盛意。但当我译此书时，特注意两点：第一点，尽量保持原著的面貌，尽量采用原著所用的词语。第二点，原著中牵涉到西方的许多名词，只有假名而无原文；因中国尚无标准译法，所以我费相当大的气力，一一查出原文附入，以补救我译文的不足。印出以后，首先向我提出抗议的是我的念初中的女儿，她认为"嚣俄"应译为"雨果"。其次，在大学学化工的儿子，发现我把"歌剧"译成为"喜剧"。我送一本给同事的萧继宗先生，承他细心校正一遍，知道附入的西方原文，印错的很多，他都一一注出；另外还提出若干指正，如足下所提的"阿波罗"、Gothic 及 opera 等，他都提出过。我除一面把萧先生所指正的重要部分，如"阿波罗"等，特在《民主评论》（第七卷第十三期）登一启事外，另将萧先生校正本收回保存，以便再版时改正。大凡译著的错误可分三种：一是译著者本身的错误，一是译著者的笔误，一是印刷上的错误。足下所提出的三项指摘中，关于印刷上的错误，如所附西洋原文的错误，如"肯定一切现在（sein）的东西"一句中"现在"系"现存"之误，"少年"系"少男"之误，我非常感谢你的校正，但没有多说的必要。以下，顺着你的三项指摘稍作答复。

第一项，是有关西文误译的，共十条。

（一）Apollo 不应称为女神，首由萧先生指出，但我将手头所有的两种原本（全集本、文库本）对照原文都是"女神"。我想，这是原著者的错误。不过我没有把它注明出来，便是未尽到译书的责任，所以我在《民主评论》所刊出的启事中，特将这点提出。

（二）Gothic，日多用音译，而中国音译的名称，就我所看到的便有三种之多。因恐怕读者对此类音译印象过分模糊，而自己对建筑完全是外行，所以采用日人橘显三所译的《春风情话》中的意译。他的原文是"古代矩式（Gothic，原注）造的小房子"（日文《外来语辞典》页三二七）。但我还不放心，又找战后平凡社出版的《世界美术全集》看，内关于 Gothic 建筑一章对构图的说明，以"矩形头部"为其特征之一（卷十三，页五八）。所以我便意译为"矩形"，而将原文附于其下；这是想对读者多负点责任，因而担当一点风险。我现在想，几何学上的矩形是四方形，而"矩"的本义则是今日木匠所用的"曲尺"，有的日本人用此译名的大概原因在此。但这是我的推想。代表 Gothic 建筑形态的大约有三：一为尖顶弓门（arch），二为上缘的三角破风形，三为小尖塔形。足下只认为是△，也未免太简单了。可见大家都是外行，不过我不敢自作聪明而已。

（三）real 你认为不应译作"有"，但此章原文用假名注出的 real 共有七处。一处是用作"真实"，三处是用作"实在"，两处是用作"有"，一处只写上假名。这中间分寸很严，我只有照译。至于 real 何以可译作"有"，请你去找一部好点的哲学辞典查查。

（四）"现在"系"现存"之误，有原书可证。我早已校正出来了。

（五）印刷之误。

（六）spirit 不应译作"语言精华"，这是我的错误，非常感谢你。

（七）melodrama，日本的辞书译作"默剧"或"无言剧"，因此我便译作"哑剧"，请你再找找"哑之意何据"。

　　　　　　　　　　　　　　　　　　　　　　　诗的原理

（八）opera 应译作"歌剧"，我译作"喜剧"，错在我。这点虽然我的儿子已经告诉过我，但还是感谢你。

（九）日本辞书以美音、妙音释 melodious，唐明皇故作"曼声"以媚杨贵妃，此处原著只有假名，故我译作"曼声"，似并不"过于生硬"。但恐怕与原文的意思不完全相合，故附上原文。

（十）你认为我将 journalism 译成"新闻主义"，加上"主义"二字，是"瞎猜猜错"，而只应译作新闻、新闻业者、新闻杂志文等，但你应知道，journalism 有广狭二义。广义的用法是与学院派相对而成为文学的一种流派。此一流派的特性，大概地说，是忽视个性，不把艺术当作是人生底，而只视之为商品（请参阅日文《外来语辞典》五六六页）。现在使用此字，多系广义的用法，此处正系如此。凡是 -ism 含有"流派"意义的，便可译作主义。这不知道是谁"瞎猜猜错"。

第二项是批评我译名的不能"从俗"，由你改为从俗的译名，共十九条。

关于西方人名、地名的译名，最好是希望有一个正式的统一标准。我国现在尚未作到这一步，所以我尽量把原名找出附在每一译名的下面，这算我对读者所能尽到的责任，但译成以后，我又找商务出版的《标准汉译外国人名地名表》——加以对照改正。你所提出的第十二、十四、十七、十九四名为该表所无，其余都是以该表为根据（不过也有笔误的地方，如 Gauguin 该表为"哥甘"而我写成"果甘"；但比你之改为"高更"似乎近于标准，假定该表也算一个暂定标准的话）。原书中有一名数见，当我改正时有遗漏的地方，所以有如你所指出一、四两条，发生一名两译的错误；虽然后来已经校出，但你提了出来是应当的。我每一译名都附有原文，而且译名主要是以上表为根据，你却满纸的"不知为谁"、"不知何许人"、"无人知为谁"，那么，附上原文作何用处呢？以上表为根据，是不是比你所说的漫无标准的"从俗"更妥当一点呢？

第三项是认为我行文不妥的地方，共列有六十条。

在六十条中，可分为两大类，一是你认为"费解"的共十一条。其中只有"散文都是精神于诗"一条提出得有点道理，因为我这句话完全是照原文译出来的，原文的"精神"是当动词用，我国虽也常把名词作动词用，但"精神"一词似乎还没有当动词用过，所以这样译出来虽不算错，但实在忽略了一般读者的习惯，因此这句话可译作"散文的精神是源于诗"。但这种译法，与原意仍稍有距离。其余你认为"费解"的，只是要费点力才能解，需要读者从上下文费点力。等于一年级的学生进二年级，对二年级的功课便特显得要费点力。一个人的进步，便由肯费这种力而来。《论语》："不曰'如之何如之何'者，吾末如之何也已矣。""如之何"是遇着难解而肯费点脑筋的情形。连这点脑筋也不肯费，虽孔子也把他无可奈何，那我能对足下有何办法呢？何况里面许多并不需要费什么力，如"变装"、"变貌"之类。

二是你认为我行文不妥而承你加以改正的，共四十九条。就你改正的情形看，也可分为三类：一类是有点近于无聊，一类恐怕是由于你的过于浮浅，另一类则根本是由于你的不懂。"高调着"你改为"强调"，"未开地"你改为"处女地"（未开地连带未开人而言，处女地不能连带出处女人），"宗趣"你改为"旨趣"（"宗旨"二字连用，但在过去的文献上主要是用"宗"字），"为主是"你改为"主要是"，"为主系……"你改为"主要系"，"和根"你改为"连根"，"多数的公众读者"你改为"读者群"，"误见"改为"谬见","乐易"改为"和易"（《荀子》"安利者常'乐易'"，这是两千年来的成语，你也不知道），"空令……"改为"徒然使……"……凡这一类的改正，你会不会感到是无聊？还有一点我顺便告诉你：同一个意思，可以用这个词语表达，也可以用那个词语表达，我便一定用原著者所用的词语，这是我的责任。"构想物"你改为"想象物"，你不了解"构想"较"想象"的理智作用强，"以实感写"你改为"真实感"，而去掉了"以"的动词，不成一句话。"超现在"你改为"超现实"，则此语所表现的时间性便不够明了。"由内容所映像出的诗"的"映像"，你改为"反映"便太弱，改为"表现"便太宽。本书中常用"反映"、"表现"等词语，何以此处不用？你不妨想想。"发想"改为"发生"，在此处便表现得不真切。"机势"是一个寻常的成语，乃"得机得势"的复合语，你怎可改为"机会"或"机遇"？"曲辩"是曲为之辩，足下所改之"曲解"则有同于"误解"，"诡辩"则名词太专，因之语气亦太重。"诗与诗的识域"，足下将"识域"改为"界划"、"领域"；足下试想想：著者及译者，难说不知道"界划"、"领域"这种寻常名词？为什么舍这种名词不用，而偏用一个不经见的"识域"？译者若非了解作者用心的深而且细，为什么不胡乱换上一个名词？"技巧与着想之妙"的"着想"，你要改为"构思"，在这里分量太重，改为"想象"便太宽太远。"语感"你改为"语味"，并且凡用上"感"字的，你都要把"感"字去掉；请问你，把"肉感"改为"肉体"，"性感"改为"性欲"，可不可以？"抽象掉来加以思考"的"抽象掉"，你要去掉"掉"字而改为"抽象地"、"孤立地"，因为你根本不知道"抽象"的真切意义，所以你不了解它在这里可以作动词用。诸如此等等，无不是证明你的过于浮浅。这里愿意告诉有志于理论修养的青年，一个人对一部分的理论，思想成熟了，他便对此一理论、思想，看得非常真切，一点不容含混；于是表达出来，用字遣词的轻重、精粗、远近，自然分寸谨严。有一次我问屈翼鹏先生："为什么书的版本你一看便清楚呢？"他笑着说："一群鸡，我们看了好像差不多，但养鸡的老太婆却一个一个地分得清清楚楚，和邻家的混淆不了，只是因为熟。"我听屈先生这种随便的谈天，深有感悟。一切道理，都是如此。青年想锻炼自己的头脑，正应在这种地方用心。若是我自己下笔写"诗的原理"这类题目，未尝不可粗枝大叶地摆些出来，但决不能如著者说得那样精密。尽管我并非完全同意著者的观点，但我了解著者用心的深而且细，所以尽可能地把著者分寸谨严的词语保留下来；我的翻译的难得，正在于此。今足下要一笔勾销，岂特点金成铁，简直要断绝读书种子！更可怜的，全书的画龙点睛，正在"情象"二字。足下偏偏要改为"意象"。由此点，可知足下完全是一团漆黑。也有学生问我，何谓"情象"，我用三五句话解释，便把中国过去关于诗的许多难于捉摸的说法，一下子表达清楚了。因为你固步自封，所以我在这里便故意把情象的解释保留着。至于把"……的上位"都改作"上"或"地位上"，未免过于可笑。由这一项所提出的六十条，你的阅读能力，还赶不上大一、大二的学生。

　　站在我的立场来说，你拼着《笔汇》的四分之一的版面，提出八十九条批评，但究竟也指出我两条半错误，我实在是非常感谢你。事实上恐怕错误的地方还不止此，我还希望有人能继续指出，以便改正（但不希望是"骂阵"，若仅系继续"骂阵"的东西，便恕不入目；也希望爱我的朋友不再寄这种东西给我）。但站在足下的立场来说，不仅由此可以使人了解足下的品质，并且在诗案的争论中证明你对中国的诗文懂得太少，而你却胡赖地自以为懂得的是新的。但由你这个批评看来，你所懂的新的又在什么地方呢？我可以告诉年青的朋友，学问上只问是非，不分新旧。请大家低下头来想想。

开学时太忙，匆匆不尽。

徐复观敬启

九月二十日夜于东大

一九五七年十月一日《民主评论》第八卷第十九期